Web 开发与设计

Svelte 和 Sapper 实战

[美]　R. 马克·沃尔克曼(R. Mark Volkmann)　著

颜　宇　周　铁　王　威　译

清华大学出版社

北　京

R. Mark Volkmann
Svelte and Sapper in Action
EISBN: 978-1-61729-794-6

北京市版权局著作权合同登记号　图字：01-2021-5982

图书在版编目(CIP)数据

Svelte 和 Sapper 实战 / (美) R.马克・沃尔克曼(R. Mark Volkmann) 著；颜宇，周铁，王威译. —北京：清华大学出版社，2022.1
(Web 开发与设计)
书名原文：Svelte and Sapper in Action
ISBN 978-7-302-59515-1

I. ①S…　II. ①R… ②颜… ③周… ④王…　III. ①JAVA 语言－程序设计　IV. ①TP312.8

中国版本图书馆 CIP 数据核字(2021)第 230504 号

责任编辑：王　军
封面设计：孔祥峰
版式设计：思创景点
责任校对：成凤进
责任印制：宋　林

出版发行：清华大学出版社
网　　址：http://www.tup.com.cn，http://www.wqbook.com
地　　址：北京清华大学学研大厦 A 座　　邮　　编：100084
社 总 机：010-62770175　　邮　　购：010-62786544
投稿与读者服务：010-62776969，c-service@tup.tsinghua.edu.cn
质 量 反 馈：010-62772015，zhiliang@tup.tsinghua.edu.cn
印 装 者：大厂回族自治县彩虹印刷有限公司
经　　销：全国新华书店
开　　本：170mm×240mm　　印　　张：25.5　　字　　数：588 千字
版　　次：2022 年 1 月第 1 版　　印　　次：2022 年 1 月第 1 次印刷
定　　价：118.00 元

产品编号：090583-01

译 者 序

对于前端开发人员来说，最主要的工作任务就是通过代码为用户呈现优美、生动、体验极佳的页面，而 UI 框架在其中起到了至关重要的作用。纵观最近十几年的前端发展历程，可以简单地将前端技术在 UI 展示领域的发展大致归纳为 3 个阶段。

在第一阶段，开发人员通过浏览器的渲染 API 直接操作 DOM 来完成页面呈现和交互，典型代表就是 jQuery。

在第二阶段，随着页面中内容和交互逻辑逐渐增多，依赖直接调用渲染 API 的方式无法应对复杂的业务场景，此时一些设计模式和理念被引入前端领域，其中最知名的是 MVC 模型。著名的 Backbone 框架就是 MVC 模型的一个实现。通过 MVC 模型，前端开发者初步实现了将数据与渲染解耦合。

在第三阶段，即进入 2010 年后，前端应用场景呈现井喷式增长，终端用户对于页面呈现的内容和交互要求逐渐增加。这推动前端技术在提升用户体验和降低开发复杂度方面的革命性创新，催生了现在大家耳熟能详的三大框架：Angular、React 和 Vue。从此前端进入了新时代！

此处就不赘述这三者的概念了，相信大多数开发者现在都至少使用其中一个框架。同时这三个框架也在不断优化和提升自身；目前，Vue 已经发布了 3.0 版本，React 的 Concurrent、函数式组件、Hooks 也被越来越多地应用到业务中，Angular 在 PWA 方面也颇有建树。那么是不是可以认为我们只需要在这三者之间做出选择就够了呢？

答案是否定的，因为技术始终是用于服务产品的，随着产品领域逐渐细分，涌现了如 Web、智能手机、无线、物联网等多个细分领域，这就要求前端技术能够应对越来越精细的应用场景。要求上述三大框架覆盖所有需求是不现实的，其他技术的出现也是自然而然的了。

Svelte 就是在这样的大环境下应运而生的，主要用来解决页面加载时静态资源大小的问题，通过前置的静态编译过程，最大限度压缩页面运行时需要加载的静态资源。与三大框架相比，使用 Svelte 组件并不需要引入一个完整的框架，因为组件需要的全部代码(可以将其理解为运行时依赖)在编译时都已注入组件中，这极大地压缩了组件。结合 TreeShaking 技术，通过 Svelte 开发的页面所需的静态资源非常少。

本书系统讲述 Svelte，全面介绍 Svelte 的功能特性及 API。以一个打包行李的应用程序贯穿始终；在每章讲解相关的技术后，会将技术应用于示例，逐步完善。本书附录中介绍了如何为 Svelte 配置 ESLint、Prettier、VSCode、Snowpack，还介绍 REST 服务和 MongoDB 的基础知识。读者可以根据自身需求，优先阅读附录部分或将其作为参考资料。

本书由颜宇、周铁、王威共同翻译，三位译者从事专业前端开发工作均已超过 8 年，都供职于国内的一流互联网公司，有着丰富的前端开发经验以及扎实的技术功底。其中第 1、2、10、11、12、13、14 章以及附录 F、G 的内容，由颜宇翻译；第 15、16、17、18、19、20、21 章以及附录 A、C、E 的内容，由周铁翻译；第 3、4、5、6、7、8、9 章以及附录 B、D 的内容，由王威翻译。在前端开发领域日新月异、蓬勃发展的今天，各种新技术层出不穷；由于译者的自身局限，书中或存纰漏，希望各位读者不吝指正，我们也会及时答复并修改。

最后，在本书翻译过程中清华大学出版社为三位译者提供了热情的帮助。由衷感谢出版社的各位编辑老师，正是他们辛勤的付出和高质量的工作才保证了本书的顺利出版。

作 者 简 介

R. Mark Volkmann 从 1996 年开始就提供软件咨询和培训服务，目前是位于圣路易斯的 Object Computing 公司的合作人。作为一名资深的咨询顾问，Mark 为很多公司提供 JavaScript、Node.js、Svelte、React、Vue、Angular 等方面的帮助，创建并讲授了许多课程，包括 React、Vue、AngularJS、Node.js、jQuery、JavaScript、HTML5、CSS3、Ruby、Java 和 XML。他经常面向圣路易斯地区的用户发表演讲，并出席各种会议，包括 Nordic.js、Jfokus、NDC Oslo、Strange Loop、MidwestJS、No Fluff Just Stuff 和 XML DevCon。Mark 长期撰写各类关于软件开发的文章，这些文章收录在 https://objectcomputing.com/resources/publications/mark-volkmann。

在业余时间，Mark 爱好跑步，已经在 39 个州参加了 49 场马拉松比赛。

关于封面插图

《Svelte 和 Sapper 实战》一书封面插图的标题为 femme Corfiote，即“希腊科孚岛的女人”，选自 Grasset de Saint-Sauveur(1757—1810)所著的 *Costumes de Différents Pays*，该书于 1797 年在法国出版，是一本关于各国服饰的合集。其中每一页插图都是手工绘制和着色的，做工非常精致。Grasset de Saint-Sauveur 的收藏品种类丰富，形象地展示了 200 年前全球不同地区的文化多样性。那时人们说着不同的方言和语言，彼此之间的沟通很少。站在街头或乡村，仅从他们的衣着就很容易辨别出他们来自何处，从事哪种职业以及生活状况如何。

当前，人们的着装已经发生了改变，世界上不同国家和地区的多样性也已经消失了。现在很难区分不同大陆的居民，更不用说区分不同的城市、地区或国家的居民了。也许是我们个人生活的丰富多彩(或更多样化和快节奏)取代了文化的多样性。

在很难区分各种电脑书籍的时代里，Manning 以两个多世纪前世界各地的生活多样性为基础，在本书封面中重现了 Grasset de Saint-Sauveur 的作品，以表现计算机科技的创造性。

致　谢

许多作者都会在致谢时感谢他们的另一半在写作过程中给予的耐心。在撰写本书的过程中，我也深刻感受到妻子 Tami 作出的牺牲。她慷慨地给予我莫大的鼓励和充足的时间来完成本书。Tami，非常感谢你帮助我完成本书！

感谢 Manning 的组稿编辑 Jennifer Stout，她给予我恰当的修订、建议、鼓励和称赞，这些让我能够坚持完成工作。她的批注，比如“我喜欢这个”“你需要解释为什么需要这样做”，为本书的撰写提供了很大的帮助。

感谢 Manning 的技术编辑 Alain Couniot，他不断指出我没有说清楚，或指出无法令人信服之处。他还总是提醒我尽可能地提及 TypeScript。这些反馈令本书更加完美。

感谢 Manning 的技术编辑 Erik Vullings。他在我的代码示例基础上，提出了很多我从未设想过的功能，并对本书的文字部分给出了很多改进意见。我很钦佩他一丝不苟的态度。

感谢 MEAP 的审稿人 Peer Reynders，他梳理了本书所有的代码示例，指出了许多可以改进的地方。

感谢本书所有的审稿人：Adail Retamal、Amit Lamba、Clive Harber、Damian Esteban、David Cabrero Souto、David Paccoud、Dennis Reil、Gerd Klevesaat、Gustavo Filipe Ramos Gomes、Jonathan Cook、Kelum Senanayake、Konstantinos Leimonis、Matteo Gildone、Potito Coluccelli、Robert Walsh、Rodney Weis、Sander Zegveld、Sergio Arbeo 和 Tanya Wilke。众人拾柴火焰高！

感谢 Object Computing 公司的 Charles Sharp，我之前撰写的大部分书籍他都参与了编辑工作。Charles 在过去 10 多年花费了大量时间帮我提高写作水平。

感谢 Object Computing 公司的 Eldon Ahrold 审阅了本书第 21 章的内容。Eldon 是一位资深的移动和 Web 开发人员，能够从他那里得到意见和建议，我感到非常荣幸。

最后感谢 Ebrahim Moshiri 博士，24 年前他引荐我入职 Object Computing 公司，为我提供了持续学习的空间。如果没有他给我的帮助，我可能永远无法完成本书。

序　言

我是一名具有 37 年经验的专业软件开发人员，作为 Web 开发人员也有 10 年左右的时间了。我参与的项目使用过很多技术和框架，包括直接操作原生 DOM、jQuery、Ruby、Angular 1、React、Polymer、Angular 2+、Vue、Svelte，还有一些我已经记不起来了。

我很看重开发效率，非必要的复杂度会降低开发效率。Svelte 和 Sapper 有很多吸引我的优点，其中最打动我的一点是，与其他 Web 开发技术相比，它们更简单。我使用过很多开发框架，从经验看，Svelte 和 Sapper 可以极大地提高开发效率。

我第一次接触 Svelte 是通过 Svelte 的创始人 Rich Harris 的名为 Rethinking Reactivity 的演讲。这个演讲非常成功，显然我被其中能够降低 Web 开发复杂度的优点所吸引；于是开始进一步研究，首先写了一篇关于 Svelte 的长文，并在 Svelte 的用户群体中演讲，之后开始在会议上发表相关演讲。接下来就应该是撰写本书了。

本书几乎涵盖与 Svelte 和 Sapper 有关的所有方面，还包括了其他一些话题。阅读完本书后，我相信你将可在下一个 Web 项目中使用 Svelte 和 Sapper。

前 言

本书读者对象

《Svelte 和 Sapper 实战》一书面向希望提升开发效率的 Web 开发人员。也许你一直在思考是不是有一种更简单的开发方式来开发 Web 应用程序。恭喜你，答案就在本书。通过大量代码示例，你将学会如何使用 Svelte 和 Sapper 开发 Web 应用程序。

本书面向的读者需要具备一些基本的 HTML、CSS 和 JavaScript 知识。

- 关于 HTML，读者需要熟悉 html、head、link、style、script、body、div、span、p、ol、ul、li、input、textarea 和 select 等元素。
- 关于 CSS，读者需要理解 CSS 语法规则，什么是 CSS 的“级联”，了解基本的 CSS 选择器(包括元素名、类名、id、继承关系)，了解常用的 CSS 属性(包括 color、font-family、font-size、font-style 和 font-weight)以及 CSS 盒模型(content、padding、border 和 margin)。
- 关于 JavaScript，读者需要知道变量、字符串、数组、对象、函数、类、promise、解构、spread 操作符、export 和 import。

如果你发现了关于本书的任何问题，可以在网络上与我们沟通。我希望当你读完本书时，能够发现 Svelte 和 Sapper 的一些与众不同的地方，并在下一个项目中尝试使用它们。

本书的结构：路线图

本书分为四部分，包括 21 章。

第 I 部分介绍 Svelte 和 Sapper。

- 第 1 章主要阐述 Svelte 和 Sapper 的一些过人之处，在结尾部分介绍 Svelte Native，并与其他主流的 Web 框架进行对比。此外，还介绍开发所需的工具。

- 第 2 章将带你使用在线工具(REPL)创建第一个 Svelte 应用程序。通过这种在线方式构建的应用程序可以在线保存，并与他人共享代码，还可将代码导出到本地继续进行开发。此外，还介绍在本地开发 Svelte 应用程序的步骤。

第Ⅱ部分将深入研究 Svelte，并提供大量代码示例供参考。

- 第 3 章介绍如何构建 Svelte 组件，包括其中的逻辑、标签和样式。随后介绍如何使用响应式语句以及模块上下文来管理组件状态。最后，将展示一个自定义组件的示例。
- 第 4 章涵盖 Svelte 的块结构，包括条件逻辑、迭代、promise 异步控制 HTML 标签等。{#if}实现了条件逻辑，{#each}实现了迭代遍历的功能，{#await}实现了 promise 异步功能。
- 第 5 章将带你探索组件之间的通信，包括 props、双向绑定、slot、事件和上下文。
- 第 6 章阐述如何使用 store 共享组件之间的数据。store 有四种类型：可读写、只读、派生和自定义。随后介绍如何使用 JavaScript 类创建 store 以及持久化 store 中的数据。
- 第 7 章展示在 Svelte 组件中操作 DOM 的几种方法，包括插入 HTML，使用“动作”获得 DOM 元素，在 Svelte 重新渲染后使用 tick 函数手动修改 DOM。最后，将展示一个对话框以及实现拖曳功能的示例。
- 第 8 章将讲解 Svelte 的生命周期函数，包括 onMount、beforeUpdate、afterUpdate 和 onDestroy。最后，展示一个基于现有 Svelte 生命周期函数自定义新的生命周期函数的示例。
- 第 9 章演示为 Svelte 应用程序添加页面路由的三种方法：手动路由、哈希路由以及使用 page.js 进行路由。我们将开发一个购物应用程序来演示这三种路由。此外，还可使用 Sapper 实现路由，相关内容将在第 16 章详细介绍。
- 第 10 章探讨在 Svelte 中对于动画的有力支持，详细介绍 svelte/animate、svelte/motion 和 svelte/transition 这三个包，以及在两个列表之间移动列表元素的两种方式：一种方式使用 fade 过渡效果和 flip 动画的组合，另一种方式使用 crossfade 过渡效果。最后讨论如何创建自定义动画以及如何使用过渡事件。
- 第 11 章展示如何调试 Svelte 应用程序。包括@debug 标签、使用 console 方法调试响应式语句以及配套的浏览器调试插件 svelte-devtools。
- 第 12 章演示 Svelte 应用程序的多种测试方法。Jest 和 svelte-testing-library 可用来执行单元测试。端到端的测试可使用 Cypress。Svelte 还为可访问性提供了一些测试手段，如果你想进行额外的可访问性测试，可采用 Lighthouse、axe 和 WAVE。最后，可以使用 Storybook 展示和操作测试组件。

- 第 13 章将带你探索如何部署 Svelte 应用程序，包括手动部署一个 HTTP 服务器，以及如何使用 Netlify、VercelNow 和 Docker。
- 第 14 章主要介绍 Svelte 的其他一些知识点，包括表单验证、CSS 变量、使用“特殊元素”创建 Svelte 组件库，以及利用 Svelte 组件生成 Web Components。

第Ⅲ部分将深入研究 Sapper。Sapper 是一个基于 Svelte 的 Web 应用程序开发框架。

- 第 15 章将使用 Sapper 重构第 9 章中的购物应用程序，这将是你的第一个 Sapper 应用程序。
- 第 16 章将全面介绍 Sapper。首先介绍 Sapper 应用程序的结构，之后是 Sapper 的一些功能，包括页面路由、页面布局、预加载、预请求以及代码分割。
- 第 17 章将探索 Sapper 的服务器路由，通过服务器路由，我们的项目就不仅是 Web 应用程序的客户端了，还具备了提供 API 服务的能力。你将学会创建、查询、更新、删除(CRUD)等一系列服务是如何实现的。
- 第 18 章展示如何将 Sapper 应用程序部署成一个静态站点。对于那些采用 HTML 作为页面展示载体的应用程序来说，这非常有用。最后，将带你一起实现一个类似的应用程序，其中包括两个页面，一个是石头剪刀布的游戏，另一个是我家的狗。
- 第 19 章描述如何使用 service worker 实现 Sapper 的离线功能。将介绍以下内容：多种缓存策略；Sapper 内置 service worker 的一些细节，包括 install、activate 和 fetch 等 service worker 事件；如何启用 HTTPS。最后，带你一起体验 Sapper 的离线功能是如何发挥作用的。

第Ⅳ部分将不局限于 Svelte 和 Sapper。

- 第 20 章将带你探索对于高级语法的预处理技术，包括 Sass、TypeScript 和 Markdown，并提供这些预处理技术对应的示例。
- 第 21 章将介绍 Svelte Native 以及如何使用 Svelte 和 NativeScript 来开发 Android 端和 iOS 端的移动应用程序。我们将利用 REPL 创建两个在线的 Svelte Native 应用程序，使用 REPL 的好处是并不需要在计算机中安装任何软件。同时将提供一个示例来详细解释显示、表单、动作、对话框、布局和导航等组件的实现细节，以及如何为 Svelte Native 组件添加样式。最后，介绍 NativeScript UI 组件库，并使用其中的组件 RadSideDrawer

创建一个示例应用程序。

最后一章结束后我们的学习并没有告一段落！还有七个附录在等着你。

- 附录 A 整理与 Svelte、Sapper 和 Svelte Native 相关的资料的链接。
- 附录 B 介绍如何使用 Fetch API 请求 REST 服务。
- 附录 C 介绍在第 17 章中使用过的 MongoDB 数据库。
- 附录 D 介绍如何配置和使用 ESLint 来检查应用程序中的问题。
- 附录 E 介绍如何配置和使用 Prettier 来格式化 Svelte 和 Sapper 应用程序中的代码。
- 附录 F 介绍在使用 VS Code 开发 Svelte 和 Sapper 应用程序时所用到的几种插件。
- 附录 G 介绍如何使用 Snowpack 构建 Svelte 应用程序。Snowpack 与传统的编译工具(如 Webpack、Rollup 和 Parcel)相比，是一种更高效的构建 Web 应用程序的工具。

在本书中，我们将开发一个 Travel Packing 应用程序。本书中的大部分章节都围绕这个应用程序展开讨论，并以它为基础添加对应的功能。

对于 Svelte 新手来说，应该首先按照顺序读完本书的第 1～8 章，这八章涵盖了 Svelte 的核心理念。之后可以根据兴趣和需要有选择地进行阅读。当然，如果你有使用 Svelte 的经验，那么可以根据兴趣从本书的任何章节开始阅读。

关于代码

可扫描封底二维码来下载相关代码。

本书中包含了很多用于演示的源代码，既有通过编号列举出来的，也有与正文混排在一起的。上述两种源代码会被格式化为等宽字体。有一些代码还会被特意**加粗**以强调其与之前章节中代码的区别，比如当为之前的代码添加一段新功能，新功能的代码就会被加粗。

有些情况下，源代码已经被重新格式化过了；为适应本书印刷的排版，额外增加了换行符，并重新设计了缩进。然而在极少数情况下，换行符和缩进也无法解决排版混乱的问题，为此会增加续行标记(➥)来调整排版。此外，代码的注释会被从代码清单中删除，而是在代码清单外的其他地方标注出来，以强调注释的重要性。

其他在线资源

附录 A 列出了一系列在线资源。其中的大多数都与 Svelte 和 Sapper 有直接关系，但也有一些涵盖了适合于所有 Web 开发的内容。

关于彩图

正文中有时提到界面颜色，由于本书是黑白印刷，将无法显示彩色。请读者在实际操作过程中从计算机屏幕上查看；另外，也可扫描封底二维码下载彩图。

目　录

第Ⅰ部分　起步

欢迎开始《Svelte 和 Sapper 实战》学习之旅！首先我们会聊聊为什么 Svelte 和 Sapper 如此吸引人，之后会学习 Svelte Native，并将 Svelte 与其他流行的 Web 框架进行对比。此外，还会带你深入了解开发 Svelte 所需的工具。我们还会使用在线工具 REPL 构建第一个 Svelte 应用程序。使用 REPL 构建的应用程序可以被保存并共享给其他开发人员，也可将代码下载到本地继续开发。

第 1 章

初识Svelte

本章内容：

- Svelte
- Sapper
- Svelte Native

Svelte(https://svelte.dev/)是一个基于 JavaScript 的用来开发 Web 应用程序的工具，可以将其视为 React、Vue、Angular 等 Web 框架的替代品。与这些框架一样，Svelte 专注于 UI 组件和交互，每个 UI 组件均是独立的、可复用的。Svelte 可将复杂的 UI 界面拆分成多个独立的组件，单独设计和开发每一个组件。

与其他 Web 框架项目相比，Svelte 具备以下优点：

- 实现同样的功能，Svelte 所需的代码更少。
- 打包后的代码更小，有利于减少页面加载时间。
- 无论是组件内部还是组件之间的状态通信，用 Svelte 管理都更简单(状态管理器主要用来管理应用程序的数据，并驱动应用程序响应数据的变化)。

Sapper(https://sapper.svelte.dev/)是一个基于 Svelte 的开发框架，能帮助开发人员创建功能更强大的 Web 应用程序。Sapper 在 Svelte 之上封装了更多功能，包括页面路由、服务端渲染、代码分割以及静态站点生成。如果开发人员不需要上述这些功能，或者想自己实现这些功能，那么完全可以只使用 Svelte 进行开发。

Svelte Native(https://svelte-native.technology/)与 Sapper 一样，也构建在 Svelte 之上。结合使用 NativeScript 和 Svelte Native，可开发出 Android 端和 iOS 端的移动应用程序。

注意　在本书中提到创建 Web 应用程序的一些技术时，有人喜欢称这些技术为“库”，而我更倾向称之为“框架”。

1.1　Svelte 介绍

首先问一个问题：我们是否真的需要另一种工具帮我们构建 Web 应用程序？

只有这种工具能够带来足够多的收益，我们才应该去学习如何使用它。比如，用更少的代码实现同样的功能，运行时的性能更优，浏览器需要下载的代码更小。

是的！Svelte 为我们带来了上面这些好处，甚至更多。

与其他框架类似，Svelte 可以创建一个完整的 Web 应用程序。Svelte 组件可以在独立的 Web 应用程序中使用，也可以被抽象成一个库在多个应用程序中复用。还可以利用 Svelte 创建自定义元素(Web Components)，自定义元素可以与其他 Web 框架结合使用或者脱离任何 Web 框架单独使用。

Rich Harris 从 2016 年起开始开发 Svelte，之前曾经创建了 Ractive Web 框架(https://ractive.js.org/)。Vue 中的部分实现也受到了 Ractive 的启发。此外，Rich Harris 还创建了 Rollup 模块打包工具，作为 Webpack 和 Parcel 的替代方案。

单词 Svelte 的意思是“苗条”，恰当地表明了 Svelte 本身的大小，也表明由 Svelte 构建的包都非常小。

1.1.1　为什么选择 Svelte

与主流的 Web 框架相比，Svelte 有很多优势，下面总结其最重要的几个优势。

1. Svelte 是一款编译器

其他主流的 Web 框架中都包含大型的运行时环境，以便支持这些框架的主要功能。Svelte 并不是一个运行时环境，而是一个使用 TypeScript 实现的 Web 应用程序的编译器。

注意　所谓编译器指在代码层面将一种编程语言转换成另一种编程语言的软件。比较典型的场景是将高级语言(如 GO 或 Java)转换成低级语言(如机器码或字节码)。

注意　TypeScript 是一个开源的编程语言，是 JavaScript 的超集。由 TypeScript 开发的程序将被编译为 JavaScript。TypeScript 在 JavaScript 的基础上增加了很多功能，其中最重要的功能就是为 JavaScript 增加了类型。TypeScript 由微软开发并维护。

Svelte UI 组件在以.svelte 为后缀的文件中定义。这些文件囊括了 JavaScript、CSS 以及 HTML。以一个实现了登录功能的 Svelte 组件为例，组件中会包括登录表单的 HTML 元素、与之对应的 CSS 样式以及 JavaScript 代码。JavaScript 实现了单击登录按钮时向登录验证服务发送数据的功能。

Svelte 编辑器会将.svelte 文件编译成 JavaScript 和 CSS 代码。这种做法有很多好处，其中一个好处是即使 Svelte 增加了新功能，已经部署了的应用程序也不会受到任何影响，代码的大小不会发生变化。Svelte 编译器在构建时仅会打包应用程序中实际引用的 Svelte 代码。

2. Svelte 打包后变得更小

对于同样的应用程序，与其他 Web 框架项目相比，Svelte 打包后的体积会小得多。这意味着浏览器下载 Svelte 应用程序会更快。

注意 在 Web 应用程序领域里，“包”是一个应用程序需要的所有 JavaScript 代码在经过编译、优化和压缩处理后生成的文件。

Svelte 仅处理引用到的代码，而不会将整个框架都打包。这使得 Svelte 应用程序的包非常小。

注意 现在，主流的框架都内置了 tree shaking 功能，以消除未引用的代码。但 Svelte 在消除方面更加彻底。

FreeCodeCamp 发布的“A Real World Comparison of Front-End Frameworks with Benchmarks(2019 update)”(http://mng.bz/8pxz)报告中，对一些主流框架进行了比较。通过 RealWorld App 分别使用不同框架创建了一个类似 Medium.com 的社交博客站点：Conduit。

下面列出使用不同框架构建并经 gzip 压缩后生成的包的大小。

- Angular + ngrx：134 KB
- React + Redux：193 KB
- Vue：41.8 KB
- Svelte：9.7 KB

Svelte 的优势一目了然。

3. Svelte 在未使用虚拟 DOM 的情况下实现了响应式设计

React 和 Vue 这类 Web 框架，在数据发生变化时，都使用虚拟 DOM 技术更新真实的 DOM，这对性能有很大帮助。当组件状态发生改变时，框架首先会在内存中构建一个新版本的 DOM，之后将其与前一个版本的 DOM 进行对比。只有这两个版本存在差异时，才会更新真正的 DOM。这种方式会比每次都更新真实 DOM 的效率高得多，但也有一个问题：创建虚拟 DOM 并将其与之前的版本进行比较，这个过程也需要一定的执行时间。

响应式设计指的是响应应用程序或者组件状态变化而更新 DOM 的能力。Svelte 为了实现响应式设计，会跟踪影响各个组件渲染的顶层组件变量的变化，并且仅更新受影响的那部分 DOM，而不是更新整个组件。这样做令 Svelte 与其他框架相比在保持 DOM 和状态一致性方面更加出色。

4. Svelte 性能更好

Stefan Krause 在 https://krausest.github.io/js-framework-benchmark/current.html 中给出了一份

性能测试报告。通过渲染一个 4 列 1000 行的表格来测试性能。你可以选择希望对比的框架并查看统计数据。比如，选择"angular-v8.0.1-keyed""react-v16.8.6-keyed""svelte-v3.5.1-keyed"和"vue-v2.6.2-keyed"，对应用程序的启动速度进行测试，结果如图 1.1 所示。Svelte 的性能明显优于其他框架。

名称	svelte-v3.5.1-keyed	vue-v2.6.2-keyed	react-v16.8.6-keyed	angular-v8.0.1-keyed
脚本启动时间 解析/编译/执行页面中所有脚本需要的时间，单位为毫秒	19.5±2.4 (1.00)	59.6±28.6 (3.06)	55.6±45.2 (2.85)	159.8±8.8 (8.21)
脚本文件的大小，单位为KB 页面中所有压缩处理后的静态资源在网络传输过程中使用的流量	145.7±0.0 (1.00)	211.2±0.0 (1.45)	260.8±0.0 (1.79)	295.5±0.0 (2.03)

图 1.1　测试启动时间和加载时间

注意　表头中的 keyed 单词表示框架会在数据和 DOM 元素之间创建一种联系。当数据发生变化时，与之关联的 DOM 也会更新。向数组中添加数据或从其中删除数据将引起 DOM 元素的添加和删除。图 1.1 中的每一个参与测试的框架都标注了 keyed，因为采用这种方式更新 DOM 非常普遍，也更高效。

5. Svelte 占用内存更少

对于一些较旧的电脑或移动设备来说，它们的可用内存往往很少，这意味着在这些设备上，Web 应用程序占用的内存越少越好。

上一节的测试站点也可用来衡量内存使用情况，图 1.2 展示了测试结果。从其中可以发现，与其他框架相比，Svelte 应用程序通常占用更少的内存。

6. Svelte 不依附于任何 JavaScript 容器

.svelte 文件不会为组件定义任何 JavaScript 容器，取而代之的是，组件由一个 script 元素、一段用于渲染的 HTML 以及一个 style 元素组成。

这样的方式比其他大多数 Web 框架都简洁，定义一个组件的代码量更少，需要考虑的 JavaScript 概念也更少。比如 Angular 使用类来定义组件，React 中的组件则是由函数或者类定义的，Vue2 中组件由一个对象定义，而在 Vue3 中又改为由函数定义组件。

名称	svelte-v3.5.1-keyed	vue-v2.6.2-keyed	react-v16.8.6-keyed	angular-v8.0.1-keyed
页面加载后占用的内存 页面加载后的内存占用情况	1.9±0.0 (1.00)	2.1±0.0 (1.13)	2.3±0.0 (1.23)	4.8±0.0 (2.54)
页面运行时占用的内存 在页面中添加 1000 行数据后的内存占用情况	3.9±0.0 (1.00)	7.1±0.0 (1.81)	6.9±0.0 (1.76)	9.1±0.0 (2.34)
查找并更新1000行数据中的第10行（连续执行5次） 更新页面中的第 10 行数据，并将上述操作连续执行 5 次后的内存占用情况	4.3±0.0 (1.00)	7.5±0.0 (1.76)	8.0±0.0 (1.89)	9.5±0.0 (2.23)
重复添加1000行数据（连续执行5次） 在页面中添加 1000 行数据，并将上述操作连续执行 5 次后的内存占用情况	4.5±0.0 (1.00)	7.7±0.0 (1.71)	8.9±0.0 (1.98)	9.9±0.1 (2.20)
新建/删除1000行数据（连续执行5次） 在页面中先添加 1000 行数据，之后删除这 1000 行数据，将上述操作连续执行 5 次后的内存占用情况	3.2±0.0 (1.00)	3.8±0.0 (1.20)	4.7±0.1 (1.48)	6.6±0.0 (2.07)

图 1.2　测试内存占用情况(MB)

7. Svelte 样式是非全局的

Svelte 组件中定义的样式默认仅对当前组件生效。这意味在一个.svelte 文件中定义的样式不会意外“泄露”从而污染其他组件的样式。

不同框架对于样式的处理方式是不同的。在 Angular 中，默认情况下组件中定义的样式仅对当前组件生效。在 Vue 中，只有当样式被标记为 scoped 之后才会只在当前组件中生效。React 并不提供控制样式作用范围的功能，这也是 CSS-in-JS 会在 React 中流行的原因。而对于 Svelte 来说，CSS-in-JS 并没有什么用处。

8. Svelte 可以定义全局样式

Svelte 明确指定了文件 public/global.css 用来定义全局样式，在其中定义的样式会影响所有组件。

9. Svelte 管理状态更简单

与其他框架相比，Svelte 极大地简化了应用程序和组件的状态管理，提供了上下文、store 以及模块上下文来管理状态。本书将详细介绍这三种方式。

10. Svelte 支持双向数据绑定

使用 Svelte 能够很轻松地将表单控件中的某一个值与组件进行绑定。表单控件包括 input 元素、textarea 元素和 select 元素。.svelte 文件中定义的顶层变量会自动成为该组件的状态。

当绑定的变量发生变化时，其所关联的表单控件中的值会自动更新。相反，当用户操作一个绑定的表单控件，更新了它的值，其所关联的值也会自动更新。

11. Svelte 中实现动画效果更简单

Svelte 内置了对各种动画的支持，为应用程序添加动画效果变得格外简单。这会提高开发人员使用动画的动力，从而提供更好的用户体验。

TODO 应用程序中展示了一些动画的示例，包括添加代办事项的淡入效果，删除代办事项的淡出效果。如果在分类列表中维护了代办事项，那么代办事项在不同分类之间移动也可以加上动画效果，使整个过程更加平滑。

12. Svelte 更关注无障碍访问

Svelte 在运行时环境会针对无障碍访问方面的错误进行检查，并给出警告。例如，如果一个 img 元素没有设置 alt 属性，则会被警告。对于一些特殊人士来说，在 Web 浏览器中使用 Svelte 应用程序会更容易。

1.1.2　重新思考响应式设计

在 Web 应用程序中，响应式设计指的是当数据(状态)发生改变时，DOM 会自动更新的一种技术。这与我们常用的电子表格类似，当一个单元格中的内容是由另一个单元格的值计算而得，那么当作为计算基数的单元格中的内容发生变化时，这个单元格中的内容会随之变化。

与其他框架相比，使用 Svelte 实现响应式设计更容易。Svelte 使用一种独有的方式管理组件中的状态，这种方式依赖于对组件顶级变量的监听(3.9 节中会详细介绍)。在 Svelte 的不同组件之间共享状态也非常简单。

HTML DOM

一个 Web 页面在内存中被解析为一个 HTML DOM 节点树，每个节点是一个 JavaScript 对象。其中的一个 JavaScript 对象表示整个页面文档，它持有页面中其他 DOM 对象的引用。每一个 DOM 对象都有相应的方法，调用这些方法能够获得节点的信息，为节点添加子节点、注册事件等。修改 DOM 对象，浏览器的显示也会发生变化。

一个简单的 HTML 文档如下：

```
<!DOCTYPE html>
<html>
  <head>
    <title>My Page</title>
  </head>
  <script>
    // For exploring the DOM from the DevTools console ...
```

```
    window.onload = () => console.dir(document);
  </script>
  <body>
    <h1>My Page</h1>
<p>I like these colors:</p>
    <ul>
      <li>yellow</li>
      <li>orange</li>
    </ul>
  </body>
</html>
```

图 1.3 显示了浏览器中的 HTML 文档在内存中是如何转化为 DOM 节点树的。

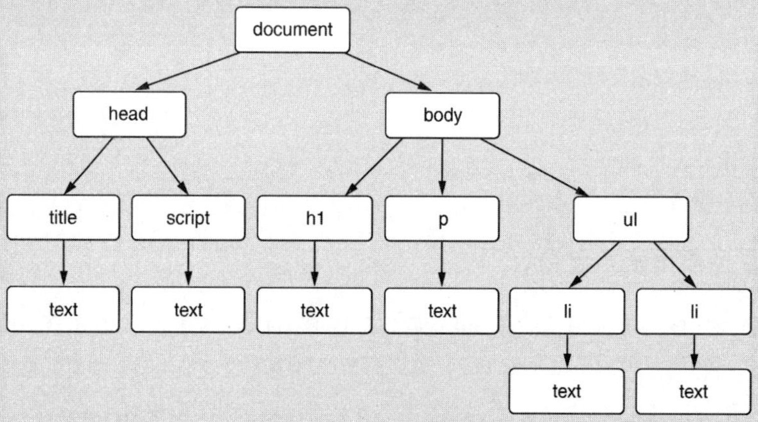

图 1.3 DOM 节点树

Rich Harris 曾经在多个场合发表了“重新响应式设计”的演讲，其中清晰地讲述了创造 Svelte 的动机(www.youtube.com/watch?v=gJ2P6hGwcgo)。演讲中最重要的十个观点都与 Svelte 的特性有关：

(1) 实现真正的响应式编程，就像我们在电子表格中所看到的那样。当一个值发生改变时，其他值也随之改变。

(2) 避免使用虚拟 DOM。Rich 认为：“作为工程师，我们应该拒绝所有的低效”。

(3) 开发更少的代码。对于开发人员来说代码越少越好，对于性能也是如此。Rich 认为：“要提高性能，唯一可靠的方式是精简代码”。

(4) 为无障碍访问相关的问题提供警告。

(5) 样式仅在在组件内部生效，防止样式泄露和全局污染。

(6) 识别没有引用的 CSS 样式，并删除它们。

(7) 使用 CSS 提升动画性能，令添加过渡和动画效果更加方便。

(8) 当为框架添加了一些新功能时，如果这些新功能并没有被引用，应用程序包的大小将不会增加。

(9) 基于 Svelte 创建的 Sapper 为开发人员提供了页面路由、代码分割、服务端渲染等一系列功能。

(10) 可使用 Svelte Native 代替 React Native 开发移动端应用程序。

1.1.3 Svelte 的缺点

使用 Svelte 可以开发几乎所有的 Web 应用程序。然后在一些特殊场景下，开发人员可能会考虑使用其他框架。

Svelte 使用 TypeScript 实现，但并不支持使用 TypeScript 定义组件，需要额外的配置和工具才能在 Svelte 中使用 TypeScript。Svelte 正在解决这个问题。

注意 第 20 章将介绍 Svelte 预处理器，以便支持在.svelte 文件中使用 TypeScript；还将介绍如何使用命令行工具 svelte-check 检查.svelte 文件中的错误，包括 TypeScript 错误。附录 F 讨论了 VS Code 插件 Svelte for VS Code，该插件基于 Svelte Language Server 检查.svelte 文件中的错误，包括 TypeScript。

Svelte 对 IE 浏览器的兼容性并不好。需要额外的 polyfill 以便支持在 IE11 中运行 Svelte 应用程序(https://github.com/sveltejs/svelte/issues/2621 和 https://mvolkmann.github.io/blog/topics/#/blog/svelte/supporting-ie11/)。对于 IE 11 之前的 IE 浏览器，Svelte 不提供任何支持手段。幸运的是，现在大部分 Web 应用程序都不需要运行在 IE 浏览器上。

一些流行的 Web 框架(如 React 和 Vue)可在组件中定义不同的方法，用于创建组件中不同的部分，而 Svelte 做不到这一点。在 Svelte 中，所有 HTML 都是与 JavaScript 解耦的。这样做的一个缺点是，如果我们想按模块方式管理 HTML，将不得不为每个独立的 HTML 创建.svelte 文件。尽管如此，这些为管理 HTML 而创建的.svelte 文件中并没有繁复的样板代码，创建起来很容易。

主流的 Web 框架因其存在的时间较长，第三方支持比 Svelte 要好得多；比如各种各样的组件库。Svelte 在这方面的第三方支持目前较少，但数量在持续增加。

你需要在 Svelte 的优点和缺点之间进行衡量，仔细思考得失。不过我有信心，当你体验过 Svelte 后，你会跟我一样觉得它值得一试。

1.1.4 Svelte 原理

图 1.4 展示了 Svelte 编译器的组成部分。用户界面(UI)组件定义在.svelte 文件中。组件由 JavaScript 代码(定义在 script 元素中)、CSS 样式(定义在 style 元素中)以及用于渲染的 HTML 组成。

.svelte 文件中可以引用其他.svelte 文件，并将其作为子组件使用。比如，对于管理待办事项的应用程序来说，最重要的组成部分是 TodoList 组件，TodoList 组件中引用了 Todo 组件，每个 Todo 组件表示一个单独的待办事项，由复选框、待办详情和删除按钮组成。

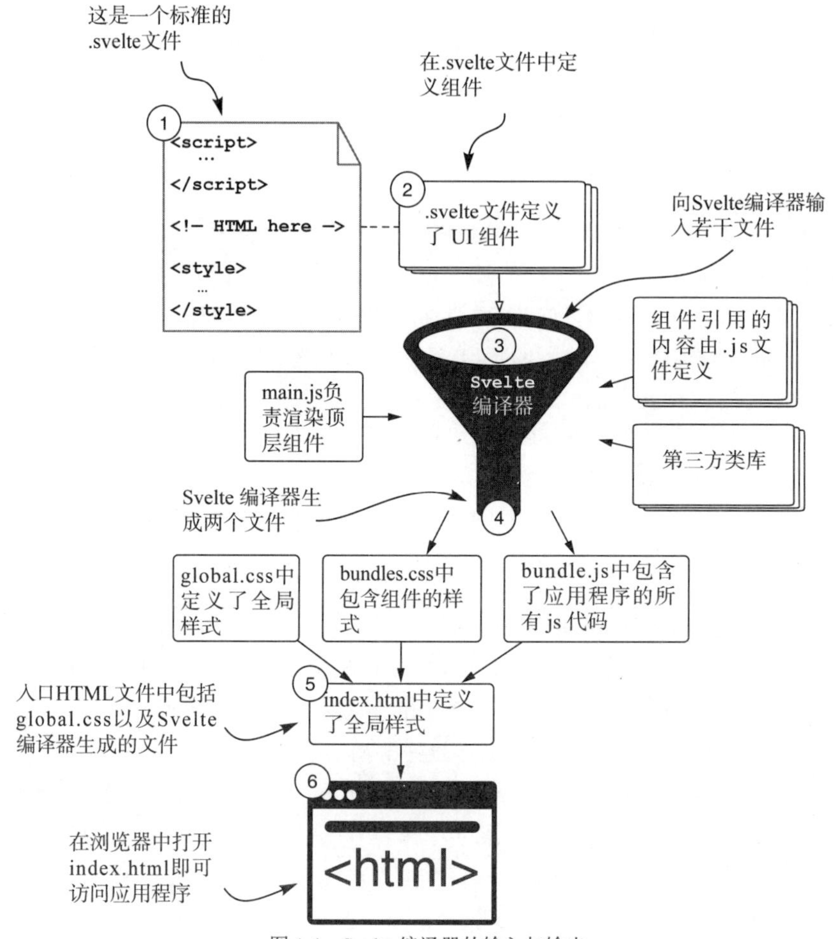

图 1.4 Svelte 编译器的输入与输出

.svelte 文件还可以引用.js 文件和第三方库(通常从 npm 获得)导出的对象，调用其中定义的函数，或者读取其中的变量。比如，在 Svelte 应用程序中可以引用流行的 Lodash 库，使用 Lodash 提供的各种函数。

Svelte 编译器将所有代码编译为一个 bundle.js 文件和一个 bundle.css 文件，这两个文件分别包含应用程序的 JavaScript 代码和 CSS 代码。Svelte 是按需构建的，因此 bundle.js 文件中仅包含 Svelte 框架里真正用到的那部分代码。

global.css 文件中定义了全局样式。index.html 是页面入口文件，其中引用了 global.css 以及 Svelte 编译出的包文件。当用户从浏览器中访问应用程序时，会直接加载 index.html。

Svelte 编译器还会生成文件 bundle.css.map 和 bundle.js.map，保存了压缩后的代码与源代码之间的映射关系。通常调试工具(如浏览器内置的调试工具)会读取这些文件，帮助开发人员更方便地调试。

1.1.5 Svelte“消失”了？

对于大多数 Web 框架，开发人员编写的代码和框架的代码会被打包在一起，浏览器会加载所有代码从而运行应用程序。如果框架实现了很多功能，那么即使开发人员只使用了其中一小部分功能，整个框架也会被打包。

有开发人员发现在使用 Svelte 框架时，一旦应用程序被构建后，Svelte 就“消失”了。此处“消失”指的是经过 Svelte 编译的代码仅包含 Svelte 框架中的一部分代码，而有些代码不见了。

node_modules/svelte 目录下的 JavaScript 文件定义了 Svelte 的主要功能。其中 internal.js 中包括核心功能，目前大概有 1400 行代码。其他一些额外功能被定义在 easing.js、motion.js、register.js、store.js 和 transition.js 中。

稍后将介绍如何通过 npm run dev 或 npm run build 命令编译 Svelte 应用程序，编译成功后会在 public 目录中生成 build.js 和 build.css 文件。应用程序中使用的与 Svelte 有关的代码会复制到 bundle.js 文件的最上方。对于中小型应用程序(如待办事项应用程序)来说，大约有 500 行代码左右。

Svelte 代码并非“消失”了，只不过与其他框架相比，Svelte 代码很少而已。

1.2 Sapper 介绍

Sapper 是一个基于 Svelte 的框架。它包括 Svelte 的所有功能，并额外添加了其他许多功能。当然，这些功能也可由开发人员在开发 Svelte 应用程序时自行实现，但使用 Sapper 更便捷。

Sapper 这个名字有两个含义。首先 Sapper 是“Svelte app maker”的缩写。其次在英语中 Sapper 的含义是：负责修筑和修葺道路、桥梁，埋设和清除地雷的士兵。从某种意义上讲，这也恰当描述了 Sapper 与 Svelte 之间的关系。

Sapper 由 Svelte 的作者 Rich Harris 创建和维护，并且有很多贡献者共同参与其中。

1.2.1 为什么选择 Sapper？

下面列出 Sapper 中新增的功能，后续章节将详细介绍这些功能。

- Sapper 提供了页面路由。页面路由将应用程序的“页面”与 URL 绑定在一起，并定义了如何在 HTML 中描述页面之间的导航。Sapper 的页面路由完全由目录结构和文件命名约定所决定，与那些需要通过额外类库配置路由的方式相比，这种方式更容易理解和实现。
- Sapper 支持页面布局。页面布局为应用程序中的页面提供了一个通用布局。比如，大部分页面可能包括一个通用的 header 区域、footer 区域以及 nav 区域。通过页面布局可将通用代码从这些页面中抽离出来。
- Sapper 提供服务端渲染(SSR)。当用户访问页面时，服务端渲染能将生成 HTML 的工作从浏览器端转移到服务端。这使得浏览器在 JavaScript 被下载之前就能将页面渲染出来，从而提供更好的用户体验。同时，服务端渲染还能提供更好的 SEO 能力。应用程序的每一个会话中，第一次访问应用程序时会执行服务端渲染，之后这个会话内其他对应用程序的访问则不会触发服务端渲染。

- Sapper 支持服务端路由。利用服务端路由，我们可在原本仅支持客户端的项目中增加基于 node 的 API 服务。这对于那些全栈工程师来说非常方便。服务端路由是一个可选功能，开发人员也可以选择不开启此功能，转而使用其他任何一种技术实现应用程序所需要的 API/REST 服务。

REST

REST 即描述性状态传递(Representational State Transfer, REST)，首次提出是在 2000 年 Roy Fielding 的博士论文中。REST 仅仅是一种风格，而不是一种标准或 API。

下面列出 REST 背后的主要理念。

(1) 软件通过提供资源标识符和所需的媒体类型向服务请求“资源”。资源标识符可以是一个 URL，可以通过Ajax(https://developer.mozilla.org/en-US/docs/Web/Guide/AJAX)进行请求。

(2) 在资源的“描述”被返回后，其中包括一个字符串序列以及描述它的元数据。比如，可以是 JSON、HTML Header 中的键值对或者一个图片等。一个描述可包括其他资源的标识符。

(3) 组件在获得请求的返回后，将根据返回的数据“转移”到另一种“状态”。

通常，REST 使用 HTTP 作为请求和返回的载体。HTTP 中规定了几个动词表示请求的方法：POST、GET、PUT 和 DELETE，这些动词映射到 CRUD 操作中，分别表示了创建、查询、更新和删除。

- Sapper 支持代码分割。代码分割技术使得只有在访问页面时才会下载这个页面所需的 JavaScript 代码。与无论访问什么页面都下载全部代码的方式相比，代码分割的性能更优秀。
- Sapper 支持预请求。预请求根据鼠标的轨迹来预测用户将访问的下一个页面，从而提供更快的页面加载速度。每个页面链接都可以配置预请求。当用户操作鼠标并停留在某个页面链接上，Sapper 将开始下载这个页面所需的 JavaScript，同时可以发起对于 API 服务的调用，获取页面需要的数据。
- Sapper 支持生成静态站点。在构建静态站点时，会访问 Svelte Web 应用程序，提前创建应用程序的页面。这种方式生成的网站性能极佳，因为所有页面都是预先渲染好的。

采用这种方式创建的站点，并不一定要完全的静态化。站点仍可包括 JavaScript 代码，并利用 Svelte 的响应式来更新 DOM。

- Sapper 支持离线使用。在没有网络的情况下，Sapper Web 应用程序使用 service worker 在一定程度上保证应用程序的可用性。离线功能是通过缓存指定的文件以及请求返回来实现的，当没有网络时会使用之前缓存的版本。
- Sapper 支持端到端的测试。Sapper 应用程序支持使用 Cypress 模仿用户操作应用程序的行为进行测试，包括登录、跳转到不同页面、输入文字、单击按钮等。

1.2.2 Sapper 的工作方式

Sapper 应用程序中的每个“页面”都被定义在 src/routes 目录下的.svelte 文件中。这些页面中使用的组件同样被定义在.svelte 文件中，存放在 src/components 目录中。页面之间的跳转通过 HTML 的锚元素(<a>标签)实现，只需要将锚元素的 href 属性设置为要跳转的目标页面的名称即可。

Polka 是一个服务端的库，它是基于 Node 开发的，拥有与 Express 几乎相同的 API，但在性能和大小方面更有优势。默认情况下，Polka 会为 Sapper 应用程序提供服务端的相关功能。如有必要，开发人员也可很容易地用 Express 替换 Polka。

如前面讲到的，Svelte 编译器会生成文件 bundle.js 和 bundle.css，分别包括了整个应用程序的 JavaScript 代码和 CSS 样式。而 Sapper 与 Svelte 的处理方式不同，会为应用程序的每个页面生成.js 和.css 文件。这些文件存放在__sapper__/build/client 目录中。一旦页面加载，只有与这个页面相关的 JavaScript 和 CSS 才会被下载。

1.2.3 Sapper 适用的场景

从 Svelte 切换到 Sapper 非常简单，只需要在单独的目录下创建一个新项目即可。稍后将介绍如何通过 npx 命令初始化 Sapper 项目。

Sapper 应用程序默认开启了上述所有功能，并不需要添加额外的库。

如果你认可 Sapper 实现的这些功能，并且恰好开发的应用程序又需要这些功能，那么建议采用 Sapper 而不是 Svelte。比如，对于大部分应用程序来说，Sapper 提供的路由方法已经足够满足一般场景了，但开发人员也可能在路由策略方面有额外的需求，此时他们可以选择使用 Svelte，自行实现页面路由功能。

1.2.4 Sapper 不适用的场景

在本书编写时，Sapper 尚未发布 1.0.0 版本，这意味着在后面的升级中，现有功能可能会有破坏性改动。考虑到这点，有些开发人员可能等到 Sapper 发布正式版本才会在生产环境中使用。

尽管如此，鉴于 Sapper 提供了很多非常有用且优秀的功能，建议可直接使用 Sapper，而不是在 Svelte 应用程序重新开发这些功能。

1.3 Svelte Native 介绍

NativeScript(https://nativescript.org/)是一个用于创建 Android 和 iOS 移动应用程序的框架，由 Telerik 创建和维护。Telerik 于 2014 年被 Progress Software 收购。

NativeScript 使用 XML 语法(包括自定义元素)、CSS 和 JavaScript 构建应用程序。既可以使用 Angular、React、Svelte 或者 Vue 之类的框架开发，也可在不使用任何框架的情况下直接开发。

NativeScript 应用程序并没有采用 Web view，而是使用移动端的原生组件。从这个角度看，NativeScript 类似于 React Native。通过插件访问移动端设备提供的所有 API。

Svelte Native(https://svelte-native.technology/)建立在 NativeScript 之上，开发人员能够使用 Svelte 开发移动应用。Svelte Native 对 NativeScript 的 API 加了一层封装，确保对 NativeScript 未来版本的兼容性。

第 21 章将详细介绍如何使用 Svelte Native 应用程序。

1.4 Svelte 与其他框架对比

Svelte 与现在主流的框架存在一些不同之处，让我们一起看看都有哪些差异。

1.4.1 Angular

与 Angular 相比，同样的功能，Svelte 的代码更“苗条”。

Angular 更受 Java 和 C#开发人员的偏爱，他们更习惯编写大量类和使用依赖注入。

Angular 应用程序大量采用了 effects，并使用 RxJS 和 ngrx/store 之类的库，这使得 Angular 的学习成本更高。

1.4.2 React

React 中使用 JSX(JavaScript XML 的简写)描述组件。JSX 是 JavaScript 语法的扩展，与 HTML 类似。React 将 JSX 转化为可以调用的函数以生成 DOM 节点。尽管 JSX 与 HTML 类似，但存在一些不同点。有些开发人员不喜欢 JSX，因为必须将 JSX 与 JavaScript 代码混合在一起。而 Svelte 组件的 JavaScript、CSS 和 HTML 虽然定义在同一个文件中，但三者之间是互相分离的。

React 中还使用了虚拟 DOM，虚拟 DOM 存在的问题前面已经讲过了，此处不再赘述。

React 的学习成本越来越高，所要掌握的概念越来越多。比如，hooks 就是一个很大的变动，此外还有其他很多知识需要学习。在 React 中处理状态有很多方式，包括 this.setState、useState、Redux 等。Suspense 和 Concurrent 模式也即将发布。相对来说，Svelte 更容易掌握。

1.4.3 Vue

在 Vue 2 中使用对象描述一个组件。对象中包括了组件的很多内容，包括从外部传入的 props、computed 属性(基于其他数据执行计算)、data(组件状态)、watch 函数(监听状态变化)以及 methods(如事件处理函数)。Vue 2 的组件中会经常使用 this，一些开发人员觉得这样会令代码很难被理解，也令代码更加冗余。在 Vue 3 中，又改用函数描述组件了。此外，Vue 也使用了虚拟 DOM，在前面的章节中已经介绍过虚拟 DOM 的问题，此处不再赘述。

对于 Svelte 来说，通过响应式语句，组件中所有的内容可以使用普通的 JavaScript 变量和函数描述(第 2 章将详细介绍这方面的内容)。

1.5 开发工具

本书的读者应该具备熟练运用 HTML、CSS 和 JavaScript 开发 Web 应用程序的能力，熟悉基本的 HTML(包括表单元素)、CSS 语法(包括盒模型)和 JavaScript 语法(包括 ECMAScript 2015 及后续版本增加的一些新功能)。

在开始使用 Svelte 和 Sapper 之前，你只需要安装最新的 Node.js。可从 https//nodejs.org/下载最新的 Node.js。

注意　正如 Node.js 网站(https://nodejs.org/)上所介绍的那样，“Node.js 是一个基于 Chrome v8 JavaScript 引擎的 JavaScript 运行时环境”。Node.js 能够帮助你使用 JavaScript 开发多种应用程序，包括 HTTP 服务这类网络应用程序，以及代码检查工具、代码格式化工具、Svelte 编译器等工具型应用程序。

Node.js 提供了 node、npm 和 npx 命令。

- 使用 node 命令可以启动本地服务、本地测试应用程序，还可运行与开发有关的其他任务，比如代码检查、代码格式化和测试任务等。
- npm 命令可以为项目安装依赖。
- npx 命令可以用来创建新的 Svelte 和 Sapper 项目。

注意　虽然尚未发布正式版本，但还是推荐一个开发 Svelte 的工具，即 svelte-gl(https://github.com/sveltejs/gl)。svelte-gl 与 three.js(https://threejs.org/)类似，但它是专门为 Svelte 而开发的。可将对 3D 场景的描述作为输入参数传入 svelte-gl，输出则是 3D 场景对应的 WebGL 代码，并在应用程序中渲染出来。相关示例可访问 http://mng.bz/lG02。

与你现在所用的框架相比，使用 Svelte 和 Sapper 开发应用程序的简单程度会令你惊叹不已。

1.6 小结

- Svelte 是一个构建 Web 应用程序的工具，是主流 Web 框架(如 React、Vue 和 Angular)的替代品。
- Svelte 是 Web 应用程序的编译器，而非库。
- Svelte 有很多优秀的特性，例如，所需开发的代码更少、生成的包更小(这将缩短应用程序的启动时间)并且简化了状态管理机制。对于开发人员来说，Svelte 非常具有吸引力。
- Sapper 在 Svelte 的基础上添加了页面路由、服务端渲染、代码风格以及静态站点生成等功能。
- Svelte Native 是基于 Svelte 的 React Native 的替代方案，可用来开发 Android 和 iOS 移动应用程序。

第 2 章

第一个Svelte应用程序

本章内容：

- Svelte REPL 使用
- 本地开发 Svelte 应用程序
- 开发一个简单的 Todo 应用程序

本章将带你开发一个 Svelte 应用程序。利用在线 REPL，开发人员甚至不需要下载和安装任何依赖，就可以体验 Svelte。

REPL 是读取(read)、执行(evaluate)、打印输出(print)和循环(loop)的缩写。REPL 读取输入的代码，执行这些代码(包括编译和报错)，打印输出代码执行结果，并能循环执行上述步骤。很多开发语言和 Web 框架都有自己的 REPL 环境。

REPL 是一款很棒的在线工具。如果开发人员希望在本地开发，那么也可以使用常用的编辑器(如 VS Code)开发 Svelte。本章将介绍如何下载 REPL 中的应用程序以便在本地继续开发，以及如何在本地从头开始开发一个新的应用程序。

学习完本章后，你将完成开发 Svelte 应用程序的前期准备工作。

2.1 Svelte REPL

Svelte 提供了一个基于浏览器的 REPL 环境，可以定义 Svelte 组件，并且支持调试功能。体验 Svelte 最便捷的方式非 REPL 莫属，只需要单击鼠标就可创建你的第一个 Svelte 应用程序了！

在浏览器中打开 Svelte 的首页 https://svelte.dev/。之后点击页面右上角的 REPL 链接，即可进入 Svelte 的 REPL 环境。

在其中已经预先创建了一个Hello World应用程序，如图2.1所示，可以直接修改Hello World应用程序的代码，体验 Svelte 的不同特性。

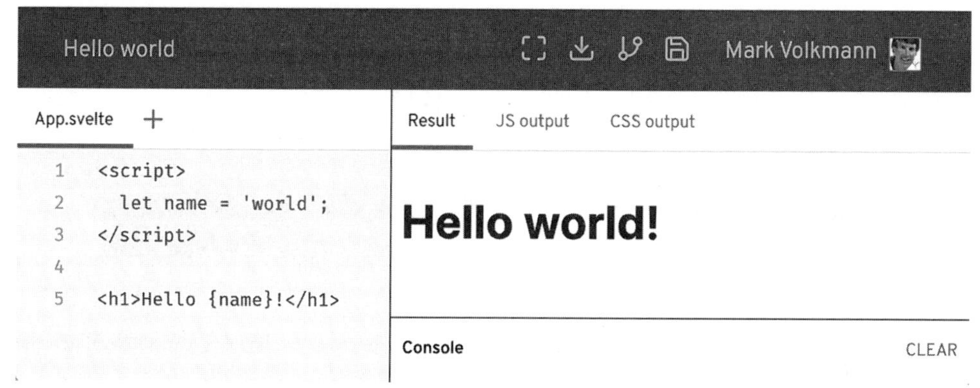

图 2.1　REPL 环境初始界面

REPL 不仅可用来体验 Svelte，在学习 Svelte 的过程中，可以基于 REPL 的示例不断添加新功能。强烈推荐在学习 Svelte 时使用 REPL。

2.1.1　Svelte REPL 的使用

进入 REPL 页面，首先会看到一个 App.svelte 文件。App.svelte 可以引用仅限于同一个浏览器标签页打开的 REPL 环境中定义的文件(无法访问其他标签页打开的 REPL 环境中的文件)。

单击文件标签页右侧的加号按钮(+)，可以新建一个.svelte 或.js 文件。默认新建文件的类型是.svelte，可以在文件名结尾添加.js 后缀将其修改为 JavaScript 类型。

注意　如果 REPL 提示这样的错误信息：“Failed to construct 'URL': Invalid base URL”，通常说明在 REPL 中创建的文件没有指定文件类型，导致该文件无法被引用。

选中一个文件，并单击文件名右侧的“X”可以删除该文件。

REPL 页面右侧包括如下三个标签页：

- Result——Result 标签页展示了 App.svelte 的渲染结果。选中该标签页后，REPL 的右下角将展示 console 方法的调用结果，如 console.log 的结果。
- JS Output——JS Output 标签页展示了经过 Svelte 编译器处理后的 JavaScript 代码。
- CSS Output——CSS Output 标签页展示了经过 Svelte 编译器压缩和混淆过的 CSS 代码，其中并不包括没有被使用的 CSS 选择器。所有选择器都由 CSS 类名声明，这些 CSS 样式仅作用于各自的组件范围内。后面会讨论这些 CSS 类名是如何生成的。

REPL 顶部的导航栏(如图 2.2 所示)中包括教程、API 文档、示例、Svelte 博客、Svelte FAQ、

Sapper 主页、Discord 聊天和 Svelte GitHub 仓库等资源的链接。

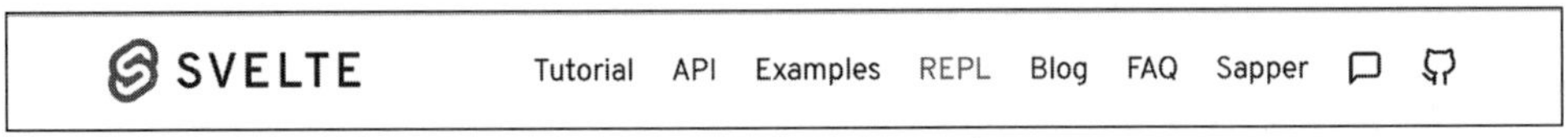

图 2.2　Svelte 网站导航栏

单击全屏图标可以隐藏顶部的导航栏，这可以扩大页面中编辑器视图的可视空间。全屏图标如图 2.3 所示，是一个由虚线构成的正方形图标。

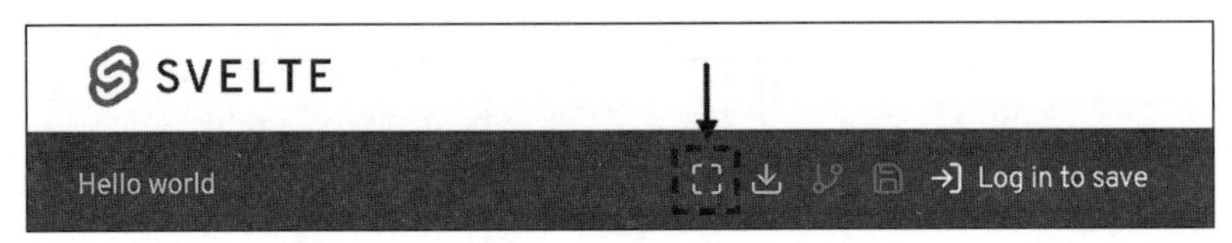

图 2.3　REPL 全屏按钮

当单击全屏图标后，图标会变成一个“X”图标(如图 2.4 所示)，单击这个图标将复原顶部的导航栏。

图 2.4　REPL 退出全屏按钮

REPL 目前不支持格式化.svelte 文件。后续可能会添加 Prettier 来格式化代码。

注意　Prettier(https://prettier.io)是一款主流的代码格式化工具，支持 JavaScript、HTML、CSS 等语言。

点击顶部导航栏的 REPL 链接，页面将复原首次访问时的状态，呈现一个原始的 Hello World 应用程序(如图 2.5 所示)。

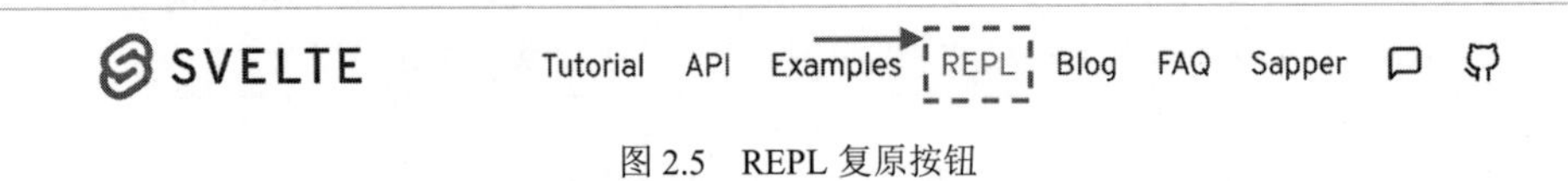

图 2.5　REPL 复原按钮

2.1.2　第一个 REPL 应用程序

利用前面介绍的知识，我们首先创建一个较简单的应用程序，并以此为基础开始学习 Svelte。

首先改造 REPL 自带的 Hello World 应用程序，我们计划把向世界说 Hello 改为向每个人说 Hello。在 h1 元素后面增加下面的 HTML 代码：

```
<label for="name">Name</label>
<input id="name" value={name}>
```

注意　input 元素是一个空的没有任何子节点的元素。在 Svelte 组件中类似的空元素是不需要以/>结尾的。但需要注意一点，如果使用了 Prettier 格式化代码，空元素会被格式化为以/>结尾。在本书中，你可能会看到一些代码以/>结尾，这是因为使用了 Prettier。

现在我们输入一个名称，页面并没有什么变化。接下来需要添加事件，这样当用户在输入框中输入内容时，可监听到 name 变量的变化。事件监听函数可以直接声明为一个内联的箭头函数，或者也可以引用 script 元素中定义的函数。将 input 的代码修改为：

```
<input
  id="name"
  on:input={event => name = event.target.value}
  value={name}
>
```

现在应用程序可与预期的一样正常工作了，但以上代码的写法并不优雅，有些繁杂。我们可以尝试用 Svelte 的 bind 指令优化这部分代码。在后面的内容中将介绍很多 bind 指令，其中一种用法是将表单元素的值绑定到变量上，变量最新的值将显示在表单元素中。如果用户在页面中操作了表单元素，修改了表单元素的值，那么变量的值也会相应发生改变。

将 input 元素修改成下面的代码：

```
<input id="name" bind:value={name}>
```

上面的代码看起来简洁多了。并且如果变量名是 value 而不是 name，还有更简单的写法，如下面的代码所示：

```
<input id="name" bind:value>
```

页面看起来比较单调，我们可以添加一些样式，改变问候语的颜色。在文件的最底部，紧接着 HTML 的下方添加如下代码：

```
<style>
  h1{
    color: red;
  }
</style>
```

问候语变成红色了，看起来很不错(请注意，本书是黑白印刷，无法显示彩色；读者可扫描封底二维码下载彩图，后同)！

我们可以为用户增加选择问候语颜色的功能。在应用程序中添加 type 为 color 的 input 元素，这是一个原生的颜色选择器，用户可以通过它选择问候语的颜色。如图 2.6 所示，中间有一条水平线的矩形就是颜色选择器，单击这个矩形就会打开颜色选择弹窗。

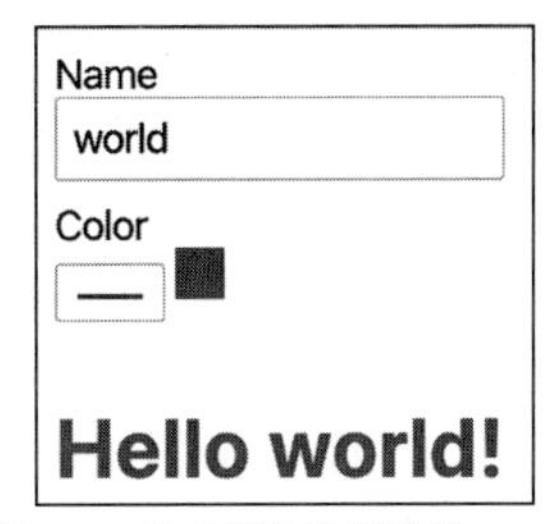

图 2.6　带有颜色选择器的 REPL 应用程序

在组件的 script 元素中最外层声明的变量被定义为组件的状态。比如下面代码中，color 和 name 这两个变量即为组件的状态。

下面是 App.svelte 的全部代码。

代码清单 2.1　带有颜色选择器的 REPL 应用程序

```
<script>
  let color = 'red';
  let name = 'world';
</script>

<label for="name">Name</label>
<input id="name" bind:value={name}>

<label for="color">Color</label>
<input id="color" type="color" bind:value={color}>
<div style="background-color: {color}" class="swatch" />

<h1 style="color: {color}">Hello {name}!</h1>

<style>
  .swatch {
    display: inline-block;
    height: 20px;
    width: 20px;
  }
</style>
```

接下来，为用户添加一个用来改变问候语大小写的复选框。在 script 元素的底部添加下面的代码：

```
let upper = false;
$: greeting = `Hello ${name}!`;
$: casedGreeting = upper ? greeting.toUpperCase() : greeting;
```

上面代码中的$:被称为响应式语句。响应式语句在其引用的变量值发生变化时，会被重新执行。为变量赋值的响应式语句也被称为响应式声明。具体内容将在第 3 章详细介绍。

在上面的代码中，当 name 的值改变时，greeting 的值首先会被重新计算，紧接着，casedGreeting 同样会根据 upper 和 greeting 重新计算。这种模式非常方便。

现在我们需要做的是当复选框被选中时修改 upper 变量的值，在页面中重新渲染 casedGreeting 变量。在 h1 元素前面添加下面的代码来渲染复选框，如图 2.7 所示。

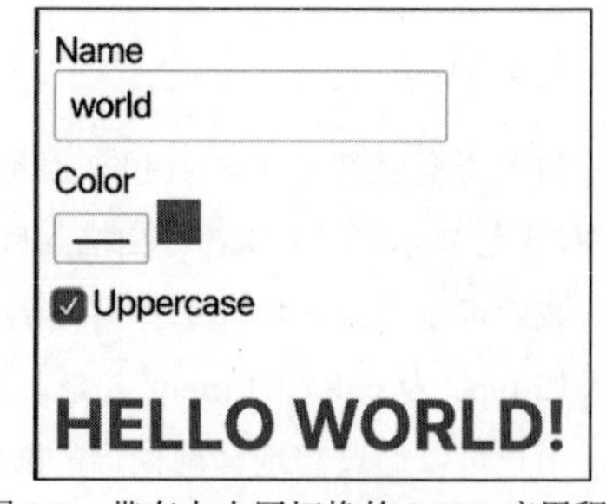

图 2.7　带有大小写切换的 REPL 应用程序

```
<label>
```

```
    <input type="checkbox" bind:checked={upper}>
    Uppercase
  </label>
```

按照下面的代码修改 h1 元素。

```
<h1 style="color: {color}">{casedGreeting}</h1>
```

到目前为止，上面介绍的所有功能都定义在 App.svelte 文件中。接下来我们定义一个新的组件。

在 REPL 中单击 App.svelte 标签页右侧的加号(+)按钮。如图 2.8 所示，将组件命名为 Clock。组件的名称和文件的名称都采用驼峰命名法，名称的首字母大写。

Clock 组件将以 hh:mm:ss 的样式显示当前时间。在 Clock.svelte 文件中添加下面的代码：

图 2.8　包含 Clock 标签页的 REPL 应用程序

```
<div>
  I will be a clock.
</div>
```

在 App.svelte 文件的 script 元素顶部，添加下面的代码：

```
import Clock from './Clock.svelte';
```

在 App.svelte 文件中 HTML 的结尾处，添加下面的代码：

```
<Clock />
```

注意　<Clock/>组件中 Clock 和/之间的空格不是必需的。但是很多开发人员习惯在此处添加一个空格，并且 Prettier 也会自动在此处添加一个空格。

添加<Clock/>后页面底部将显示“I will be a clock”这样一行消息，如图 2.9 所示。

图 2.9　包含 I will be a clock 消息的 REPL 应用程序

我们可通过属性(props)将数据注入组件中(第 5 章将详细讨论属性)。Svelte 使用 export 关键字定义组件被注入的属性。在.js 文件中，export 能将文件中的变量对外公开，以便被其他文件引用。而在组件中使用 export 属性，其他组件可以通过这个属性向其传递数据。

按照下面的代码修改 Clock.svelte 文件。在 Clock 组件中，color 变量被定义为一个属性，并赋予了默认值。

```
<script>
  export let color = 'blue';     ← 定义 color 属性
```

```
  let hhmmss = '';
  setInterval(() => {
    hhmmss = new Date().toLocaleTimeString();
  }, 1000);
</script>

<span style="color: {color}">{hhmmss}</span>
```

每秒执行一次

修改 App.svelte，将属性 color 传递给 Clock 组件。<Clock color={color} />可以简写为：

```
<Clock {color}/>。
```

现在我们已经有了一个能够正常显示时间的时钟组件，如图 2.10 所示。

图 2.10 显示时间的 REPL 应用程序

通过上面的例子，你对 Svelte 已经有了一个大概的了解。本书后面将对以上概念展开详细介绍。

如果你熟悉其他 Web 框架，那么可以思考一下，上面的页面如果使用其他框架实现，需要如何开发。是否需要更多代码，代码逻辑是否会更复杂？

2.1.3 保存 REPL 应用程序

如果在 REPL 中保存了应用程序，那么今后可以随意调用这些应用程序。如图 2.11 所示，单击右上角的 Log in to save 按钮，将打开如图 2.12 所示的页面。

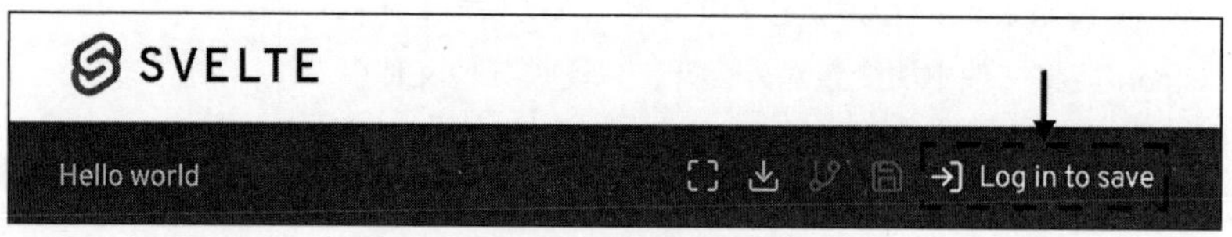

图 2.11 REPL 的 Log in to save 按钮

输入你的 GitHub 账号和密码，单击 Sign in 按钮。

如果你尚未注册 GitHub 账号，可以访问 https://github.com/，单击页面上那个明显的绿色 Sign up for GitHub 按钮(如图 2.13 所示)。在 GitHub 登录完成后，页面会自动跳转回 REPL。

图 2.12　GitHub Sign in 页面

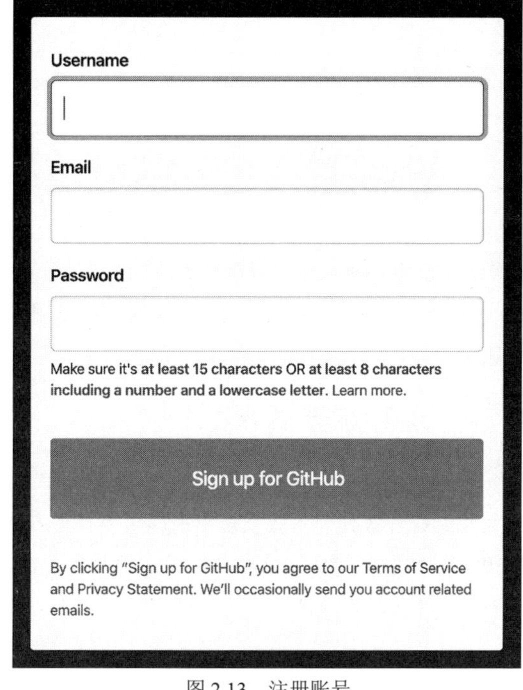

图 2.13　注册账号

在保存应用程序之前，需要在位于顶部导航栏左侧的输入框中输入应用程序的名称，之后单击磁盘图标(如图 2.14 所示)即可保存应用程序。保存应用程序的快捷键是 Ctrl+S(macOS 中是 Cmd+S)。

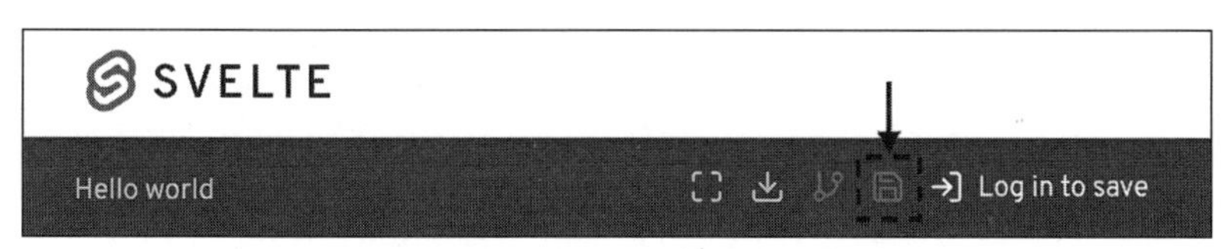

图 2.14　REPL 的保存按钮

如果需要加载之前保存的应用程序，只需要将鼠标放到页面右上角的用户名处，单击下拉菜单中的 Your saved apps 菜单项(如图 2.15 所示)。

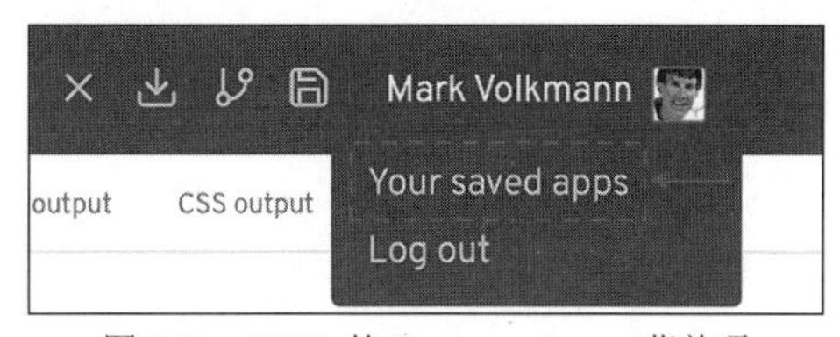

图 2.15　REPL 的 Your saved apps 菜单项

单击后将展示之前保存的所有应用程序。单击其中一个将加载相应的应用程序。

REPL 提供了复制功能，能将应用程序另外复制一份，这样可避免改动当前版本的代码。页面中的 fork 按钮表示复制功能(如图 2.16 所示)。

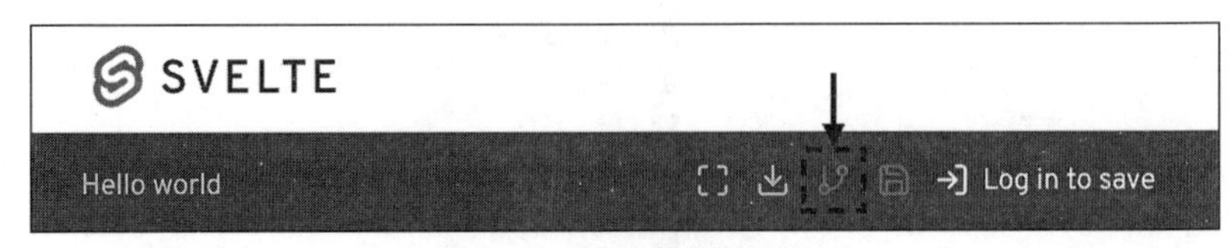

图 2.16 REPL 的复制按钮

目前无法删除一个已经保存的 REPL 应用程序，不过已经有其他开发人员提出该需求(见 https://github.com/sveltejs/svelte/issues/3457)。在删除功能尚未上线之前，可将废弃的 REPL 应用程序重命名为“可删除”之类的名称。

2.1.4 分享 REPL 应用程序

与其他开发人员分享 REPL 应用程序很简单，只需要复制浏览器中的 URL，之后将链接通过短信、邮件等任何形式发送出去即可。其他开发人员单击链接后可以查看并修改你分享的 REPL 应用程序，当保存修改时，会作为他自己的应用程序另外保存一份，而你分享出去的应用程序并不会被修改。

在 Discord 中探讨 Svelte 问题时，REPL 的分享功能会提供很大的帮助。提问时附带一条 REPL 的 URL，能够更好地描述你的问题。

2.1.5 REPL URL

每个 REPL 应用程序的 URL 都以查询参数 version 作为结尾，version 表示当前正在使用的 Svelte 版本。默认为 Svelte 最新版，通过修改这个参数，可使用不同版本的 Svelte 测试 REPL 应用程序。

2.1.6 导出 REPL 应用程序

有时你可能希望能够将应用程序从 REPL 中迁移出来，这样做的原因有很多：

- 避免 REPL 的某些限制(下一节中将详细介绍这些限制)。
- 在版本控制系统(如 Git)管理应用程序。
- 使用构建工具(如 npm scripts)执行各种任务，如构建可部署的应用程序、运行单元测试和端到端测试等。
- 使用自动化代码格式化工具，如 Prettier。
- 使用代码自动完成(又称为智能提示)功能，如 VS Code。

单击下载按钮(如图 2.17 所示)可将应用程序下载到本地继续开发。应用程序会以压缩包形式下载到本地，压缩包的名称默认为 svelte-app.zip。

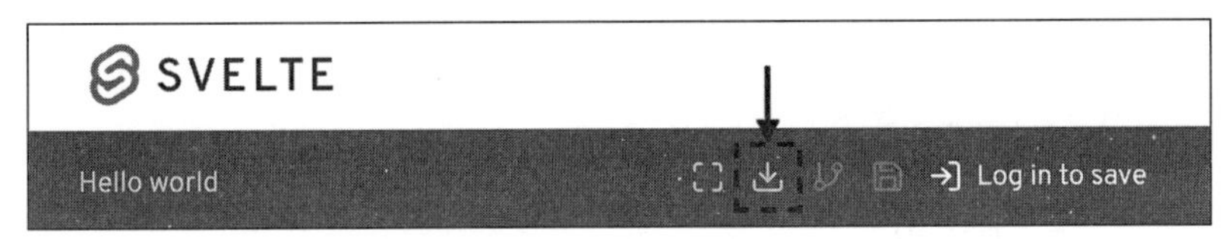

图 2.17　REPL 下载按钮

按照下面的步骤在本地运行应用程序：

(1) 首先需要安装 Node.js，如果没有安装，请访问 https://nodejs.org，安装 node、npm 和 npx 命令。

(2) 解压缩上面下载的压缩包。

(3) 使用 cd 命令进入压缩包的根目录。

(4) 执行 npm install 命令。

(5) 执行 npm run dev 命令以开发模式运行应用程序。

本书后续章节会详细介绍如何在本地运行 Svelte 应用程序。

2.1.7　引用 npm 包

REPL 应用程序能够引用 npm 包中的函数及变量。比如调用 lodash 包的 capitalize 函数。首先需要引用 capitalize 函数：

```
import capitalize from 'lodash/capitalize';
```

接下来直接调用 capitalize(someString)，执行 capitalize 函数。

此外，还可以引用整个 lodash 包。

```
import _ from 'lodash';
```

注意　在 JavaScript 中，下画线是合法的变量名。通常情况下，_用作引用 lodash 的变量，因为_看起来是一个“低位破折号”。

采用这种引用方式，你可以调用_capitalize (someString)执行 capitalize 函数。

REPL 从 https://unpkg.com 中加载 npm 包。https://unpkg.com 为 npm 仓库所有的包提供了内容分发网络(Content Delivery Network，CDN)服务。如果想要引用指定版本的 npm 包，可以在 npm 名字后面添加@符号以及指定的版本。如下面的示例：

```
import _ from 'lodash@4.16.6'
```

2.1.8　REPL 限制

REPL 有很多优点，但也存在一些限制：

- 不能删除一个已经保存的项目。

- 无法通过项目名称或者日期对项目排序。
- 无法根据项目名称或者项目内容筛选项目。
- 不允许编辑 src/main.js 和 public/global.css 文件。可在 App.svelte 文件中的 style 元素中定义全局样式，具体语法为 global(body) { .... }。第 3 章将详细介绍全局样式语法。

2.1.9 CodeSandbox

除了 REPL 之外，还可以使用 CodeSandbox 在线构建 Svelte 应用程序，同样不需要在本地下载或者安装任何东西。CodeSandbox 是一个在线版的 VS Code 编辑器。

CodeSandbox 不需要注册，访问地址为 https://codesandbox.io。可以使用 GitHub 账号登录，登录后可以在线保存代码。

单击+ Create Sanbox 按钮，选择官方提供的 Svelte 模板，即可创建一个 Svelte 项目。

CodeSandbox 支持 Vim，单击 File | Preferences | CodeSandbox Settings | Editor，打开 VIM Extension 以开启 Vim 功能。

在 CodeSandbox 中，应用程序开发人员能够将应用程序部署到 Vercel Now 或者 Netlify 上。具体步骤为单击左侧导航栏中带有火箭图标的按钮，选择 Deploy to Vercel 或者 Deploy to Netlify 按钮。单击后需要一段时间执行部署。如果部署在 Vercel Now 上，那么会返回一个访问部署的应用程序的链接。如果部署在 Netlify 上，单击 Visit 按钮即可访问部署的应用程序，单击 Claim 按钮可将应用程序添加到 Netlify 的面板中。

注意 第 13 章将详细介绍如何将 Svelte 部署到 Netlify 和 Vercel Now 中。Vercel 的前身是 ZEIT 公司，在 2020 年 4 月更名为 Vercel。CodeSandbox 还支持 Live 模式，你可以与其他开发人员合作，实时在线开发。

2.2 在 REPL 之外开发

有两种常用的方式在 REPL 之外开发和运行 Svelte 应用程序。

上面已经介绍过第一种方式了，将 REPL 中的应用程序下载后，在本地继续开发。你可以在不改动任何代码的情况下，直接下载 REPL 中的 HelloWord 应用程序，以此为基础进行开发。

第二种方式则可以利用 npx 工具的 degit 命令进行开发。安装 Node.js 的时候已经安装了 npx 工具。作为 Svelte 的创造者，Rich Harris 开发了 degit 命令来简化 Svelte 项目的初始化搭建工作。degit 命令由 de 和 git 组成，其中 de 表示“来自、源自”的意思。这个命令会从一个 Git 仓库中下载预先创建好的项目，包括初始的目录和文件。默认情况下，是从 Git 仓库的 master 分支下载。

脱离了 REPL 环境开发的最大好处在于，开发人员可使用功能更强大的代码编辑器。任何 IDE 或代码编辑器都可用来开发 Svelte，推荐使用 VS Code。附录 F 中会详细介绍如何使用 VS

Code 开发 Svelte 和 Sapper，以及有哪些实用的插件。

2.2.1　npx degit 入门

接下来让我们按照下面的步骤，使用 npx degit 分步创建和运行一个 Svelte 应用程序。

(1) 输入 npx degit sveltejs/template app-name 命令。

上面的命令中，sveltejs 代表 GitHub 中的组织，而 template 则表示在 sveltejs 这个组织下名为 template 的仓库。

第二个参数 app-name 表示将代码下载到 app-name 目录下，app-name 也会作为 Svelte 应用程序的名称。

仓库使用了 Rollup 模块打包工具(https://rollupjs.org)。rollup.config.js 文件中配置了基于 terser 库的 rollup-plugin-terser 插件。执行 npm run build 后，利用 rollup-plugin-terser 插件压缩打包后的代码。

Webpack(https://webpack.js.org/)与 Rollup 类似，也是一个模块打包工具。假如你希望在项目中使用 Webpack 特有的一些插件，那么可以选择基于 Webpack 的模板，执行 npx degit sveltejs/template-webpack app-name 命令下载 template-webpack 项目，template-webpack 项目内置的打包工具是 Webpack。

Parcel 也是类似 Rollup 的模块打包工具。现阶段 Svelte 中并没有正式支持 Parcel，如果希望在 Svelte 中使用 Parcel，目前有一个非官方的解决方案，访问 https://github.com/DeMoorJasper/parcel-plugin-svelte 了解更多相关信息。

(2) 输入命令 cd app-name。

(3) 输入命令 npm install，从 npm 安装所有依赖。

(4) 输入命令：npm run dev，在开发模式下运行应用程序。

首先会在本地启动一个 HTTP 服务，这个服务还提供了热加载功能，一旦本地源代码发生改变，将重新编译应用程序，并自动刷新浏览器页面。

还有一种运行应用程序的方式，运行 npm run build 命令，之后执行 npm start 命令。这种方式不具备热加载的能力。npm run build 命令会执行编译并创建打包文件，之后由 npm start 命令读取这些文件。

访问 localhost:5000，将看到图 2.18 的页面。

图 2.18　示例应用程序

需要注意，如果使用 Webpack 的话，访问端口号需要从 5000 改为 8000。

模块打包工具

JavaScript 模块打包工具能将应用程序所需的 JavaScript 代码合并到一个单独的 JavaScript 文件中。这个文件中还包括其他 JavaScript 库的依赖，比如从 npm(https://npmjs.com)中安装的依赖。模块打包工具的另一个作用是将没有被引用的代码剔除，并压缩剩余代码。对于基于 JavaScript 开发的应用程序来说，这能够减少浏览器加载的时间。

主流的模块打包工具包括 Webpack、Rollup 和 Parcel。Rollup 由 Svelte 的作者 Rich Harris 创建。

无论采用 npm run dev 命令或 npm run build 命令构建应用程序，都会在项目的 public 目录下创建以下文件：

- bundle.css
- bundle.css.map
- bundle.js
- bundle.js.map

以.map 作为后缀的文件主要用于调试应用程序。这些文件将把压缩后的代码与源代码进行映射，这样在调试工具中你可以查看并调试源代码。

接下来开始修改应用程序。当你修改了代码但是浏览器并没有显示相应的内容或功能，可检查运行服务器的终端窗口中是否有报错信息。Svelte 编译器在遇到一些错误语法(如括号不匹配等)时会抛出错误信息，此时可在终端窗口中查看这些报错信息。当发生语法错误时，Svelte 不会构建新的应用程序，因此浏览器不会显示最新的报错信息。在运行 npm run dev 时，建议时刻关注终端窗口。

提示 执行 npm run dev 后，终端窗口可能有一些警告信息，造成刷屏的情况。你可以向上滚动屏幕查看这些警告信息。

提示 如果改动代码后，页面没有发生变化。还有一种可能是你执行的是 npm start 命令，而非 npm run dev 命令。npm start 命令用来运行 npm run build 命令和 npm run dev 命令编译后的代码。一定不要搞错 npm run dev 命令的正确行为，因为在其他 Web 框架中，npm run dev 命令用来在本地运行应用程序，并实现了热加载的功能。

2.2.2 package.json

对于模板项目中自带的 package.json，我们主要关注两个配置。

首先，Svelte 使用 Rollup 作为默认的模块打包工具。在 devDependencies 字段中配置了与 Rollup 有关的依赖。当然，你也可将其改为 Webpack 或 Parcel。

其次，Svelte 应用程序只有一个必要的运行时依赖：sirv-cli。npm start 命令启动本地 HTTP 服务就是由 sirv-cli 提供的，检查 package.json 中的 dependencies 和 devDependencies，能找到与

sirv-cli 相关的依赖。除了 sirv-cli 外，不再需要任何运行时依赖，Svelte 编译器打包后的 bundle.js 文件中包括了与 Svelte 相关的其他代码。

2.2.3　关键代码

对于 Svelte 应用程序来说，最关键的代码文件有三个：public/index.html、src/main.js 以及 src/App.svelte。开发人员可以修改这三个文件中的代码来开发应用程序。

这些文件使用 Tab 键缩进，如果你不喜欢这种风格，也可改用空格缩进。稍后将介绍如何使用 Prettier 修改缩进风格。

public/index.html 文件的内容如下。

代码清单 2.2　public/index.html 文件

```
<!DOCTYPE html>
<html lang="en">
  <head>
    <meta charset="utf8" />
    <meta name="viewport" content="width=device-width,initial-scale=1" />
    <title>Svelte app</title>
    <link rel="icon" type="image/png" href="/favicon.png" />
    <link rel="stylesheet" href="/global.css" />
    <link rel="stylesheet" href="/build/bundle.css" />

    <script defer src="/build/bundle.js"></script>
  </head>
  <body>
  </body>
</html>
```

public/index.html 中引用了两个 CSS 文件和一个 JavaScript 文件。其中 global.css 文件中定义了应用程序的全局样式，而 bundle.css 文件则是每个.svelte 文件中所定义样式的集合。bundle.js 文件中包括所有.svelte 文件中定义的 JavaScript 代码和 HTML，这些代码构成了应用程序中的每个组件。

src/main.js 文件的内容如下。

代码清单 2.3　src/main.js 文件

```
import App from './App.svelte';

const app = new App({
  target: document.body,
  props: {
    name: 'world'
  }
});
```

```
export default app;
```

src/main.js 文件负责在页面中渲染 App 组件。其中 target 属性指定了组件在哪个 DOM 节点上渲染。大多数情况都会指定为 document.body。

上面的代码中，App 组件的 props 中有一个名为 name 的属性。通常情况下，最顶层的组件是不需要额外设置 props 的。这是因为在 main.js 中传递给 App.svelte 组件的数据同样可以在 App.svelte 内部获得，因此通过 props 传递数据就显得多余了。

上面的代码中，src/main.js 文件持有顶层组件 App 的对象实例，并将其作为默认导出对象。

src/App.svelte 文件的内容如下。

代码清单 2.4 src/App.svelte 文件

```
<script>
  export let name;
</script>

<main>
  <h1>Hello {name}!</h1>
  <p>
    Visit the <a href="https://svelte.dev/tutorial">Svelte tutorial</a>
    to learn how to build Svelte apps.
    </p>
</main>

<style>
  main {
    text-align: center;
    padding: 1em;
    max-width: 240px;
    margin: 0 auto;
  }

  h1 {
    color: #ff3e00;
    text-transform: uppercase;
    font-size: 4em;
    font-weight: 100;
  }

  @media (min-width: 640px) {
    main {
      max-width: none;
    }
  }
</style>
```

所有.svelte 文件都包括一个 script 元素、HTML 以及一个 style 元素。上面三部分均是可选的，并且三者之间的顺序没有强制要求。通常情况下，习惯把 script 元素放在最前面，之后是 HTML，最后为 style 元素。这种顺序的好处是能将相互影响的代码放在一起。在 script 元素中定义变量和函数，这些变量和函数最终会在 HTML 中被引用。HTML 的样式则由 style 元素中的内容定义。而 script 元素和 style 元素中的代码则很少相互依赖或影响。

src/App.svelte 文件最上方的 script 元素中，声明了一个名为 name 的变量，变量前面的关键字 export 表示 name 变量是一个属性。属性表示当其他组件引用这个组件时，可以通过属性向其传递数据。在上面的代码中，Svelte 编译器将用特殊方式处理 JavaScript 语法(export 关键字)。此外，前面介绍过的 Svelte 的响应式语句$:也用到了属性。

src/App.svelte 文件内 HTML 中的大括号用来输出或渲染 JavaScript 表达式的结果，在上面的代码中，将渲染变量 name。这被称为 interpolation，稍后将详细介绍。此外，大括号也可用于动态属性值。

到目前为止，你可以开始在本地修改代码了，就像我们在 REPL 里做的一样。

2.2.4　你的第一个本地 Svelte 应用程序

我们计划开发这样一个 Svelte 应用程序，可以根据贷款金额、年利率和年数计算每月贷款偿还额。用户可以随意修改贷款金额、年利率和年数，应用程序都会重新计算每月贷款偿还额。仅需要 28 行代码就可以完成这个应用程序。其中每月贷款偿还额的算法并不重要，重点在于如何实现这样一个应用程序以及如何使用响应式语句。

执行下面的步骤。

(1) 输入 npx degit sveltejs/template loan 命令。

(2) 输入 cd loan 命令。

(3) 输入 npm install 命令。

(4) 编辑 src/App.svelte 文件，并按照代码清单 2.5 进行修改。

(5) 输入 npm run dev 命令。

(6) 打开浏览器并访问 localhost:5000。

(7) 在页面中随意输入，并观察每月贷款偿还额是否发生了变化。

代码清单 2.5　src/App.svelte 文件

```
<script>
  let interestRate = 3;
  let loanAmount = 200000;
  let years = 30;
  const MONTHS_PER_YEAR = 12;

  $: months = years * MONTHS_PER_YEAR;
  $: monthlyInterestRate = interestRate / 100 / MONTHS_PER_YEAR;
  $: numerator = loanAmount * monthlyInterestRate;
  $: denominator = 1 - (1 + monthlyInterestRate) ** -months;
  $: payment =
    !loanAmount || !years ? 0 :
    interestRate ? numerator / denominator :
    loanAmount / months;
</script>
```

当 input 元素的 type 属性为 number 时，bind 会将变量 loanAmount 的值强制转换为一个数字

```
<label for="loan">Loan Amount</label>
<input id="loan" type="number" bind:value={loanAmount}>

<label for="interest">Interest Rate</label>
<input id="interest" type="number" bind:value={interestRate}>

<label for="years">Years</label>
<input id="years" type="number" bind:value={years}>

<div>
  Monthly Payment: ${payment.toFixed(2)}
</div>
```

上面的代码中使用了大量的响应式语句。当 interestRate、loanAmount 或者 year 变量的值发生改变时，会重新计算payment变量的值，随后会在底部的div元素中重新渲染最新的payment。虽然上面的应用程序没有添加任何美观的样式，但它能很好地工作，展示了利用 Svelte 创建应用程序是多么简单。

2.3 奖金应用程序

接下来用 Svelte 实现非常著名的 Todo 应用程序，最终结果如图 2.19 所示。我用 Svelte、React 和 Vue 分别实现相同功能的应用程序，代码如下：

- https://github.com/mvolkmann/svelte-todo
- https://github.com/mvolkmann/react-todo
- https://github.com/mvolkmann/vue-todo

图 2.19 Todo 应用程序

这个应用程序具有如下功能：

- 添加待办事项
- 标记待办事项已完成
- 标记待办事项未完成

- 归档已完成的待办事项
- 删除待办事项
- 查看已完成待办事项的数量以及所有待办事项的数量

我们将实现两个 Svelte 组件：Todo 组件和 TodoList 组件。

首先执行 npx degit sveltejs/template todo 命令，这会创建属于你自己的应用程序。

Todo 组件会渲染一个列表元素(<li>)，用于展示一条待办事项。其中包括一个复选框、待办事项的文字内容以及一个删除按钮。组件中并不会定义勾选或者取消勾选复选框时应该如何响应，也不会定义单击删除按钮时需要做什么。组件只会在上面动作发生时派发事件，而这些事件会被 TodoList 组件接收。

TodoList 组件是应用程序中最顶层的组件，会渲染一个无序的待办事项列表(<ul>)，同时监听来自 Todo 组件的事件并执行对应的动作。

出于简化的考虑，应用程序没有实现在归档待办事项时，将数据持久化到存储空间(如数据库)的功能，仅从页面中删除了这些待办事项。

代码清单 2.6 展示了 Todo 组件的代码。第 5 章将详细介绍事件派发这部分内容。当添加或者删除待办事项时，无论待办事件出现在列表中或者从列表中消失，都伴随着 Svelte 中内置的 fade 过渡效果。

代码清单 2.6　在 src/Todo.svelte 中定义的 Todo 组件

```
<script>
  import {createEventDispatcher} from 'svelte';
  import {fade} from 'svelte/transition';
  const dispatch = createEventDispatcher();

  export let todo;
</script>

<li transition:fade>
  <input
    type="checkbox"
    checked={todo.done}
    on:change={() => dispatch('toggleDone')} />
  <span class={'done-' + todo.done}>{todo.text}</span>
  <button on:click={() => dispatch('delete')}>Delete</button>
</li>

<style>
  .done-true {
    color: gray;
    text-decoration: line-through;
  }

  li {
    margin-top: 5px;
  }
</style>
```

此处创建了一个 dispatch 函数，用来派发事件

TodoList 组件接收一个名为 todo 的属性，todo 属性的类型为对象

此处派发了一个名为 toggleDone 的自定义事件，父组件将监听这个事件

此处派发一个名为 delete 的自定义事件，父组件将监听这个事件

待办事项文字部分的样式，将已完成待办事项的 CSS 类别定义为 done-true，未完成待办事项的 CSS 类别定义为 done-false。此处并不需要定义 done-false 样式

修改 main.js 文件，用 TodoList 组件替换默认的 App 组件。

代码清单 2.7　在 src/TodoList.svelte 中定义的 TodoList 组件

```
<script>
  import Todo from './Todo.svelte';

  let lastId = 0;

  const createTodo = (text, done = false) => ({id: ++lastId, text, done});

  let todoText = '';

  let todos = [
    createTodo('learn Svelte', true),
    createTodo('build a Svelte app')
  ];

  $: uncompletedCount = todos.filter(t => !t.done).length;

  $: status = `${uncompletedCount} of ${todos.length} remaining`;

  function addTodo() {
    todos = todos.concat(createTodo(todoText));
    todoText = ''; // clears the input
  }

  function archiveCompleted() {
    todos = todos.filter(t => !t.done);
  }

  function deleteTodo(todoId) {
    todos = todos.filter(t => t.id !== todoId);
  }

  function toggleDone(todo) {
    const {id} = todo;
    todos = todos.map(t => (t.id === id ? {...t, done: !t.done} : t));
  }
</script>

<div>
  <h1>To Do List</h1>
  <div>
    {status}
    <button on:click={archiveCompleted}>Archive Completed</button>
```

createTodo 函数用来创建一个待办事项对象

应用程序初始化时已经创建了两个待办事项

当 todos 数组改变时，重新计算 uncompletedCount 的值

当 uncompletedCount 的值改变时，重新计算 status 的值

将未完成的待办事项剔除

根据 id 删除待办事项

```
  </div>
  <form on:submit|preventDefault>
    <input
      size="30"
      placeholder="enter new todo here"
      bind:value={todoText} />
    <button disabled={!todoText} on:click={addTodo}>Add</button>
  </form>
  <ul>
    {#each todos as todo}
      <Todo
        {todo}
        on:delete={() => deleteTodo(todo.id)}
        on:toggleDone={() => toggleDone(todo)} />
    {/each}
  </ul>
</div>

<style>
  button {
    margin-left: 10px;
  }

  ul {
    list-style: none; /* removes bullets */
    margin-left: 0;
    padding-left: 0;
  }
</style>
```

在表单内部，当输入框获得焦点，单击回车键将触发 Add 按钮，调用其单击事件：addTodo 函数。但同时也会提交表单数据。通过设置 preventDefault 修饰符将阻止表单提交行为

当输入框中没有任何内容时，Add 按钮将被禁用

此处是 Svelte 用于迭代数组的语法

此处监听 delete 和 toggleDone 事件

修改 main.js 文件，以便显示 TodoList 组件(而非默认的 App 组件)。

代码清单 2.8　在 src/main.js 文件中定义的 Todo 应用程序

```
import TodoList from './TodoList.svelte';

const app = new TodoList({target: document.body});

export default app;
```

按照下列步骤构建和运行应用程序。

(1) 输入 npm install 命令。

(2) 输入 npm run dev 命令。

(3) 打开浏览器，访问 localhost:5000。

现在，我们用很少的代码完成了一个功能强大的 Todo 应用程序。前面所介绍的诸多 Svelte 概念都体现在这个应用程序里。

上述内容足以说明 Svelte 的魅力所在，希望能使你对 Svelte 更有兴趣。与其他类似框架相比，Svelte 中的语法更少，开发更加简单和容易。

本书后面的内容与本章的形式类似，将以一个 Travel Packing 应用程序为例，详细介绍 Svelte 的更多特性。在下一章中，我们将详细介绍如何定义 Svelte 组件。

2.4 小结

- Svelte 提供了一个在线 REPL，可令开发人员在不下载和安装任何依赖的情况下体验 Svelte。开发人员可将应用程序保存到在线的 REPL 中，方便随时在线调试。此外，可从在线 REPL 中将代码下载到本地继续开发。
- Svelte 组件的文件后缀名统一规定为.svelte，其中包括 JavaScript 代码、HTML 和 CSS 样式。
- Svelte 提供了一个模板项目，方便开发人员在本地从头开始搭建一个 Svelte 应用程序。
- 在非 REPL 环境中创建一个 Svelte 应用程序很简单，仅需要几个简单步骤。

第Ⅱ部分　深入探讨Svelte

这部分内容将深入探讨 Svelte，在构建和管理 Svelte 组件的过程中将提供大量的示例代码。我们将围绕标记语言、组件通信、使用 store 在组件之间共享状态、生命周期函数、页面路由、动画、调试和测试，来介绍包含条件逻辑、迭代和 promise 处理的块结构。本部分最后将介绍一些用于部署 Svelte 应用程序的选项和其他与 Svelte 相关的主题，如表单验证、库和“特殊元素”。

第 3 章 创建组件

本章内容：

- 创建 Svelte 组件
- 设置 Svelte 组件样式
- 实现 Svelte 组件逻辑
- 定义并更新 Svelte 组件状态

在本章中，我们将通过创建.svelte 文件来深入研究 Svelte 组件定义。这些文件指定了用于执行状态和逻辑的 JavaScript、用于渲染的 HTML 和用于设置样式的 CSS。

在大多数框架中，组件是 Web 应用程序的基本构建块。组件由与用户界面密切相关的部分组成。组件可将与其 UI 部分相关的特定数据进行封装，通常称这些数据为组件状态。组件封装可将 UI 抽象出可重用部分。

一些组件可以代表整个页面，而另一些组件只在页面中使用。例如，展示购物列表的页面可由 ShoppingList 组件实现，该组件可使用 item 组件渲染列表中的每一项。

组件使用 props 接收从其他组件传入的数据。该语法与 HTML 属性类似，但值可以是任意 JavaScrpit 类型。

对每个组件实例而言，组件的状态是独立数据。组件的逻辑由一组函数定义，这些函数指定其行为并包含事件处理。样式设置可以是全局的，但这会对所有组件产生影响。更常见的做法是使用作用域样式，这样只会对定义样式的组件产生影响。CSS 预处理器(如 Sass)可用于添加额外的样式功能。

响应式语句能在组件使用的变量值变化时重新执行。通常情况下，这些语句会修改 state 变量值，从而更新组件 UI 的某些部分。

模块上下文可用于定义一个组件的所有实例中的共享内容。例如，它可以定义共享数据变量。

学习完本章内容，你将能够创建任意 Svelte 应用程序中使用的组件。

3.1　.svelte 文件内容

Svelte 组件是由文件的内容定义的，而不是由文件中的 JavaScript 容器(如类、函数或对象字面量)定义。创建一个 Svelte 组件如此简单：创建一个扩展名为.svelte 文件，该文件需要遵循一些基本规则。这些文件需要位于应用程序的 src 目录下。

.svelte 文件最多包含一个<script context="module">元素、一个 script 元素、一个 style 元素，以及任意数量的可出现在 body 元素下的 HTML 元素。每个元素都是可选的，并且这些元素可以任意顺序出现。以下这段简单的代码就是一个合法的 Svelte 组件：

```
<div>Hello Svelte!</div>
```

而其他一些当前流行的 Web 框架则需要比这更多的代码来定义一个组件。

大多数.svelte 文件结构如下：

```
<script>
  // Scoped JavaScript goes here.
</script>

<!-- HTML to render goes here. -->

<style>
  /* Scoped CSS rules go here. */
</style>
```

注意，每段代码中使用的注释语法是不同形式的。

script 元素中定义的 JavaScript 结构只在当前组件作用域生效，这意味着这些 JavaScript 代码对其他组件是不可见的。同样，style 元素中定义的 CSS 规则只在当前组件作用域中生效。这两种方式的好处是一个组件中的代码不会在意外情况下影响其他组件，这无疑简化了调试。

3.2　组件标记

如上一章内容所述，用于引用和渲染 Svelte 组件的语法与 HTML 元素的语法一致。例如，一个名为 Hello 的组件可这样使用：

```
<Hello name="World" />
```

可向 Svelte 组件实例传入 props 和子组件。之前的示例中，Hello 组件有一个名为 name 的 props，但没有子组件。props 用于向组件传入数据。子组件则向组件提供渲染内容。组件可决定在什么时机、什么位置渲染子组件。子组件可以是文本、HTML 元素或其他 Svelte 组件。

注意 从语法上看，props 看起来有点像 HTML 特性，但有所不同。特性是 HTML 元素上指定的，而 props 更像是代表 DOM 元素(内存中 HTML 元素的表现形式)的 JavaScript 对象中的属性。

props 的值可以是任意类型值(布尔值、数字、字符串、对象、数组或函数)或 JavaScript 表达式的值。当值是字符串时，需要用单引号或双引号括起来。其他情况下，需要用大括号括起来。这些大括号可用引号括起来，以高亮显示。

以下是名为 Person 的 Svelte 组件中的几个 props 示例：

```
<Person
  fullName="Jane Programmer"
  developer={true}
  ball={{name: 'baseball', grams: 149, new: false}}
  favoriteColors={['yellow', 'orange']}
  age={calculateAge(person)}
  onBirthday={celebrate}  ←—— 是一个函数
/>
```

当 HTML 元素上的 props 值为 null 或 undefined 时，不会将其添加到 DOM 中。例如，在 <img alt={description} src={imageUrl}>中，如果 description 变量为 null 或 undefined，img 元素将没有 alt 属性。

如以下代码所示，可在 src/Person.svelte 文件中定义这个组件。

```
<script>
  export let age;
  export let ball;
  export let developer;
  export let favoriteColors;
  export let fullName;
  export let onBirthday;
</script>
<div>
  {fullName} is {age} years old and
  {developer ? 'is' : 'is not'} a developer.
</div>
<div>
  They like the colors {favoriteColors.join(' and ')}.
</div>
<div>
  They like to throw {ball.new ? 'a new' : 'an old'} {ball.name}
  that weighs {ball.grams} grams.
</div>
<button on:click={onBirthday}>It's my birthday!</button>
```

字符串值可使用基于 JavaScript 表达式的插值得到结果。使用大括号包裹的字符串中的表达式将被替换为相应的值。例如：

```
<Person fullName="{lastName}, {firstName} {middleName[0]}." />
```

当 props 值保存的变量与 props 同名时，可以使用简略语法。例如，有一个名为 fullName 的变量，则以下写法是等效的。

```
<Person fullName={fullName} />
<Person {fullName} />
```

当需要插入多个 props，且这些 props 在同一个对象中，对象的键是 props 名，对象的值是 props 值，就可使用 JavaScript 解构操作符(...)。例如，假设要渲染一个允许用户输入 0～10 的数字的 input 元素。如果 input 元素所需的属性保存在 JavaScript 对象，可将对象的属性解构到 HTML input 元素中，如下所示。

```
<script>
  let score = 0;
  const scoreAttrs = {
    type: 'number',
    max: 10,
    min: 0
  };
</script>

<input {...scoreAttrs} bind:value={score}>
```

此处使用了第 2 章中的 bind 指令，将表单元素的值绑定到变量上

如果不使用解构操作符，我们将不得不这样写：

```
<input type="number" min="0" max="10" bind:value={score}>
<input
  type={scoreAttrs.type}
  min={scoreAttrs.min}
  max={scoreAttrs.max}
  bind:value={score}>
```

DOM 属性

一些 DOM 属性可从 HTML 特性获取初始值，其中一些 DOM 属性可以修改，但它们对应的 HTML 特性值却不会改变。例如以下 HTML 代码，使用纯 JavaScript 而不是 Svelte。输入框中显示的初始值为 initial。如果用户通过键盘将输入框值修改为 new 并单击 Log 按钮，将会把输入框中的值输出到 DevTools 控制台。DOM 属性值是 new，而 HTML 特性值仍然是 initial。

```
<html>
  <head>
    <script>
      function log() {
        const input = document.querySelector('input');
        console.log('DOM prop value =', input.value);
        console.log('HTML attr value =',
          input.getAttribute('value'));
      }
    </script>
```

```
  </head>
  <body>
    <label>
      Name
      <input value="initial">
    </label>
    <button onclick="log()">Log</button>
  </body>
</html>
```

某些 HTML 特性没有与之对应的 DOM 属性。例如 table 中 td 元素中的 HTML 特性 colspan。

某些 DOM 属性没有与之对应的 HTML 特性，例如 DOM 属性 textContent。

抛开这些技术细节不谈，Svelte 组件没有 attributes 的概念，只有 props。

3.3 组件名称

Svelte 组件定义并不会指定具体组件名。Svelte 并不会像其他框架那样使用类名、函数名或属性值指定组件名，而是在引入.svelte 文件时关联一个名称。

```
import Other from './Other.svelte';
```

被引入的组件可在引入的组件的 HTML 部分直接使用：

```
<Other />
```

组件名称必须以大写字母开头，由多个单词组成的组件名通常采用驼峰形式。小写名称是为 HTML 和 SVG 这些预定义元素保留的。

通常来说，组件名与源文件名保持一致，但这并非必需的。例如，

```
import AnyNameIWant from './some-name.svelte';   ← 这种写法令人疑惑，并且不方便使用

import SameName from './SameName.svelte';   ← 这种写法很清晰
```

3.4 组件样式

向组件的 HTML 元素添加样式的方法是使用类，并在组件的 style 元素中为该类定义 css 规则。

可以 HTML 元素中添加任意数量的类。假设要使用 holiday 和 sale 这两个类，可使用这种方式：

```
<div class="holiday sale">large red wagon</div>
```

有多种方式可将 CSS 类按条件插入 HTML 元素中，这些方式只会在满足特定条件时应用

对应样式。

以下示例中，当变量 status 的值大于或等于 400 时，渲染的信息会始终带有名为 error 的类。

```
<script>
  let status = 200;
  let message = 'This is a message.';
</script>

<label>
  Status
  <input type="number" bind:value={status}>
</label>
<div class:error={status >= 400}>{message}</div>

<style>
  .error {
    color: red;
    font-weight: bold;
  }
</style>
```

这种写法允许用户改变 status 的值

有条件添加 CSS 类 error

满足条件时使用

按条件使用 error 类的另一种替代方式如下：

```
<div class={status >= 400 ? 'error' : ''}>{message}</div>
```

当 status 的值小于 400 时，会使用空字符串作为类名，当然，也可用其他类名替代此空字符串

另一种按条件使用类的方式是使用同名的布尔类型变量。这种方式可通过将以下响应式声明添加到之前的 script 元素中来设置。

```
$: error = status >= 400;
```

如第 2 章所述，$语法标记响应式语句。关于响应式语句，最重要的是需要知道，当语句中使用的任意变量发生变化时，该语句都会重新执行。这种情况下，一旦 status 的值发生改变，将重新计算 error 的值。关于响应式语句的更多内容将在 3.10 节详细介绍。

设置好 error 的位置，使用 error 类的 div 可修改为以下形式：

```
<div class:error>{message}</div>
```

Svelte 会自动从生成的 CSS 中剔除未使用的 CSS 规则。在渲染 HTML 元素的过程中，这些规则没有与之匹配的 HTML 元素。Svelte 编译器在发现未使用的 CSS 规则时，会输出警告信息。

3.5　CSS 特异性

CSS 特异性决定了 CSS 规则冲突时的优先级。这个概念并非 Svelte 独有，但了解 CSS 特

异性对之后的内容至关重要。

例如，以下代码示例中：

```
<div class="parent">
  I am the parent.
  <div id="me" class="child" style="color: red">
    I am the child.
  </div>
</div>
```

以下 CSS 规则使用不同色值为文本“I am the child”设置颜色。最终使用哪个颜色取决于选择器特异性。由四个数字组成的列表表示的分数将在此示例后解释。

```
#me {                     ← 分数是 0,1,0,0
  color: orange;
}
.parent > .child {        ← 分数是 0,0,2,0
  color: yellow;
}
.parent .child {          ← 此规则与之前的规则具有相同的特异
  color: green;             性：0,0,2,0。最后定义的特异性更高
}
.child {                  ← 分数是 0,0,1,0
  color: blue;
}
.parent {                 ← 此规则与之前的规则具有相同的特异性：0,0,1,0。它将使用
  color: purple;            parent 类的元素颜色设置为紫色，而前一条规则将使用 child
}                           类的元素设置为蓝色
```

以上 CSS 规则的优先级顺序取决于它们在分数列表中的顺序。div中使用的内嵌的 style 属性具有最高特异性。

一个公式可计算任意 CSS 规则的特异性分数，该公式生成一个由四个数字组成的列表。四个数字从左到右依次是：

- 第一个数字中，1 表示内联样式，0 表示没有内联样式。
- 第二个数字表示选择器中 id 选择器的数量。
- 第三个数字表示选择器中类选择器名称的数量。
- 第四个数字表示选择器中元素名称引用的数量。

可通过删除逗号并将其视为一个 4 位数从而获取数值最大的选择器，视为生效的规则。例如，将分数 1,2,3,4 视为 1234。

这意味着在 HTML 元素上用 style 属性指定的内联样式总是生效的。此后，id 属性比类名优先级更高，类名比元素名优先级更高。

还意味着，选择器中 id 值、类名和元素名的顺序不同并不影响其特异性计算值。

以下是一些 CSS 分数示例：

- CSS 选择器.parent>#me 分数为 0,1,1,0。

- CSS 选择器.parent #me 分数相同。
- CSS 选择器.parent .child 分数为 0,0,2,0，它的分数比使用 id 的选择器分数低。

要了解关于 CSS 特异性的更多内容，可在 CSS-Tricks 网站 https://css-tricks.com/specifics-on-css-specificity/中查看 Specifics on CSS Specificity。

3.6 作用域样式和全局样式

当需要为应用程序中的所有组件设置一致的样式时，使用全局样式。例如，将所有按钮的样式设置为蓝色背景、白色文本、无边框和圆角。

当需要在组件内设置元素样式又不影响其他组件中的元素时，使用作用域样式。例如，可对一个组件中的 table 元素设置样式，使其中的行以灰色边进行分隔，列间无边线。如果使用作用域样式，其他组件中的 table 元素可选用其他样式边线。

如前所述，Svelte 组件中为元素样式定义的 CSS 规则都自动设置为作用域样式，并不会影响其他组件。

作用域样式通过为元素添加使用 svelte-hash 生成的同一个 CSS 类名实现，组件中每个元素都受带有该类的样式 CSS 规则影响。svelte-hash 由 style 元素内容生成。这个 hash 值会作用在组件中的所有 CSS 规则上。

例如，假设在 src/Pony.svelte 文件中定义如下组件：

```
<h1>Pony for sale</h1>
<p class="description">2 year old Shetland pony</p>

<style>
  h1 {
    color: pink;
  }
  .description {
    font-style: italic;
  }
</style>
```

在生成的 public/build/bundle.css 文件中，所有内容都在同一行，其中包含的 CSS 规则如下所示：

```
h1.svelte-uq2khz{color:pink}
.description.svelte-uq2khz{font-style:italic}
```

注意 h1 和.description CSS 选择器都添加了一个额外的 CSS 类，这个类名以 svelte-为前缀并使用同一个 hash 值作为后缀。

在多个不同组件的 style 元素中定义相同的 CSS 规则集合，且顺序也相同是很罕见的。如果出现这种情况，这些组件将使用相同的 hash 值。虽然问题不大，但会导致 Svelte 编译器生成的合并文件 build/bundle.css 中包含重复的 CSS 规则。

有两种方式定义全局样式。一种是在 public/global.css 文件中定义，该文件默认会被 public/index.html 引用。另一种是在组件的 style 元素中使用:global(选择器)标识符。这种语法借鉴于 CSS Modules(https://github.com/css-modules/css-modules)。

将全局样式放在 public/global.css 文件而不是使用:global(选择器)语法将其散落在组件源码中的一大好处是，能让开发人员在统一独立的位置维护全局样式。

全局样式中指定的 CSS 属性只有在组件 style 元素中没有设置过相同 CSS 属性值时才会生效。

例如，假设要将所有 h1 元素颜色设置为红色，在特定组件中覆盖的除外。可在 public/global.css 中添加以下内容：

```
h1 {
  color: red;
}
```

也可在任意组件的 style 元素中指定以下内容：

```
:global(h1) {
  color: red;
}
```

如果在组件中使用 h1 作为 CSS 选择器，它将被编译为使用 h1.svelte-hash 语法定义作用域类的选择器。:global(h1)选择器在编译时不会为 h1 选择器添加作用域。因此:global 标识符会阻止使用附加 CSS 作用域类。

使用:global 标识符指定的 CSS 属性会覆盖 public/global.css 中定义的相同 CSS 选择器。

:global 标识符也可用于覆盖后代组件的样式。但这要求该 CSS 规则中的选择器优先级高于后代组件中定义的 CSS 规则。

例如，假设以下组件将 h1 元素设置为红色。

代码清单 3.1　src/Child.svelte 中定义的子组件

```
<h1>Hello from Child</h1>

<style>
  h1 {
    color: red;
  }
</style>
```

代码清单 3.2 展示了使用 Child 组件的父组件。其中使用名为 override 的 CSS 类将所有组件中 h1 元素的 CSS color 属性覆盖。

代码清单 3.2　src/Parent.svelte 中定义的父组件

```
<script>
  import Child from './Child.svelte';
</script>
```

```
<div class='override'>
  <Child />
</div>

<style>
  .override :global(h1) {
    color: blue;
  }
</style>
```

Child.svelte 生成的 CSS 是：

```
h1.svelte-bt9zrl{color:red}
```

Parent.svelte 生成的 CSS 是：

```
.override.svelte-ul8eid h1{color:blue}
```

Parent.svelte 中的 CSS 选择器又相继更高，因为它的特异性高于 Child.svelte 中的 CSS 选择器。因此 h1 的颜色是蓝色而非红色。

使用:global 时，需要将其置于 CSS 选择器列表的头部或尾部，而不是中间。例如，以下写法是不允许的：

```
.user :global(.address) .city { ... }
```

典型用法是将:global 置于选择器列表的末尾以覆盖祖先组件的样式，而不是置于列表头部以指定全局样式。

CSS 选择器列表可作为参数传入:global：

```
.user :global(.address .city) { ... }
```

3.7　使用 CSS 预处理器

Svelte 使用的模块打包工具可配置支持使用 CSS 预处理器。CSS 预处理器会读取标准 CSS 特性外的样式语法，将其转为标准 CSS 语法。第 20 章提供了关于配置预处理器的详细内容。

Sass(https://sass-lang.com/)是比较流行的 CSS 预处理器，第 20 章将详细介绍关于 Sass 的内容。Sass 允许使用变量、嵌套规则、mixins 和 Sass 函数。一旦配置了 Sass，组件就可通过向组件的 style 元素添加 lang 属性来选择是否使用 Sass，如下所示：

```
<style lang="scss">
```

3.8　组件逻辑

有两种方式定义组件逻辑。第一种是在组件的 script 中定义 JavaScript 纯函数。另一种是在组件 HTML 中使用块结构。有关块结构的内容将在第 4 章介绍。

很多开发人员认为使用纯函数比使用类方法或对象更易于理解。使用纯函数，将不必深究 JavaScript 中 this 变量的含义。

以下是在 Svelte 组件中使用纯函数的示例，组件重新实现了 2.2.4 节中的贷款计算器功能，在 calculatePayment 函数中进行计算。同时添加了重置按钮，使用 reset 函数重置所有输入框的值。

代码清单 3.3 贷款计算器

```
<script>
  const MONTHS_PER_YEAR = 12;
  let interestRate, loanAmount, years;

  function calculatePayment(loanAmount, interestRate, years) {
    if (!loanAmount || !years) return 0;
    const months = years * MONTHS_PER_YEAR;
    if (!interestRate) return loanAmount / months;
    const monthlyInterestRate = interestRate / 100 / MONTHS_PER_YEAR;
    const numerator = loanAmount * monthlyInterestRate;
    const denominator = 1 - (1 + monthlyInterestRate) ** -months;
    return numerator / denominator;
  }

  function reset() {
    interestRate = 3;
    loanAmount = 200000;
    years = 30;
  }

  reset();

  $: payment = calculatePayment(loanAmount, interestRate, years);
</script>

<label for="loan">Loan Amount</label>
<input id="loan" type="number" bind:value={loanAmount}>

<label for="interest">Interest Rate</label>
<input id="interest" type="number" bind:value={interestRate}>

<label for="years">Years</label>
<input id="years" type="number" bind:value={years}>

<div>
  Monthly Payment: ${payment.toFixed(2)}
</div>

<button on:click={reset}>Reset</button>
```

如果 calculatePayment 函数中任一参数改变，就会重新计算 payment 值

也许你会疑惑为什么需要将参数 loanAmount、interestRate 和 years 传给 calculatePayment 函数。这些变量名本身就在 calculatePayment 函数作用域中。将这些值作为参数传递的原因在于通知 Svelte：一旦这些值发生改变，就需要重新调用该函数。

如果只采用以下写法，Svelte 并不会重新计算 payment 值。

```
$: payment = calculatePayment();
```

3.9　组件状态

组件 script 元素中定义的、在 HTML 中被插值引用的顶级变量称为组件状态。这些状态都存在于组件顶级域，而不是某个函数的局部作用域。如前所述，这些状态值都是花括号中的 JavaScript 表达式。

这些变量的改变会导致相关插值被重新计算。如果变量值改变，与其相关的 DOM 就会更新。

```
<script>
  let count = 0;
  const increment = () => count++;
</script>
<div>count = {count}</div>
<button on:click={increment}>+</button>
```

单击“+”按钮会触发 increment 函数调用。这会更新顶级域变量 count。count 在 div 元素中被插值引用，因此对应的 DOM 会更新。

可通过使用等于号给变量指定新值，以触发这种更新(或执行类似的操作，如+=或++)。向数组中插入新元素并不会创建新数组，也不会向变量赋新值。为此，可使用以下这些方法更新数组。

```
myArr = myArr.concat(newValue);

myArr = [...myArr, newValue];
myArr.push(newValue);
myArr = myArr;
```

在最后一种方法中，对 Svelte 而言，是分配了一个新值，虽然看上去像是变量复制自身。

从性能的角度看，使用 push 的方式更好，而不是使用 concat 方法或解构操作符，因为 push 并未创建新数组。

3.10　响应式语句

以名称开头，紧跟冒号构成的 JavaScript 语句，称为标签语句。标签语句可用作 break 语句和 continue 语句的目标，可跳出循环并在特定语句下恢复执行。标签语句是 JavaScript 的特性但实际很少使用。

当向顶级作用域语句添加标签(而不是在函数或块中嵌套)，且名称带有美元符标记时，Svelte 会将其视为响应式语句。

有趣的是，在 JavaScript 中，同一作用域内对多个语句使用相同的标签名并不会报错。这意味着可以使用标签名$定义多个响应式语句。

使用$定义响应式语句是Svelte编译器处理合法JavaScript语法的又一种特殊方式，像Svelte特殊处理关键字 export 来定义组件可接受的 props 一样。

响应式语句会在其引用的变量值发生改变时再次执行。这与 Vue 框架中的“计算属性”十分相似。

当响应式语句被赋值时，称为响应式声明。在以下示例中，第一行是响应式声明，第二行是响应式语句。

```
$: average = total / count;

$: console.log('count =', count);
```

如果 average 的值在初始化时进行计算，而 total 或 count 值发生变化，也会重新进行计算

count 值会在语句第一次执行时输出到开发者工具控制台中，并且每次它的值发生改变都会输出。这是一种很好的调试方式

当$:用于未声明的变量赋值时，正如前文给 average 赋值所示，Svelte 会在响应式语句的变量前插入 let。但不能让关键字 let 添加在$之后：因为这在 JavaScript 中是无效的。例如，以下语句是无效的：

```
$: let average = total / count;
```

$:也可应用在块上，以便当块中引用的变量发生改变时重新执行块中的语句。

考虑如下一组响应式声明：

```
$: isTeen = 13 <= age && age < 20;
$: upperName = name.toUpperCase();
```

以上内容可使用响应块替代，但由于要在块外声明所有变量，使得代码变得冗长。

```
let isTeen, upperName;
$: {
  isTeen = 13 <= age && age < 20;
  upperName = name.toUpperCase();
}
```

$:也可应用于多行语句，如 if 语句

```
$: if (someCondition) {
  // body statements
}
```

上例会在条件语句或主体语句中引用的变量发生变化时执行。如果条件中包含函数调用，那么该函数也会在主体内容中的引用发生变化时再次执行。当然，主体内容只会在条件计算值为真时执行。

响应式声明会按照拓扑结构逻辑顺序执行。这意味着，用在其他响应式声明计算值中的变量将先执行。如图 3.1 的应用程序效果和代码清单 3.4 所示，响应式声明的执行顺序与其出现

的顺序正好相反。

Cylinder Calculations

Diameter 6

Height 5

Radius: 3
Area: 28.27
Volume: 141.37

图 3.1　圆柱体体积计算器

代码清单 3.4　圆柱体体积计算器

```
<script>
  let diameter = 1;
  let height = 1;

  $: volume = area * height;

  $: area = Math.PI * radius ** 2;

  $: radius = diameter / 2;
</script>

<h1>Cylinder Calculations</h1>
<label>
  Diameter
  <input type="number" bind:value={diameter}>
</label>
<label>
  Height
  <input type="number" bind:value={height}>
</label>
<label>Radius: {radius}</label>
<label>Area: {area.toFixed(2)}</label>
<label>Volume: {volume.toFixed(2)}</label>

<style>
  input {
    width: 50px;
  }
</style>
```

这个表达式依赖 area 和 height 的值

这个表达式依赖 raduis 的值

这个表达式依赖 diameter 的值

代码清单 3.4 中的变量间依赖关系如图 3.2 所示。

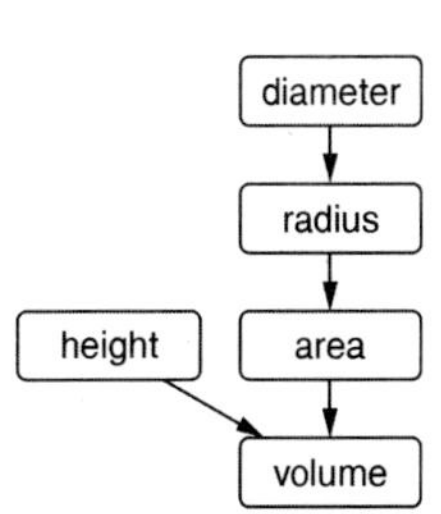

图 3.2　变量间依赖关系

按照响应式语句的执行顺序进行声明，更容易对代码进行阅读和理解。这种情况下，顺序应该是 radius、area 和 volume。而代码清单 3.4 则使用了相反的顺序，由此证明 Svelte 能按正确顺序处理逻辑而不是根据代码定义顺序执行。

Svelte 能够自动检测响应式声明中的循环调用，并将其标记为错误。例如，以下代码会触发抛出错误“检测到循环依赖”。

```
$: a = b + 1;
$: b = a + 1;
```

3.11 模块上下文

Svelte 支持自定义 script 元素属性，该属性可让 script 中的代码处在模块作用域中。这种 script 与普通 script 的区别类似于 JavaScript 类实例与静态类变量、类方法的区别。

```
<script context="module">
  ...
</script>
```

script 元素不指定上下文时，即是实例上下文。script 的模块上下文和实例上下文都可用于组件源文件。

模块上下文可声明变量，并定义可在所有组件实例的上下文中访问的函数。这种方式允许在所有实例间共享数据。但是，模块上下文中的变量不是响应式的，因此即便变量值改变，组件也不会更新。实例上下文中的变量和函数在模块上下文中无法访问。

为了只将组件源文件代码运行一次，而不是每次创建组件实例时都运行一次，需要将代码放到模块上下文中。

注意，不必将不访问组件状态的函数放入模块上下文中，Svelte API 文档已经指出：“Svelte 会把不依赖于本地状态的函数提升到组件定义之外”。

然而，将函数放在模块上下文内的原因是可让函数导出，并可让源文件外部调用。注意，.svelte 文件不会指定默认的导出内容——.svelte 文件只定义组件，将组件自动作为默认导出内容。

代码清单 3.5 是从模块上下文导出函数的示例。

代码清单 3.5 组件代码布局

```
<script context="module">
  export function add(n1, n2) {
    return n1 + n2;
  }
</script>

<script>
  <!-- Component JavaScript goes here. -->
</script>

<!-- Component HTML goes here. -->

<style>
  /* Component CSS goes here. */
</style>
```

另一个组件可采用如下方式使用导出的 add 函数。

代码清单 3.6　使用导出的函数

```
<script>
  import {add} from './Demo.svelte';

  onMount(() => {
    const sum = add(1, 3);
    console.log('home.svelte onMount: sum =', sum);
  });
</script>
```

虽然这样使用导出函数可行，但更常见的是在.js 文件而不是.svelte 文件中定义并导出这类实用函数。

模块上下文最常用于定义加载 Sapper 应用程序组件所需数据的预加载函数。第 16 章将介绍相关内容。

3.12　构建自定义组件

许多 Web 应用程序使用 select 元素，让用户从一组选项中选择内容。选项内容使用嵌套 option 元素定义。每个选项都可指定展示文本，还可指定用户选中值。如果没有指定具体值，展示的文本就是选中值。

可创建一个自定义 Svelte 组件来简化 select 元素的使用。如第 2 章所述，这个 select 组件派发一个名为 select 的自定义事件，它的父组件可监听此事件。事件通过调用 dispatch 函数实现，该函数则通过调用 svelte 提供的 createEventDispatcher 函数获取。

代码清单 3.7　src/Select.svelte 中的 Select 组件

```
<script>
  import {createEventDispatcher} from 'svelte';
  const dispatch = createEventDispatcher();
  export let options;

  const getLabel = option =>
    typeof option === 'object' ? option.label : option;

  const getValue = option =>
    typeof option === 'object' ?
      option.value || option.label :
      option;
</script>

<select on:change={event => dispatch('select', event.target.value)}>
```

选项内容通过这个 props 传入组件。选项内容用字符串数组或对象数组表示。如果使用的是对象数组，内部包括 label 属性和 value 属性。如果没有 value 属性，label 被用作 value

当选中其中一个选项时，会派发 select 事件，同时将选中值作为 event 值传递

```
  {#each options as option}
    <option value={getValue(option)}>{getLabel(option)}</option>
  {/each}
</select>
```

这是 Svelte 的数组遍历语法

代码清单 3.8 src/App.svelte 中使用了 Select 组件的应用程序

```
<script>
  import Select from './Select.svelte';

  const options = [
    '',
    'Red',
    {label: 'Green'},
    {label: 'Blue', value: 'b'}
  ];
  let selected;

  const handleSelect = event => selected = event.detail;
</script>

<Select options={options} on:select={handleSelect} />

{#if selected}
  <div>You selected {selected}.</div>
{/if}
```

选项内容可以只是字符串

此处标识未选中值

如果值是对象，可不包含 value 属性

这个对象同时指定了选项的 label 和 value 值

Select.svelte 中派发函数的第二个参数是被选中下拉选项的值，正如此处的 event.detail

3.13 构建 Travel Packing 应用程序

现在开始使用本章所学内容构建 Travel Packing 应用程序。完成后的代码可在 http://mng.bz/wBdO 查看。

应用程序完成后，可实现如下功能：

- 创建账户(虽然并未真正实现此功能)
- 登入登出
- 创建、编辑、删除清单项目中的分类
- 创建、编辑、删除清单项目
- 选中和反选列表项目
- 查看所有清单项目、只查看选中项目、只查看未选中项目
- 查看每个分类打包百分比的进度条
- 清除所有选中项目，为下一步操作做准备

要为应用程序创建初始化文件，使用 cd 命令进入想要创建该应用程序的目录，输入 npx degit sveltejs/template travel-packing。

下一步创建 src/Login.svelte 文件。Login 组件由一个用户名输入框、一个密码输入框、登

录按钮和注册按钮组成。先不考虑按钮的行为，只专注于页面展示。

Login 组件的 CSS 使用弹性布局。如果你刚接触弹性布局，可查看 Flexbox Froggy (https://flexboxfroggy.com)或从 Wes Bos 查看免费视频课程(https://flexbox.io/)。

以下是 Login 组件代码。

代码清单 3.9　src/Login.svelte 中的 Login 组件

```
<script>
  let password = '';
  let username = '';

  const login = () => alert('You pressed Login.');
  const signup = () => alert('You pressed Signup.');
</script>

<section>
  <form on:submit|preventDefault={login}>
    <label>
      Username
      <input required bind:value={username}>
    </label>
    <label>
      Password
      <input type="password" required bind:value={password}>
    </label>
    <div class="buttons">
      <button>Login</button>
      <button type="button" on:click={signup}>Sign Up</button>
    </div>
  </form>
</section>

<style>
  .buttons {
    display: flex;
    justify-content: space-between;

    font-size: 1.5rem;
    margin-top: 1rem;
  }

  form {
    display: inline-block;
  }

  input {
    display: block;
    margin-top: 0.3rem;
  }

  label {
    color: white;
    display: block;
```

preventDefault 标识符阻止表单提交

button 元素的 type 属性的默认值是 submit。表单值需要一个提交按钮，因此这个按钮的 type 属性设置为 button

```
    font-size: 1.5rem;
    margin-top: 0.5rem;
  }
</style>
```

注意 Login 按钮没有 on:click 属性。当焦点在任一输入框时，单击按钮或键入 Enter 都会调用 login 函数，这是由 form 元素中的 on:submit 属性和 Login 按钮的 type 默认值 submit 同时决定的。

在 src/App.svelte 中，用以下语句替换 script 元素内容来引入 Login 组件。

```
import Login from './Login.svelte';
```

用以下语句替换 main 元素，来渲染 App.svelte 中的 Login 组件。

```
<h1 class="hero">Travel Packing Checklist</h1>
  <Login />
```

App 组件中的 CSS 使用了 CSS 变量和弹性布局。如果你刚接触 CSS 变量，可查阅 Mozilla Developer Network (MDN)中的 Using CSS custom properties (variables)的相关内容。

使用以下代码替换 App.svelte 中的 style 元素。

代码清单 3.10 App.svelte 中的 style 元素

```
<style>
  :global(body) {
    background-color: cornflowerblue;
  }

  .hero {
    --height: 7rem;        ← 此处定义一个 CSS 变量

    background-color: orange;
    color: white;
    font-size: 4rem;
    height: var(--height);        ← 此处使用一个 CSS 变量
    line-height: var(--height);
    margin: 0 0 3rem 0;
    text-align: center;
    vertical-align: middle;
    width: 100vw;
  }

  main {
    color: white;
    display: flex;
    flex-direction: column;
    justify-content: flex-start;
    align-items: center;
  }
</style>
```

修改 public/global.css 中 body 元素的样式。

代码清单 3.11　修改 public/global.css 中 body 的样式

```
body {
  padding: 0; /* was 8px */
  ... keep other properties ...
}
```

当必填输入框缺少值时，Firefox 会默认为其展示红色阴影边框。可在 public/global.css 中添加以下代码来阻止该行为。

代码清单 3.12　public/global.css 中的非法输入框样式

```
/*此样式可以阻止 Firefox 在必填输入框无值时展示红色阴影边框*/
input:invalid {
  box-shadow: none;
}
```

启动应用程序；输入 npm install，接着输入 npm run dev，打开浏览器访问 localhost:5000。可看到如图 3.3 所示的结果。

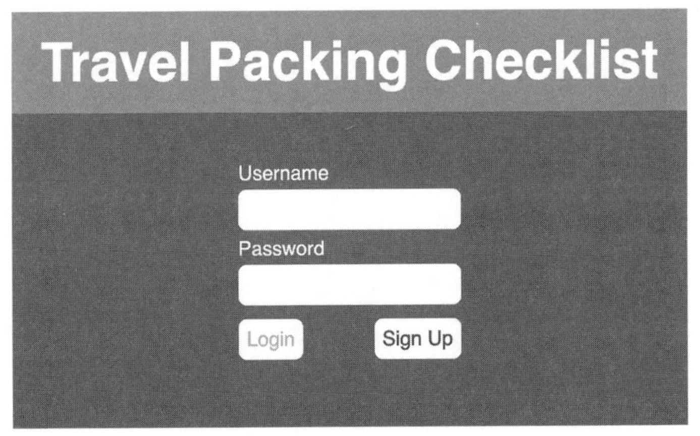

图 3.3　Travel Packing 登录界面

至此，本章已经涵盖了定义 Svelte 组件的基本内容，包括定义渲染内容，为 HTML 设置样式，以及定义和更新组件状态。

下一章将介绍如何在 Svelte 组件的 HTML 部分添加条件逻辑、迭代逻辑和 promise 处理逻辑。

3.14　小结

- 使用由 HTML 元素构成的简单易用语法来定义 Svelte 组件。script 元素包含组件逻辑，

style 元素包含 CSS 样式，剩下的就是 HTML 标记。

- 向组件传递数据的常用方式是使用 props。
- Svelte 组件可导入并渲染其他 Svelte 组件。
- Svelte 组件中指定的 CSS 样式默认只在组件作用域内生效。
- Svelte 组件逻辑使用 JavaScript 纯函数实现。
- Svelte 组件中的顶级域变量表示其状态。
- 响应式语句以$:开头并会在其引用的变量变化时重新执行。
- 模块上下文用于声明变量和定义函数，这些变量和函数可被所有组件实例共享，就像其他许多编程语言里的静态属性。

第 4 章

块结构

本章内容：

- 在 HTML 中使用#if 条件逻辑
- 在 HTML 中使用#each 迭代
- 在 HTML 中使用#await 等待 promise

在各种 Web 框架标记中，可通过三种常用方式添加条件和迭代逻辑。React 使用 JSX(JavaScript-XML)，其中逻辑由花括号中的 JavaScript 代码实现(https://reactjs.org/docs/introducing-jsx.html)。Angular 和 Vue 支持框架特定逻辑属性。例如 Angular 支持 ngIf 和 ngFor，而 Vue 支持 v-if 和 v-for。Svelte 支持与 Mustache(https://mustache.github.io/)类似的语法，以便用模板包裹 HTML 并由组件来渲染逻辑内容。

Svelte 中有以下三种块结构。

- 使用 if 指定条件逻辑，决定是否需要渲染某些内容。
- 使用 each 迭代集合数据，渲染数据中的每一项。
- 使用 await 等待 promise 返回结果，获取返回数据并渲染使用该数据的内容。

以上三种方式定义了 HTML 中用于渲染块结构的方式。这些块结构都以{#name}开头，以{/name}结尾，并且可包含{:name}立即执行标记。#标识符定义了块开始标签，/标识符定义块结束标签。:标识符定义块持续标签。接下来将介绍如何使用这些块结构。

4.1 使用{#if}条件逻辑

Svelte 组件中的 HTML 部分条件逻辑以{#if condition}开头，其中条件内容可以是任意合法的 JavaScript 表达式。逻辑条件结束标记是{/if}。条件渲染标记介于两者之间。其他可用于两者中的标签是{:else if condition}和{:else}。

例如，可使用以下方式渲染颜色：

```
{#if color === 'yellow'}
  <div>Nice color!</div>
{:else if color === 'orange'}
  <div>That's okay too.</div>
{:else}
  <div>Questionable choice.</div>
{/if}
```

虽然这个语法第一眼看上去有些奇怪，但它对按条件渲染多元素而不必定义公用父元素来说有益处。

考虑到 Angular 和 Vue 中向元素添加特殊属性的方式，需要指定一个公共父元素，以便能够渲染多个元素。

Angular 使用特殊的<ng-container>元素，这个元素并不会生成相应的 DOM 元素，如代码清单 4.1 所示。

代码清单 4.1 Angular 中使用 ng-container 的条件逻辑

```
<ng-container *ngIf="isMorning">
  <h1>Good Morning!</h1>
  <p>There is a lot on your plate today.</p>
</ng-container>
```

在 Vue 中，该公用父元素可以是 div，该元素会出现在最终渲染结果中，如代码清单 4.2 所示。

代码清单 4.2 在 Vue 中使用 div 的条件逻辑

```
<div v-if="isMorning">
  <h1>Good Morning!</h1>
  <p>There is a lot on your plate today.</p>
</div>
```

React 中需要一个公共父元素或 React 特定的 fragment。fragment 并不会生成相应的 DOM 元素。

代码清单 4.3 在 React 中使用 fragment 的条件逻辑

```
{isMorning && (
  <>
    <h1>Good Morning!</h1>
    <p>There is a lot on your plate today.</p>
  </>
)}
```

在 Svelte 中依据条件渲染多元素时，不必包裹元素，而是使用块语法。

代码清单 4.4 Svelte 中的条件逻辑

```
{#if isMorning}
  <h1>Good Morning!</h1>
  <p>There is a lot on your plate today.</p>
{/if}
```

4.2 使用{#each}迭代

HTML 中的迭代以{#each array as item}开始，以{/each}标记结束。处于两者之间的标记作为单个项目进行渲染。

紧随#each 的可以是 JavaScript 表达式，该表达式可得到任意数组或“类数组”对象。其中包括迭代值、变量和函数调用。

可选标记{:else}用在{/each}前。{:else}后的内容会在数组为空时渲染。

例如，假设变量 colors 设置为['red', 'green', 'blue']。以下示例使用颜色在单独的行上输出每种使用颜色。

```
{#each colors as color}
  <div style="color: {color}">{color}</div>
{/each}
```

下一个示例在独立行上输出每个颜色，行前是以 1 开头的序号，后跟一个括号：

```
{#each colors as color, index}
  <div>{index + 1}) {color}</div>
{/each}
```

下例使用解构获取数组 people 中指定的对象属性。

```
{#each people as {name, age}}
  <div>{name} is {age} years old.</div>
{:else}
  <div>There are no people.</div>
{/each}
```

另一种迭代对象中键和值的方法是使用 Object.entries，如下所示：

```
<script>
  const person = {
    color: 'yellow',
    name: 'Mark',
    spouse: {
      color: 'blue',
      name: 'Tami'
    }
  };
```

```
</script>

{#each Object.entries(person) as [key, value]}
  <div>found key "{key}" with value {JSON.stringify(value)}</div>
{/each}
```

渲染结果如下所示：

```
found key "color" with value "yellow"
found key "name" with value "Mark"
found key "spouse" with value {"color":"blue","name":"Tami"}
```

如果数组中的项目在初始化渲染后就可能被添加、移除或修改，那么应当为每个元素提供唯一标识符。Svelte 将此标识符作为每个块的密钥，通过这种方式可让 Svelte 优化更新 DOM。这与 React 和 Vue 中需要 key 属性的原因类似。

在 Svelte 中，上述唯一标识符作为#each 语法的一部分，而不是作为属性提供。以下示例中，每个 person 的唯一标识符是其 id 属性。

```
{#each people as person (person.id)}
  <div>{person.name} is {person.age} years old.</div>
{/each}
```

如果遍历给定次数，并非遍历数组中的所有元素，可创建一个包含给定数量元素的数组，例如：

```
{#each Array(rows) as _, index}    ← Array(rows)创建一个长度为 rows 的数组，其中所有元素都是 undefined
  <div>line #{index + 1}</div>
{/each}
```

4.3　使用{#await}处理 promise

Svelte 提供等待 promise 返回值做后续处理(或拒绝)的块结构。可根据 promise 状态是在处理中、完成或是拒绝来渲染不同的输出。

例如，假设 getDogs 函数调用 API 服务，该函数可能使用 Fetch API 检索犬种信息列表。调用 API 服务是异步操作，因此返回的是一个 JavaScript promise 对象。成功处理后可获取一个描述犬种信息的对象数组，其中每项都包含 name 和 breed 属性。

注意　可在附录 B 中查看如何使用 Fetch API 的内容。

在:then 和:catch 后可使用任意变量名来接收成功或失败的返回值。

```
{#await getDogs()}
  <div>Waiting for dogs ...</div>
{:then dogs}
  {#each dogs as dog}
    <div>{dog.name} is a {dog.breed}.</div>
```

```
  {/each}
{:catch error}
  <div class="error">Error: {error.message}</div>
{/await}
```

下个示例在等待 promise 处理返回值时省略了被渲染标记。:catch 部分也可被省略，但最好渲染一些内容，让用户知道 promise 的结果被拒绝了。

```
{#await getDogs() then dogs}
  {#each dogs as dog}
    <div>{dog.name} is a {dog.breed}.</div>
  {/each}
{:catch error}
  <div class="error">Error: {error.message}</div>
{/await}
```

如果一个组件需要在 promise 数据返回后触发重新渲染，可将 promise 保存在顶级域变量中，在#await 后使用该变量(如{#await myPromise})，并在函数中修改变量值。

使用一个公共可用 API 服务验证以上内容，该服务返回指定犬种的图像(见图 4.1)。将此代码复制到 REPL 中执行！

图 4.1 犬种图片应用程序

代码清单 4.5 犬种图片应用程序

```
<script>
  let breed = 'Whippet';          ← Whippet 是一个犬种

  async function getDogs() {      ← 此处返回一个 promise
    const url =
      'https://dog.ceo/api/breed/' +
      `${breed.toLowerCase()}/images/random/1`;
    const res = await fetch(url);
    if (!res.ok || res.status === 404) return [];
    const json = await res.json();
    return json.message;
  }
```

```
  let dogsPromise = getDogs();
</script>

<label>
  Breed
  <input bind:value={breed}>
</label>
<button on:click={() => dogsPromise = getDogs()}>
  Get Image
</button>

{#await dogsPromise}
  <div>Waiting for dogs ...</div>
{:then imageUrls}
  {#each imageUrls as url}
    <div><img alt="dog" src={url}></div>
  {:else}
    <div>Not found</div>
  {/each}
{:catch error}
  <div>Error: {error.message}</div>
{/await}
```

修改 dogsPromise 值，导致#await 处重新渲染

代码清单 4.6 是一个使用#await 的示例，该示例使用公开可用的 API 服务进行验证，结果如图 4.2 所示。该 API 服务返回包含 status 和 data 属性的 JSON 对象。当调用成功时，status 属性设置为字符串 success，data 属性中保存了一个描述公司员工的对象数组。

Employees	
Name	**Age**
Airi Satou	33
Ashton Cox	66
Bradley Greer	41
Brielle Williamson	61

图 4.2 Employees 表

代码清单 4.6 渲染 Employees 表的组件

此处根据员工姓名从第一个到最后一个进行排序

```
<script>
  let employees = [];
  let message;
  async function getEmployees() {
    const res = await fetch(
      'http://dummy.restapiexample.com/api/v1/employees');
    const json = await res.json();
    if (json.status === 'success') {
      return json.data.sort(
        (e1, e2) => e1.employee_name.localeCompare(e2.employee_name));
    } else {
      throw new Error(json.status);
    }
  }
</script>

{#await getEmployees()}
  <div>Loading employees ...</div>
{:then employees}
  <table>
```

```
    <caption>Employees</caption>
    <tr><th>Name</th><th>Age</th></tr>
    {#each employees as employee}
      <tr>
        <td>{employee.employee_name}</td>
        <td>{employee.employee_age}</td>
      </tr>
    {/each}
  </table>
{:catch message}
  <div class="error">Failed to retrieve employees: {message}</div>
{/await}

<style>
  caption {
    font-size: 1rem;
    font-weight: bold;
    margin-bottom: 0.5rem;
  }
  .error {
    color: red;
  }
  table {
    border-collapse: collapse;
  }
  td, th {
    border: solid lightgray 1px;
    padding: 0.5rem;
  }
</style>
```

4.4 构建 Travel Packing 应用程序

让我们把学到的关于 Svelte 块结构的内容应用到 Travel Packing 应用程序中。完成后的代码可在 http://mng.bz/vxBM 中查看。

此处需要浏览大量代码，但根据目前所学内容，这些代码都容易理解。这将为在后续章节中向应用程序添加更多功能奠定基础。

Item 组件使用#if 在编辑模式下将项目名称渲染在 HTML 的 input 中，在非编辑模式下将项目名称渲染在 HTML 的 span 中。该组件还使用#each 遍历种类中的每一项。Checklist 组件使用#each 遍历清单中的所有种类。

最终应用程序将构建如图 4.3 所示的文件结构；本章将介绍阴影框中显示的文件。箭头所指的文件将被指定文件引用。

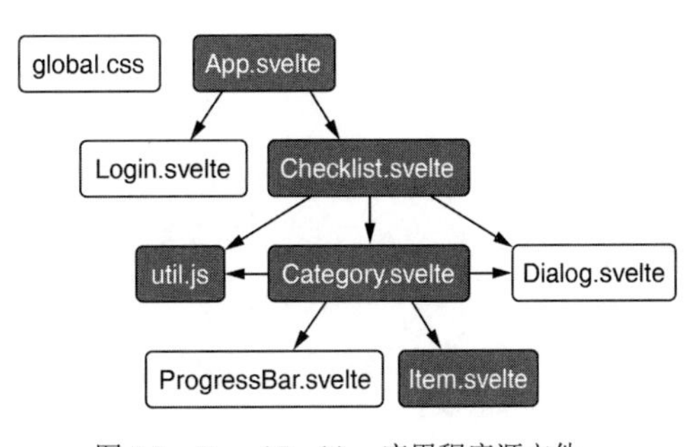

图 4.3 Travel Packing 应用程序源文件

4.4.1 Item 组件

首先需要一个用于展示单个完整信息项目的组件。每个项目表示某个种类，每个种类都有一个 ID。Item 组件只有一个属性：item，其值是一个对象。该项目对象包含的属性有：id(字符串类型)、name(字符串类型)和 packed(布尔类型)

一个项目由一个 li 组件表示，它包含三个子元素。

- 第一个子元素是表示当前项是否打包的复选框，单击此项可切换当前项对象的 packed 属性。
- 第二个子元素是包含当前项名称的 span 元素或用于编辑名称的 input 元素。用户单击名称文本可编辑当前项名称，这样操作后会将布尔值 editing 改为 true，此时会渲染 input 元素而非 span 元素。布尔值 editing 会在用户焦点移出 input 或按下 Enter 键后改为 false。
- 第三个子元素是一个包含垃圾桶图标的 button。之后单击这个图标将删除当前项目；但现在尚未实现此功能。

当一个项目处于打包状态，它的名称将显示为灰色并包含一条中横线，如图 4.4 所示。

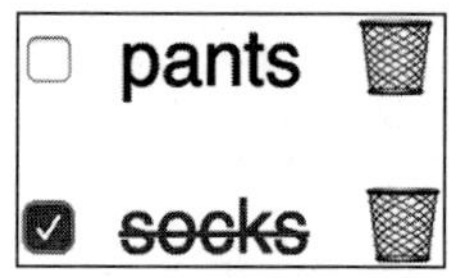

图 4.4　Item 组件

代码清单 4.7　src/Item.svelte 中的 Item 组件

```
<script>
  import {blurOnKey} from './util';
  export let item;

  let editing = false;
</script>

<li>
  <input type="checkbox" bind:checked={item.packed}>
  {#if editing}
    <input
      autofocus
      bind:value={item.name}
      on:blur={() => (editing = false)}
      on:keydown={blurOnKey}
      type="text" />
  {:else}
    <span class="packed-{item.packed}" on:click={() => (editing = true)}>
      {item.name}
    </span>
  {/if}
  <button class="icon">&#x1F5D1;</button>
</li>

<style>
  button {
    background-color: transparent;
    border: none;
  }
```

```
  input[type='checkbox'] {
    --size: 24px;                    这是一个 CSS 变量
    height: var(--size);
    width: var(--size);
  }

  input[type='text'] {
    border: solid lightgray 1px;
  }

  li {
    display: flex;
    align-items: center;
  }

  .packed-true {
    color: gray;
    text-decoration: line-through;
  }

  span {
    margin: 0 10px;
  }
</style>
```

4.4.2　实用函数

一些组件使用的函数定义在 util.js 中，如代码清单 4.8 所示。

getGuid 函数返回一个唯一 ID。此函数用于给打包的项目分配 ID。这个函数依赖于 uuid npm 包，可通过命令行输入 npm install uuid 来获得这个包。

sortOnName 函数对分类内的项目进行排序，不区分大小写。

代码清单 4.8　src/util.js 中定义的实用函数

```
import {v4 as uuidv4} from 'uuid';

export function getGuid() {
  return uuidv4();
}

export function blurOnKey(event) {
  const {code} = event;
    if (code === 'Enter' || code === 'Escape' || code === 'Tab') {
      event.target.blur();
  }
  }

  export function sortOnName(array) {
    array.sort((el1, el2) =>
      el1.name.toLowerCase().localeCompare(el2.name.toLowerCase())
  );
```

```
  return array;
}
```

4.4.3　Category 组件

接下来需要一个组件展示每个分类项目，例如“服装”。Category 组件渲染的内容如下(见图 4.5)。

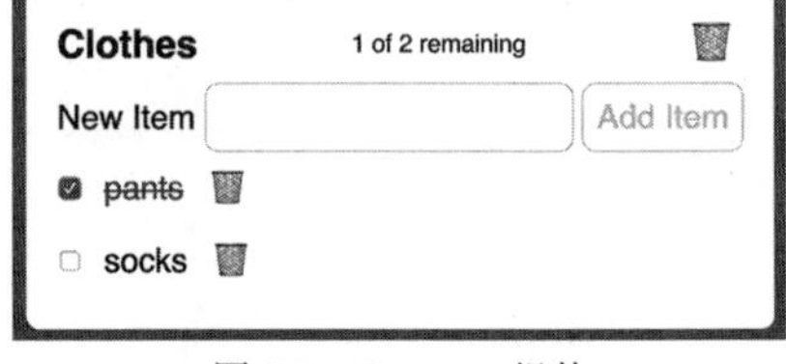

图 4.5　Category 组件

- 分类名称。
- 分类中剩余的待打包数量。
- 分类中的项目总数。
- 删除该分类的垃圾桶图表。
- 一个输入框，用于输入要添加到类别中的新项目的名称。
- 单击后可添加新项目的按钮。
- Item 组件列表，可展示分类中的每一项。

类别对象包含的属性有：id(字符串类型)、name(字符串类型)和 items(item 对象数组)。

Category 组件包含三个属性：categories(类别对象数组类型)、category(对象类型)和 show(字符串类型)。categories 属性用于确定要添加的项是否已经存在于另一个类别中。category 属性描述了渲染类别信息。show 属性值是字符串 all、packed、unpacked 中的一个，此属性决定了展示项目。

单击类别名称会将其变为输入框，进而对名称进行编辑。当鼠标焦点从输入框中离开或按 Enter 键时，将结束修改操作。

代码清单 4.9　src/Category.svelte 中定义的 Category 组件

```
<script>
  import Item from './Item.svelte';
  import {getGuid, blurOnKey, sortOnName} from './util';

  export let categories;
  export let category;
  export let show;

  let editing = false;
  let itemName = '';
  let items = [];
  let message = '';

  $: items = Object.values(category.items);
  $: remaining = items.filter(item => !item.packed).length;
  $: total = items.length;
  $: status = `${remaining} of ${total} remaining`;
  $: itemsToShow = sortOnName(items.filter(i => shouldShow(show, i)));

function addItem() {
  const duplicate = Object.values(categories).some(cat =>
    Object.values(cat.items).some(item => item.name === itemName)
```

```
    );
    if (duplicate) {
      message = `The item "${itemName}" already exists.`;
      alert(message);  ←  在第 7 章中此处会替换为对话框
      return;
    }

    const {items} = category;
    const id = getGuid();
    items[id] = {id, name: itemName, packed: false};
    category.items = items;
    itemName = '';  ←  清除输入框内容
  }

  function shouldShow(show, item) {
    return (
      show === 'all' ||
       (show === 'packed' && item.packed) ||
       (show === 'unpacked' && !item.packed)
    );
  }
</script>

<section>
  <h3>
    {#if editing}
      <input
        bind:value={category.name}
        on:blur={() => (editing = false)}
        on:keypress={blurOnKey} />
    {:else}
      <span on:click={() => (editing = true)}>{category.name}</span>
    {/if}
    <span class="status">{status}</span>
    <button class="icon">&#x1F5D1;</button>
  </h3>

  <form on:submit|preventDefault={addItem}>
    <label>
      New Item
      <input bind:value={itemName}>
    </label>
    <button disabled={!itemName}>Add Item</button>
  </form>

  <ul>
    {#each itemsToShow as item (item.id)}
      <!-- This bind causes the category object to update
        when the item packed value is toggled. -->
      <Item bind:item />  ←  这种写法与<Item bind:item={item} />相同
    {:else}
      <div>This category does not contain any items yet.</div>
    {/each}
  </ul>
</section>
```

```
<style>
  button,
  input {
    border: solid lightgray 1px;
  }

  button.icon {
    border: none;
  }

  h3 {
    display: flex;
    justify-content: space-between;
    align-items: center;

    margin: 0;
  }

  section {
    --padding: 10px;

    background-color: white;
    border: solid transparent 3px;
    border-radius: var(--padding);
    color: black;
    display: inline-block;
    margin: var(--padding);
    padding: calc(var(--padding) * 2);
    padding-top: var(--padding);
    vertical-align: top;
  }

  .status {
    font-size: 18px;
    font-weight: normal;
    margin: 0 15px;
  }

  ul {
    list-style: none;
    margin: 0;
    padding-left: 0;
  }
</style>
```

4.4.4 Checklist 组件

现在需要一个组件来渲染所有分类。Checklist 组件渲染以下内容(如图 4.6 所示)。

- 一个输入框，用于输入新分类名称。
- 单击后可添加新分类的按钮。
- 推荐分类名称的列表。
- 一组单选按钮，决定是展示所有项目，还是只展示已打包项目，或只展示未打包项目。

- 单击后可清除所有复选框选项的按钮。
- 每个已存在分类的 Category 组件。

图 4.6 Checklist 组件

Checklist 组件不接收任何属性。

代码清单 4.10 src/Checklist.svelte 中的 Checklist 组件

```
<script>
  import Category from './Category.svelte';
  import {getGuid, sortOnName} from './util';

  let categoryArray = [];
  let categories = {};
  let categoryName;
  let message = '';
  let show = 'all';

  $: categoryArray = sortOnName(Object.values(categories));

  function addCategory() {
    const duplicate = Object.values(categories).some(
      cat => cat.name === categoryName
    );
    if (duplicate) {
      message = `The category "${categoryName}" already exists.`;
      alert(message);     ← 此处在第 7 章会替换为对话框
      return;
    }
                          此处触发值更新
    const id = getGuid();
    categories[id] = {id, name: categoryName, items: {}};
    categories = categories;
    categoryName = '';    ← 此处清除输入框内容
  }

  function clearAllChecks() {     ← 此处考虑添加一个确认信息，以免因误操作清空选中项
    for (const category of Object.values(categories)) {
      for (const item of Object.values(category.items)) {
        item.packed = false;
      }
    }
    categories = categories;
  }
```

```
</script>

<section>
  <header>
    <form on:submit|preventDefault={addCategory}>
      <label>
        New Category
        <input bind:value={categoryName}>
      </label>
      <button disabled={!categoryName}>Add Category</button>
      <button class="logout-btn">
        Log Out
      </button>
    </form>
    <p>
      Suggested categories include Backpack, Clothes,
      <br />
      Last Minute, Medicines, Running Gear, and Toiletries.
    </p>

    <div class="radios">
      <label>Show</label>
      <label>
        <input name="show" type="radio" value="all" bind:group={show}>
        All
      </label>
      <label>
        <input name="show" type="radio" value="packed" bind:group={show}>
        Packed
      </label>
      <label>
        <input name="show" type="radio" value="unpacked" bind:group={show}>
        Unpacked
      </label>

      <button class="clear" on:click={clearAllChecks}>Clear All Checks</button>
    </div>
  </header>

  <div class="categories">
    {#each categoryArray as category (category.id)}
      <Category bind:category {categories} {show} />
    {/each}
  </div>
</section>

<style>
  .categories {
    display: inline-flex;
    flex-wrap: wrap;
    justify-content: center;
  }

  .clear {
    margin-left: 30px;
  }
```

此处的可访问性问题将在第 12 章中解决

使用与一组单选按钮相关的 bind:group 将值设置为单个字符串

```
  input[type='radio'] {
    --size: 24px;
    height: var(--size);
    width: var(--size);
    margin-left: 10px;
  }

  .logout-btn {
    position: absolute;
    right: 20px;
    top: 20px;
  }

  .radios {
    display: flex;
    align-items: center;
  }

  .radios > label:not(:first-of-type) {
    display: inline-flex;
    align-items: center;

    margin-left: 1em;
  }

  .radios > label > input {
    margin-bottom: -3px;
    margin-right: 5px;
  }

  section {
    display: flex;
    flex-direction: column;
    align-items: center;

    font-size: 24px;
    margin-top: 1em;
  }
</style>
```

4.4.5　App 组件

目前为止，Checklist 组件在 App 组件中渲染，并非在前面章节创建的 Login 组件中渲染。接着将根据应用程序的状态值，添加逻辑让应用程序一次只渲染一个组件。

修改 App.svelte 的步骤如下。

(1) 将 script 元素顶部引入 Login 组件的代码注释掉。

(2) 在 script 元素顶部引入 Checklist 组件。

```
import CheckList from!/Checklist.svelte';
```

(3) 在 HTML 部分注释掉<Login />并添加<Checklist />。

指定应用程序的全局样式，以便对其中所有组件都生效，使用以下内容替换 public/global.css。

代码清单 4.11 public/global.css 中定义的全局 CSS

```
body {
  font-family: sans-serif;
  height: 100vh;
  margin: 0;
  padding: 0;
}

button:not(:disabled),
input:not(:disabled) {
  cursor: pointer;
}

button:disabled {
  color: lightgray;
}

button.icon {
  background-color: transparent;
  border: none;
  margin-bottom: 0;
}

input:disabled {
  color: #ccc;
}

label {
  display: inline-block;
}

input,
button,
select,
textarea {
  --padding: 10px;

  border-radius: var(--padding);
  border: none;
  box-sizing: border-box;
  color: gray;
  font-family: inherit;
  font-size: inherit;
  margin: 0;
  padding: var(--padding);
}
```

4.4.6 运行应用程序

在控制台中输入 npm run dev 来运行应用程序，并用浏览器访问 localhost:5000。现在可看到如图 4.7 所示的页面。

图 4.7 Travel Packing 应用程序

尝试添加分类并向每个分类中添加项目。单击以修改分类名称。查看某些项目并将其标记为已打包。单击展示选项按钮，选择展示方式：展示所有项目、只展示已打包项目或只展示未打包项目。

现在单击垃圾桶图标还无法删除分类或项目。删除操作将在第 5 章中实现，我们将从其中学习关于 Svelte 组件间共享数据的所有方式。

4.5 小结

- Svelte 组件中的 HTML 使用类似于 Mustache 的语法定义条件逻辑、迭代逻辑及 promise 处理。
- 条件逻辑使用语法{#if condition}定义。
- 迭代逻辑使用语法{#each collection as element}定义。
- promise 处理逻辑使用语法{#await promise}定义。

第 5 章

组件通信

本章内容：

- 使用 props 将数据传入组件
- 获取组件中绑定到 props 的数据
- 使用 slot 提供组件渲染内容
- 将事件派发到父组件
- 使用上下文将数据传到后代组件

Svelte 应用程序中的重要组件通常需要进行交互。例如，假设有一个允许用户输入其邮寄地址的组件。该组件需要渲染街道、城市、州及邮政编码输入框。还需要包含验证邮政编码与城市是否匹配的逻辑。另一个组件展示可查看位置的地图，当邮寄地址组件数据发生改变时可展示出新地址位置。

Svelte 组件通信有多种方式。表 5.1 总结了一些可用方式。表中使用“父组件”“子组件”“后代组件”“祖先组件”的方式表示组件中的层级关系。

表 5.1　组件通信可选方式

需求	方案
父组件将数据传递到子组件	props
父组件将 HTML 和组件传递到子组件	slot
子组件通知父组件，可附带数据	事件
祖先组件提供后代组件可访问的数据	context
组件在其所有实例间共享数据	Module context
任意组件订阅数据	store

父组件在其 HTML 部分直接渲染子组件。祖先组件比其后代组件高一个或多个层级。例如，如果 Bank 组件渲染 Account 组件，Account 组件渲染 Transaction 组件，Bank 组件就是 Transaction 组件的祖先组件，Transaction 组件是 Bank 组件的后代组件。

模块上下文在第 3 章中介绍过，store 将在第 6 章中介绍。本章将介绍其他方式并提供示例。最后将向 Travel Packing 应用程序添加组件通信的相关内容。

5.1　组件通信方式

Svelte 组件共享数据有六种方式。

(1) props：从父组件向子组件传递数据，使用 bind 将数据传回父组件。

(2) slot：父组件将内容传递到子组件，子组件决定是否渲染传递内容。

(3) 事件：用于在子组件触发某些事件时通知父组件，同时可以选择在传递给父组件的事件对象中包含数据。

(4) context：允许祖先组件向后代组件提供可访问数据，而不必逐层传递。

(5) Module context：在组件模块中存储数据并让所有组件实例可访问。

(6) store：在组件外存储数据并让所有组件可访问。

5.2　props

组件可通过 props 接收传入值。props 的值通过类似组件元素属性的方式定义。例如，父组件可通过以下方式使用 Hello 组件。

代码清单 5.1　使用 Hello 组件的父组件

```
<script>
  import Hello from './Hello.svelte';
</script>

<Hello name="Mark" />
```

这种情况下，属性 name 的值是字符串字面量。

5.2.1　属性通过 export 传入

src/Hello.svelte 中定义的 Hello 组件可用以下代码实现。

代码清单 5.2　Hello 组件

```
<script>
  export let name = 'World';
```

```
</script>

<div>
  Hello, {name}!
</div>
```

组件中的 script 元素使用 export 关键字定义 props，Svelte 以特定方式使用有效的 JavaScript 语法：export 关键字。

必须使用 let(而不是 const)关键字定义 props，因为父组件可能会修改属性值。

可为 props 分配默认值。在之前的示例中，为 name 属性定义了'World'默认值。属性如果没有默认值也是允许的，但这要求其父组件必须指定属性值。如果属性是必需的但没有默认值，则意味着父组件一定会为其指定值。在开发模式(不是生产模式)中，当必需属性未被传入值或传入了定义外的属性，DevTools 控制台中会出现警告信息，而丢失属性值的被设置为 undefined。尽管这样应用程序依然能运行(在生产模式下，也是如此)，但警告信息会被省略。

属性值是非字符串字面量和 JavaScript 表达式时，必须使用花括号包裹而不是引号。这种方式可计算出任意 JavaScript 值，包括对象、数组和函数。

以下代码清单是非字符串属性的示例。

代码清单 5.3 属性示例

```
myProp={false}
myProp={7}
myProp={{name: 'baseball', grams: 149, new: false}}   ← 传入对象字面量时需要一对额外的花括号
myProp={['red', 'green', 'blue']}
myProp={myCallbackFunction}   ← 此处将一个命名函数的引用作为属性值传入
myProp={text => text.toUpperCase()}   ← 此处将匿名函数作为属性值传入
```

花括号包裹的属性可选择使用引号包裹：

```
myProp="{{name: 'baseball'}}"
```

一些编辑器和语法高亮器推荐使用这种方式，但 Svelte 编译器并不要求必须使用引号。

如果未指定属性或未指定值，可推断出布尔类型属性值，如代码清单 5.4 所示。StopLight 组件渲染红色圆形或绿色圆形。on 属性用于决定渲染颜色。当该属性被省略时，默认是 false，当该属性未被指定值时，则其值被设置为 true。

代码清单 5.4 src/StopLight.svelte 中的 StopLight 组件

```
<script>
  export let on = false;   ← 未设置该属性时，为其指定默认值
  $: color = on ? 'green' : 'red';
</script>

<div style="background-color: {color}">
```

```
  {color}
</div>

<style>
  div {
    border-radius: 25px;
    color: white;
    height: 50px;
    line-height: 50px;
    margin-bottom: 10px;
    text-align: center;
    width: 50px;
  }
</style>
```

代码清单 5.5 中的 App 组件渲染三个 StopLight 组件。未设置 on 属性的实例使用 false 作为其属性值，因此会渲染出红色圆形。on 属性未设置值的组件实例使用 true 作为其属性值，因此渲染出绿色圆形。on 属性设置了具体值的组件实例直接使用其值，因此渲染出红色或绿色圆形。单击 Toggle 按钮可切换最后一个圆形颜色(如图 5.1 所示)。

图 5.1　使用 StopLight 组件的应用程序

代码清单 5.5　使用 StopLight 组件的应用程序

```
<script>
  import StopLight from './StopLight.svelte';
  let go = false;
</script>
<StopLight />
<StopLight on />
<StopLight on={go} />
<button on:click={() => go = !go}>Toggle</button>
```

5.2.2　属性改变时的响应

当父组件将新属性值传递给子组件时，子组件中 HTML 的插值内容(花括号中的表达式)会自动重新计算。但同样的情况下，当属性用于子组件中的 script 标签时，并不会重新计算，触发使用响应式声明。

代码清单 5.6 和代码清单 5.7 中的示例可清晰说明上述内容。Sum 组件中传入了一个数字数组。该组件渲染各个数字及其和。在图 5.2 中，当 Size 值由 3 变为 4 时，显示了错误的和值。

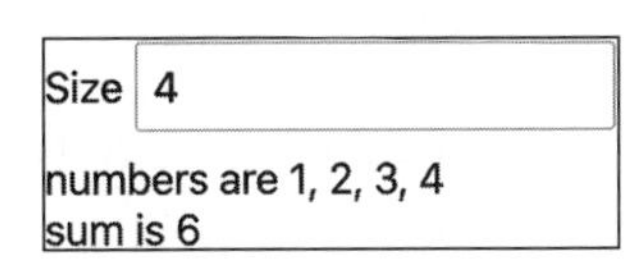

图 5.2　不使用响应式声明时出现错误和值

代码清单 5.6 .src/Sum.svelte 中的 Sum 组件

```
<script>
  export let numbers;
  //const sum = numbers.reduce((acc, n) => acc + n);
  $: sum = numbers.reduce((acc, n) => acc + n);
</script>

<div>numbers are {numbers.join(', ')}</div><div>sum is {sum}</div>
```

此处计算数字数组的和值。不使用响应式声明，和值只会计算一次。如果父组件修改 numbers 属性，和值不会重新计算

使用响应式声明修复此处问题

代码清单 5.7 使用 Sum 组件的应用程序

```
<script>
  import Sum from './Sum.svelte';
  let size = 3;
  $: numbers = Array(size).fill().map((_, i) => i + 1);
</script>

<label>
  Size
  <input type="number" bind:value={size}>
</label>

<Sum numbers={numbers} />
```

此处创建一个从 1 开始到数组长度值的数字数组。例如，数组长度为 3，数组为[1,2,3]

当输入一个新的数组长度时，此处会将一个新的数字数组传递到 Sum 组件

5.2.3 属性类型

Svelte 并未提供定义属性类型的机制。为属性设置错误的值类型可能导致运行时错误。例如，一个组件期望某个属性值是 Date 对象，如果传入的是字符串，则会产生错误。

未来，Svelte 会提供对 TypeScript 的支持，这可能为属性定义类型并在编译时捕获向组件传入的属性的错误。那时，可在运行时检查属性类型。

可使用与 React 属性类型检查一样的第三方库(在 npm 中查找“prop-types”)。代码清单 5.8 是使用 prop-types 库的示例。LabelledCheckboxes 组件接收 4 个属性：

- className 属性是可选的 CSS 类名字符串。
- label 属性是展示在复选框列表中的字符串。
- list 属性包含 label 属性和可选 value 属性的对象数组。
- selected 属性是标明当前选中复选框的字符串数组。

代码清单 5.8 sc/LabelledCheckboxes.svelte 中的 LabelledCheckboxes 组件

```
<script>
  import PropTypes from 'prop-types/prop-types';
```

```
  const {arrayOf, checkPropTypes, shape, string} = PropTypes;

  const propTypes = {
    className: string,
    label: string.isRequired,
    list: arrayOf(shape({
      label: string.isRequired,
      value: string
    })).isRequired,
    selected: arrayOf(string).isRequired
  }
  checkPropTypes(propTypes, $$props, 'prop', 'LabeledCheckboxes');

  ... implementation omitted ...
</script>
... implementation omitted ...
```

$$props 是未声明的可变 Svelte 变量，其值为对象，对象中的键是属性名，值是属性值

如果父组件向这个组件传入不合法的属性或省略必需属性，将会在 DevTools 控制台报告错误。

5.2.4 指令

指令是一种特殊的属性，通常表示为：一个指令名，后跟一个冒号，有时还跟一个值。这里提供一些指令的简要说明。后面将详细描述每种指令。

- bind 指令将属性值绑定到变量。详见下一节的内容。
- class 指令根据变量的真实值切换 CSS 生效类名。可见 3.4 节。
- on 指令注册事件监听器。
- use 指令指定一个函数，该函数将被传递给为该指令所附加的元素创建的 DOM 元素。可见 7.2 节。
- animate、transition、in 和 on 指令支持动画相关内容。可参见第 10 章。

Svelte 不支持创建自定义指令。便于开发人员只了解较小的指令集合。阅读应用程序中现有代码不必了解自定义指令。

5.2.5 表单元素中的 bind 指令

表单元素 input、textarea 和 select 的值可被绑定到使用 bind 指令的变量上。使用表单元素时，会渲染该变量的值。如果用户修改表单元素值，绑定的变量会同步更新。这是在模拟双向绑定，这种方式比监听特定事件，从事件中获取新值再更新变量更便捷。

Svelte 编译器会生成事件处理所需代码，以保证表单元素和变量值同步。对于 type 属性是 number 和 range 的 input 元素，使用 bind 指令会自动强制将值由字符串转为数字。

以下 HTML 表单实现了一个独立 Svelte 组件，该组件对各种表单元素类型使用 bind 指令。结果如图 5.3 所示。

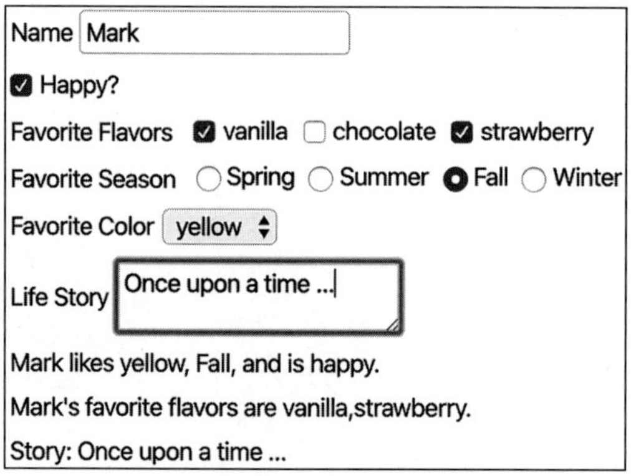

Name Mark
Happy?
Favorite Flavors vanilla chocolate strawberry
Favorite Season Spring Summer Fall Winter
Favorite Color yellow
Life Story Once upon a time ...
Mark likes yellow, Fall, and is happy.
Mark's favorite flavors are vanilla,strawberry.
Story: Once upon a time ...

图 5.3 演示如何使用 bind

代码清单 5.9 应用程序演示如何使用 bind

```
<script>
  const colors =
    ['red', 'orange', 'yellow', 'green', 'blue', 'purple'];
  const flavors = ['vanilla', 'chocolate', 'strawberry'];
  const seasons = ['Spring', 'Summer', 'Fall', 'Winter'];
  let favoriteColor = '';
  let favoriteFlavors = [];
  let favoriteSeason = '';
  let happy = true;
  let name = '';
  let story = '';
</script>

<div class="form">
  <div>
    <label>Name</label>
    <input type="text" bind:value={name}>
  </div>
  <div>
    <label>
      <input type="checkbox" bind:checked={happy}>
      Happy?
    </label>
  </div>
  <div>
    <label>Favorite Flavors</label>
    {#each flavors as flavor}
    <label class="indent">
      <input type="checkbox" value={flavor} bind:group={favoriteFlavors}>
      {flavor}
    </label>
    {/each}
  </div>
  <div>
    <label>Favorite Season</label>
    {#each seasons as season}
    <label class="indent">
```

对于复选框，bind 指令绑定 checked 属性而不是 value 属性

使用bind:group绑定一组关联复选框，其值是字符串数组

```
    <input type="radio" value={season} bind:group={favoriteSeason}>
    {season}
  </label>
  {/each}
</div>
<div>
  <label>
    Favorite Color
    <select bind:value={favoriteColor}>
      <option />
      {#each colors as color}
      <option>{color}</option>
      {/each}
    </select>
  </label>
</div>
<div>
  <label>
    Life Story
    <textarea bind:value={story} />
  </label>
</div>

{#if name}
  <div>
    {name} likes {favoriteColor}, {favoriteSeason},
    and is {happy ? 'happy' : 'unhappy'}.
  </div>
  <div>{name}'s favorite flavors are {favoriteFlavors}.</div>
  <div>Story: {story}</div>
{/if}
</div>

<style>
  div {
    margin-bottom: 10px;
  }

  .indent {
    margin-left: 10px;
  }

  input,
  select,
  textarea {
    border: solid lightgray 1px;
    border-radius: 4px;
    margin: 0;
    padding: 4px;
  }

  input[type='checkbox'],
  input[type='radio'] {
    margin: 0 5px 0 0;
  }
```

使用 bind:group 绑定一组关联单选按钮，其值为单个字符串

修改下拉框为可滚动列表，添加多选属性后可选择多个选项

option 元素也可以有 value 属性，其值可以为字符串、数字或对象

这部分内容只使用 binds 设置的变量值，但只会在 name 有值时执行

```
  label {
    display: inline-flex;
    align-items: center;
  }

  select,
  textarea {
    margin-left: 5px;
  }
</style>
```

除了绑定到基本变量之外，表单元素还可以绑定到对象属性。用户输入会促使对象值改变。

5.2.6 bind:this

另一个表单 bind 指令是 bind:this={variable}。当这种指令用于 HTML 元素上时，会将指定的 variable 设置为对应的 DOM 元素引用。这就为各种 DOM 处理提供可能。例如，这种方式可用于将焦点移动到指定 input 元素。第 7.4 节和第 8 章都使用了这种方式。

当组件中使用 bind:this={variable}时，会将其中的 variable 设置为 SvelteComponentDev 变量的引用。这代表一个组件实例。

注意 使用 bind:this 的大多是 HTML 元素，而非 Svelte 组件。但以下示例很有趣，从某种程度上说，只是为了用于说明这一很少用的特性。

例如，假设有一个 Tally 组件允许用户输入一系列价格(代码清单 5.10)。之后会展示出每个价格，并计算和，展示总价和应缴税率。

渲染 Tally 组件的父组件可能希望获取子组件中的税率和含税总价。Tally 组件可导出税率值及可被外部调用获取总价的函数。

代码清单 5.10 src/Tally.svelte 中的 Tally 组件

```
<script>
  export const taxRate = 0.07;

  let price;
  let prices = [];

  $: total = prices.reduce((acc, n) => acc + n, 0);

  function add() {
    prices.push(price);
    prices = prices;      // 此处触发 price 列表更新
    price = '';           // 此处清除输入框内容
  }

  export const getGrandTotal = () => total * (1 + taxRate);
</script>
```

```
<input type="number" bind:value={price} />
<button on:click={add}>Add</button>
{#each prices as price}
  <div>{price}</div>
{/each}
<hr>
<label>Total {total}, Tax Rate {(taxRate * 100).toFixed(2)}%</label>
```

图 5.4 和代码清单 5.11 演示了使用 Tally 组件的应用程序。

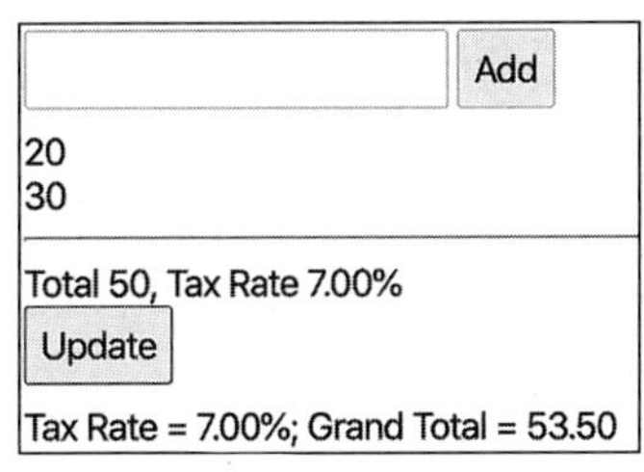

图 5.4　使用 Tally 组件

代码清单 5.11　使用 Tally 组件的应用程序

```
<script>
  import Tally from './Tally.svelte'

  let tally, taxRate = 0, grandTotal = 0;

  function update() {
    taxRate = tally.taxRate;
    grandTotal = tally.getGrandTotal();   ← Tally 组件实例属性变化时，此组件并不会响应更新。必须主动获取总价
  }
</script>

<Tally bind:this={tally} />   ← 此处获取代表 Tally 组件实例的 SvelteComponentDev 对象的引用

<button on:click={update}>Update</button>
<div>
  Tax Rate = {(taxRate * 100).toFixed(2)}%;
  Grand Total = {grandTotal.toFixed(2)}
</div>
```

SvelteComponentDev 对象中含有以$开头的内置属性名，这些名称标识属性是私有的且随时可能改变。如果作为 bind 目标的组件的 script 元素导出值，则这些值将成为此对象的属性。这并不是一个经常使用的特性，但了解它也有好处。

5.2.7　使用 bind 导出属性

Svelte 可将子组件属性绑定到父组件中的变量。这允许子组件修改父组件的变量值。当子组件计算父组件所需值时，这很方便。例如，代码清单 5.12 是 Parent 组件，代码清单 5.13 是 Child 组件。

代码清单 5.12 src/Parent.svelte 中的 Parent 组件

```
<script>
  import Child from './Child.svelte';
  let pValue = 1;
</script>

<Child bind:cValue={pValue} />
<div>pValue = {pValue}</div>
```

代码清单 5.13 src/Child.svelte 中的 Child 组件

```
<script>
  export let cValue;
  const double = () => (cValue *= 2);
</script>

<button on:click={double}>Double</button>
<div>cValue = {cValue}</div>
```

当 Child 组件中的按钮被单击时，cValue 值会加倍。这将为 pValue 设置新值，因为 pValue 被绑定到 cValue。

如果父组件变量名与属性名一样，bind 表达式可缩写。例如，以下两种写法等效：

```
<Child bind:cValue={cValue} />
<Child bind:cValue />
```

子组件也可使用响应式声明修改属性值。如果父组件使用 bind 绑定属性，那么父组件也会更新。

例如，可将以下代码添加到 Child.svelte。

```
export let triple;

  $: triple = cValue * 3;
```

为了使用新的 triple 属性，按如下方式修改 Parent.svelte 代码。

代码清单 5.14 src/Parent.svelte 中的 Parent 组件

```
<script>
  import Child from './Child.svelte';
  let pValue = 1;
  let triple;
</script>

<Child bind:cValue={pValue} bind:triple />
<div>pValue = {pValue}</div>
<div>triple = {triple}</div>
```

利用 bind 指令实现一个颜色选择器组件。该组件使用滑块选择红、绿、蓝的值，并在滑块下方呈现选中颜色的样板，如图 5.5 所示。

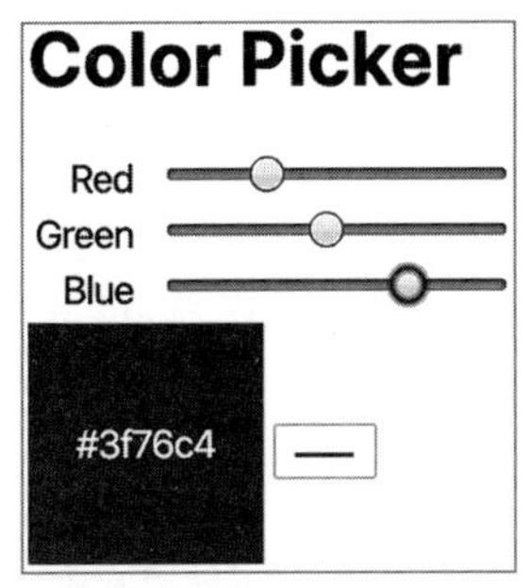

图 5.5　ColorPicker 组件

首先需要定义 ColorSlider 组件，该组件用于选择 0 到 255 之间的值。

代码清单 5.15　src/ColorSlider.svelte 中的 ColorSlider 组件

```
<script>
  export let name;
  export let value;
</script>

<div>
  <label for="slider">{name}</label>
  <input id="slider" type="range" min="0" max="255" bind:value>
</div>

<style>
  label {
    display: inline-block;
    margin-right: 10px;
    text-align: right;
    width: 45px;
  }
</style>
```

下一步，在 ColorPicker 组件中使用 ColorSlider 组件选择红、绿、蓝色值，并获取组合这些颜色的十六进制值。注意此处如何使用 bind 指令将 ColorPicker 组件中的变量绑定到 ColorSlider 组件的属性 value 中。当用户改变任一滑块，ColorPicker 组件中对应的绑定变量将随之更新。

代码清单 5.16　src/ColorPicker.svelte 中的 ColorPicker 组件

```
<script>
  import ColorSlider from './ColorSlider.svelte';
  export let hex;
  let red = 0;
  let green = 0;
  let blue = 0;
```

```
  function getHex(number) {
    const hex = number.toString(16);
    return hex.length === 1 ? '0' + hex : hex;
  }

  $: hex = '#' + getHex(red) + getHex(green) + getHex(blue);
</script>

<ColorSlider name="Red" bind:value={red} />
<ColorSlider name="Green" bind:value={green} />
<ColorSlider name="Blue" bind:value={blue} />
```

最后，在应用程序中使用 ColorPicker 组件来演示其用法。

代码清单 5.17 应用程序中使用 ColorPicker 组件

```
<script>
  import ColorPicker from './ColorPicker.svelte';
  let hex = '000000';
</script>

<h1>Color Picker</h1>
<ColorPicker bind:hex />
<div class="swatch" style="background-color: {hex}">
  {hex}
</div>

<input type="color" bind:value={hex}>

<style>
  .swatch {
    color: white;
    display: inline-block;
    height: 100px;
    line-height: 100px;
    text-align: center;
    width: 100px;
  }
</style>
```

在现代浏览器中，单击颜色类型的输入框将打开原生颜色选择器。这提供了另一种选择颜色的方法。请注意，使用这种方式选择颜色，滑块不会更新到对应值

注意应用程序中的 ColorPicker 实例如何使用 bind 指令来获取所选颜色的十六进制值。

有些特殊的绑定值用于获取元素尺寸。包含内边距、边框和滚动条(如果存在)的元素尺寸，可使用 offsetWidth 和 offsetHeight 获取。包含内边距而不包含其他值的元素尺寸可通过 clientWidth 和 clientHeight 获取。为获取这些值，可声明变量保存这些值，并将其绑定到对应属性，如代码清单 5.18 所示。

代码清单 5.18 使用元素尺寸绑定值

```
<script>
  let clientH, clientW, offsetH, offsetW;
</script>
```

```
<div
  bind:clientHeight={clientH}
  bind:clientWidth={clientW}
  bind:offsetHeight={offsetH}
  bind:offsetWidth={offsetW}
>
  How big am I?
</div>
```

对于 CSS 属性 display 设置为 inline 的元素，通过 clientWidth 和 clientHeight 获取的元素尺寸值为 0。

以上这些值均为只读。修改绑定变量值并不会修改元素尺寸。

5.3　slot

组件允许子组件作为内容传入其中。例如，自定义组件 Envelope 可接收包含返回地址、邮票、邮寄地址的子元素。该组件会在标准信封布局中渲染这些内容。

这种组件接收子元素的能力由 slot 支持。组件可决定是否渲染及如何渲染每个 slot。注意传入内容中包含空白符。

接收组件可用<slot/>标记所有插槽内容的位置。这称为默认插槽。

注意　slot 元素已被添加到 HTML 中以便支持 Web 组件。slot 并不是 Svelte 独有的。更多关于 Web 组件的内容可查看 WebComponents.org(www.webcomponents.org/introduction)中的介绍，及 Ben Farrell 的 *Web Components in Action*。

若父元素未向 slot 提供内容，slot 元素可提供默认内容以供渲染。例如：

```
<slot>Thanks for nothing!</slot>
```

指定的 slot 允许父组件提供多个接收组件可渲染的内容集合。父组件使用 HTML 元素而不是自定义组件的 slot 属性标识这些内容。子组件使用带有匹配 name 属性的 slot 元素来定义渲染位置。

图 5.6 是父组件在子组件 ShippingLabel 中使用多个指定 slot 的结果。这些 slot 是 address 和 name。

Ship To:
Mark Volkmann
123 Some Street,
Somewhere, Some State 12345

图 5.6　指定的 slot

代码清单 5.19　使用 ShippingLabel 组件

```
<ShippingLabel>
  <div slot="address">
    123 Some Street,<br />
    Somewhere, Some State 12345
  </div>
  <div slot="name">Mark Volkmann</div>
</ShippingLabel>
```

代码清单 5.20 src/ShippingLabel.svelte 中的 ShippingLabel 组件

```
<div>
  <label>Ship To:</label>
  <slot name="name">unknown</slot>     ← 此处 slot 的默认内容为 unknown
  <slot name="address" />     ← 此处 slot 没有默认内容
</div>

<style>
  label {
    display: block;
    font-weight: bold;
  }
</style>
```

如果父组件使用相同的名称指定多 slot，所有内容都会被子组件 slot 使用。例如，如果在 App.svelte 中将<div slot="address">duplicate</div>作为 ShippingLabel 元素的新子元素，duplicate 将会与之前指定的地址一并渲染出来。

5.4 事件

Svelte 组件可监听 DOM 事件和自定义事件。事件处理使用 on:event-name 指令。注意 on 后紧跟冒号和事件名。其值是一个事件派发时调用的函数。事件名可以是 DOM 事件名或自定义事件。事件对象会被传入给定函数中。

这里列举一个示例。

```
<button on:click={handleClick}>Press Me</button>     ← handleClick 函数必须在 script 中定义

<button on:click={event => clicked = event.target}>     ← 此处演示使用匿名函数在行内进行事件处理。它只将单击的变量设置为按钮的 DOM 元素
  Press Me
</button>
```

可为同一事件指定多个事件处理函数，并在派发事件时调用每个函数。例如：

```
<button on:click={doOneThing} on:click={doAnother}>
  Press Me
</button>
```

5.4.1 事件派发

组件可创建并使用事件派发器来派发事件。例如：

```
<script>
  import {createEventDispatcher} from 'svelte';
```

```
  const dispatch = createEventDispatcher();

  function sendEvent() {
    dispatch('someEventName', optionalData);
  }
</script>
```

此处必须在实例化组件时调用，而不是在条件触发时或在稍后(在函数内部)调用

与事件关联的数据可以是原生值或对象

这些事件只会传到父组件。而不会自动在组件层次结构中向上冒泡。

父组件使用 on 指令监听子组件事件。例如，如果父组件定义了 handleEvent 函数，会注册一个函数；当子组件派发具有给定名称的事件时，会调用该函数。

```
<Child on:someEventName={handleEvent} />
```

事件处理函数(这里是 handleEvent)会接收到一个事件对象。该对象包含一个 detail 属性，该属性设置为作为第二个参数传递到 dispatch 函数的数据。传递到 dispatch 的其他参数都将被忽略。

为演示这个效果，创建一个可渲染多个按钮的 Buttons 组件(代码清单 5.21)，并派发事件，将当前被单击的按钮告知父组件(如图 5.7 所示)。

图 5.7　Buttons 组件

代码清单 5.21　src/Buttons.svelte 中的 Buttons 组件

```
<script>
  import {createEventDispatcher} from 'svelte';
  const dispatch = createEventDispatcher();
  export let labels;
  export let value;
</script>

{#each labels as label}
  <button
    class:selected={label === value}
    on:click={() => dispatch('select', label)}
  >
    {label}
  </button>
{/each}

<style>
  .selected {
    background-color: darkgray;
    color: white;
  }
</style>
```

父组件传入按钮标签数组

父组件传入当前选中标签(如果存在)

父组件监听选中的标签事件

以下代码清单是使用 Buttons 组件的父组件示例。

代码清单 5.22　应用程序使用 Buttons 组件

```
<script>
  import Buttons from './Buttons.svelte';
```

```
  let colors = ['Red', 'Green', 'Blue'];
  let color = '';
  const handleSelect = event => color = event.detail;
</script>

<Buttons labels={colors} value={color} on:select={handleSelect} />
{#if color}
  <div>You clicked {color}.</div>
{/if}
```

5.4.2 事件转发

在 on 指令中省略事件处理函数是将事件转发到父组件的简化做法。例如，假设部分组件层级是 A>B>C，C 发出 demo 事件，B 可使用<C on:demo />将其转发到 A。注意这种情况下，on 指令无值。

这种方法也可用于转发 DOM 事件。

5.4.3 事件修饰符

on 指令可以指定任意数量的事件修饰符，修饰符名称前面使用竖线，例如：

```
<button on:click|once|preventDefault={handleClick}>
  Press Me
</button>
```

以下是支持的修饰符：

- capture——处理函数只在事件捕获阶段(而不是默认的事件冒泡阶段)调用。通常没必要理解这些区别。

> **注意** 事件捕获和事件冒泡阶段在 http://mng.bz/XPB6 的 Mozilla Developer Network(MDN) “Introduction to events”页面描述，可搜索 Event bubbling and capture 来了解详情。

- once——在事件第一次触发后移除处理函数。
- passive——可提升页面滚动性能，可从 http://mng.bz/yyPq 的 MDN 页面了解关于 EventTarget. addEventListener()的更多信息。
- preventDefault——阻止 DOM 事件默认行为。例如，可阻止表单提交。这是目前为止最常用的事件修饰符。
- stopPropagation——阻止事件捕获/事件冒泡的后续处理流作为派发 DOM 事件结果调用。

5.5 context

context 提供一种可替代方法，使你不使用 props 和 store 也可让组件中的数据被另一个组件访问(store 将在第 6 章介绍)。

假设有组件 A、B 和 C。组件 A 渲染组件 B，组件 B 渲染组件 C。想让 A 中定义的数据在 C 中可访问。一种方式是将数据作为 props 从 A 传到 B，再从 B 传到 C。但随着组件层级加深，使用 props 向后代组件传递数据会变得冗长。

context 则提供了一种更简单方式实现以上功能。可在像 A 一样的祖先组件 context 中添加数据，再在像 C 一样的后代组件中接收值。实际上，context 数据只可被后代组件接收。与 props 类似，context 值的改变并不会向上传播。

要在组件中定义 context，需要导入 setContext 函数并调用，调用时需要提供 context 键和值。必须在组件初始化时调用 setContext 函数，而不是在条件语句或在后面(例如在函数中)调用。例如：

```
import {setContext} from 'svelte';

setContext('favorites', {color: 'yellow', number: 19});
```

在后代组件中使用 context，导入 getContext 函数并调用，同时传入 context 键。这种方式可从使用该 context 键定义的最近祖先组件获取值。正如 setContext，getContext 函数必须在组件初始化时调用，而不是在条件语句或函数中调用。

```
import {getContext} from 'svelte';

const favorites = getContext('favorites');
```

context 键可是任意类型值，不仅是字符串。context 值可以是任意值，包括函数和带有可被后代组件调用的方法的对象。

代码清单 5.23　src/A.svelte 中的 A 组件

```
<script>
  import {setContext} from 'svelte';
  import B from './B.svelte';
  setContext('favorites', {color: 'yellow', number: 19});
</script>

<div>
  This is in A.
  <B />
</div>
```

代码清单 5.24　src/B.svelte 中的 B 组件

```
<script>
  import C from './C.svelte';
</script>

<div>
  This is in B.
  <C />
</div>
```

代码清单 5.25　src/C.svelte 中的 C 组件

```
<script>
  import {getContext} from 'svelte';
  const {color, number} = getContext('favorites');
</script>

<div>
  This is in C.
  <div>favorite color is {color}</div>
  <div>favorite number is {number}</div>
</div>
```

渲染结果如下：

```
This is in A.
This is in B.
This is in C.
favorite color is yellow
favorite number is 19
```

如果已创建 context 的组件使用键同值不同的方式调用 setContext 函数，后代组件将不会更新。后代组件只关注组件初始化期间的可用数据。

不同于 props 和 store，context 不是响应式的。这限制了 context 的有效性，即祖先组件提供给后代组件的数据需要在运行前已知，或在祖先组件渲染前进行计算。如果不是这种情况，store 是共享数据的更好方式，因为它是响应式的。

5.6　构建 Travel Packing 应用程序

现在将所学的组件通信相关内容应用到 Travel Packing 应用程序中。完成后的代码可在 http://mng.bz/Mdzn 查看。

第 4 章代码已将 props 传递到组件。并在多个元素中使用 bind 指令。

现在需要实现以下功能：

- 在分类中删除项目。
- 在清单中删除一个分类。
- 查看清单前登录系统。
- 登出系统，回到登录页。
- 将数据保存到 localStorage。

以上所有功能都通过派发自定义事件来触发。Category 组件会派发 persist 和 delete 事件，Checklist 组件会派发 logout 事件，Item 组件会派发 delte 事件，Login 组件会派发 login 事件。

将数组保存在 localStorage 中意味着数据通过 session 保存。关闭浏览器标签页，打开一个新标签页，再次浏览应用程序，其中的数据会恢复展示。甚至关闭浏览器或重启电脑，数据依旧可以恢复。然而，将数据保存在 localStorage 的一个缺点是，它只会在一台计算机的一个浏览器中有效。

现在实现删除项目和分类的功能。在 Item.svelte 中，执行以下操作。

(1) 在 script 元素中添加：

```
import {createEventDispatcher} from 'svelte';
```

(2) 创建 dispatch 函数：

```
const dispatch = createEventDispatcher();
```

(3) 修改垃圾桶 button(使用 icon 类)，使其在被单击后派发 delete 事件。Category 组件会监听此事件。

```
<button class="icon" on:click={() => dispatch('delete')}>&#x1F5D1;</button>
```

在 Category.svelte 组件中，执行以下操作。

(1) 在 script 元素中添加：

```
import {createEventDispatcher} from 'svelte';
```

(2) 创建 dispatch 函数。

```
const dispatch = createEventDispatcher();
```

(3) 添加如下 deleteItem 函数：

```
function deleteItem(item) {
  delete category.items[item.id];
  category = category;          // 此处触发更新
}
```

(4) 将以下 on 指令添加到 Item 组件实例，当接收到 delete 事件时删除给定选项。

```
<Item bind:item on:delete={() => deleteItem(item)} />
```

(5) 修改垃圾桶 button(使用 icon 类)，使其被单击后派发 delete 事件。Checklist 组件会监听此事件。

```
<button class="icon" on:click={() => dispatch('delete')}>
  &#x1F5D1;
</button>
```

在 Checklist.svelte 组件中，执行以下操作。

(1) 在 script 元素中添加：

```
import {createEventDispatcher} from 'svelte';
```

(2) 创建 dispatch 函数。

```
const dispatch = createEventDispatcher();
```

(3) 添加如下 deleteCategory 函数：

```
function deleteCategory(category) {    // 后续会在删除前询问确认信息
  delete categories[category.id];
```

```
    categories = categories;
  }
```

(4) 将以下 on 指令添加到 Category 组件实例，当接收到 delete 事件时删除给定分类。

```
on:delete={() => deleteCategory(category)}
```

完成这些修改后，现在单击垃圾桶图标可删除分类中的项目并可删除整个分类。

现在来解决登录和登出问题。我们希望在该应用程序开启时展示 Login 组件。现在登录组件可接收任意用户名和密码，单击登录按钮后，需要移除 Login 组件并展示 Checklist 组件。

在 App.svelte 中，执行以下操作。

(1) 取消 Login 组件中的 import 注释。

(2) 添加 page 变量，给变量设置的值就是要渲染的组件，此处将其设置为 Login。

```
let page = Login
```

(3) 用以下代码替换<Checklist />。Login 组件和 Checklist 组件实例此处都监听了事件，该事件告知 App.svelte 渲染设置的组件。

```
{#if page === Login}
  <Login on:login={() => (page = Checklist)} />
{:else}
  <Checklist on:logout={() => (page = Login)} />
{/if}
```

在 Login.svelte 中，执行以下操作。

(1) 在 script 元素中添加：

```
import {createEventDispatcher} from 'svelte';
```

(2) 创建 dispatch 函数。

```
const dispatch = createEventDispatcher();
```

(3) 修改 login 函数定义：

```
const login = () => dispatch('login');
```

在 Checklist.svelte 中，将以下 on 指令添加到登出按钮：

```
on:click={() => dispatch('logout')}>
```

执行以上修改后，可尝试登录和登出系统。

现在解决数据存储到 localStorage 的问题。当项目或分类在任何情况下发生变化时，需要持久保存 Checklist 组件中的 categories 变量。

在 Checklist.svelte 中，执行以下操作。

(1) 将以下代码添加到 script 元素底部：

```
restore();  ← 必须在第一次调用持久化前执行此操作
$: if (categories) persist();  ← 一旦数据发生变化，将 categories 持久化到 localStorage 中
```

```
function persist() {
  localStorage.setItem('travel-packing', JSON.stringify(categories));
}

function restore() {
  const text = localStorage.getItem('travel-packing');
  if (text && text !== '{}') {
    categories = JSON.parse(text);
  }
}
```

(2) 将 on 指令添加到 Category 元素：

```
on:persist={persist}
```

在 Category.svelte 中，将以下代码行添加到 addItem 和 deleteItem 函数的最后：

```
dispatch('persist');
```

完成以上修改后，现在可以创建分类；在分类中添加项目，刷新浏览器，并不会丢失数据。尝试再次登录，数据仍然可保留。

下一章将学习如何使用 store 在组件间共享数据，而不必关注组件的层级关系。

5.7 小结

- 父组件可使用 props 向子组件传入数据。
- 父组件可在 props 上使用 bind 指令接收子组件的更新内容。
- 父组件可使用 slot 向子组件提供渲染内容。
- 子组件可派发由父组件处理的事件。

。

第6章

store

本章内容：

- 定义可写 store、可读 store、派生 store 和自定义 store
- 使用 store 在组件间共享数据
- 结合 JavaScript 类使用 store
- 持久化 store

本章重点是使用 store 在组件间共享数据，而不必关注组件层级关系。store 提供了一种可替代使用 props 和上下文的方法。store 将应用程序状态维护在组件外。每个 store 存储一个单独 JavaScript 值，可以是数组或对象；这种方式当然可存储多个值。

Svelte 支持多种形式的 store。

- 可写 store 允许组件修改其中的值。
- 可读 store 不允许修改。
- 派生 store 从其他 store 计算值。
- 自定义 store 可实现以上所有功能，并且通常提供自定义 API 控制其使用。

每个 store 都有 subscribe 方法，该方法返回一个调用后取消监听的函数。

内置支持 store 是很有用的，不必再引入状态管理库。这些状态管理库通常会被其他框架使用。例如，Angular 使用@ngrx/store，React 使用 Redux，Vue 使用 Vuex。

6.1 可写 store

可调用 svelte/store 包内定义的 writable 函数创建可写 store。可传入初始值或可选函数来初始化 store。初始化函数的用法将在稍后介绍。

除了 subscribe 方法，可写 store 还有以下方法：

- set(newValue)

为 store 设置新值。

- update(fn)

此方法会基于当前值更新 store 值。fn 函数传入当前 store 值并返回新值。例如，以下代码将把 store 中的值翻倍。

```
myStore.update(n => n * 2);
```

此处是使用初始值定义可写 store 的实例。作用是保存描述犬种的对象集合。

代码清单 6.1　使用初始值的可写 store

```
import {writable} from 'svelte/store';

export const dogStore = writable([]);   ← 初始值是空数组
```

回顾一下，使用 const 声明对象引用变量并不影响对对象属性值的修改。store 也是如此。为 store 声明包含引用的变量并不影响修改 store 值。

也可将函数传入 writable 函数中来指定初始值。此函数会传入一个 set 函数，通过调用 set 函数设置 store 值。例如，此函数可调用 API 服务并将返回值传入 set 函数。

这是初始化 store 的懒模式。因为知道第一个组件订阅 store 后才调用此函数。每次订阅数从 0 变为 1 时都会调用该函数，这种情形可发生多次。

传入 writable 函数的函数必须返回一个 stop 函数。此函数会在每次订阅数从 1 变为 0 时调用。任何必要的清理操作都可在这里进行。通常来说不需要处理，因为该函数什么也不做。

以下示例调用 API 服务获取描述犬种信息的对象数组。获取的值会保存到 store。

代码清单 6.2　可读 store 采用异步方式设置值

```
import {writable} from 'svelte/store';

export const dogStore = writable([], async set => {   ← 初始值为空数组
  const res = await fetch('/dogs');   ← 此处使用现代浏览器内置的 Fetch API
  const dogs = await res.json();
  set(dogs);
  return () => {};   ← 此处是 stop 函数
});
```

在 store 名称使用$前缀将开启“自动订阅”模式，具体内容将在 6.4 节详细说明。

可使用 bind 指令将表单元素值绑定到可读 store。在以下代码中，someStore 保存了一个字符串，该值作为 input 值，并在用户修改输入框值时更新。

```
<input bind:value={$someStore}>
```

使用可写 store 的组件可调用 store 的 set 和 update 方法来修改 store 值。

6.2 可读 store

可调用 svelte/store 包中定义的 readable 函数创建可读 store。与可读 store 一样，可为 readable 传入初始值以及一个包含 set 函数的初始化函数(可选)。

代码清单 6.2 是一个代码示例，此时创建的是可读 store 而非可写 store。

代码清单 6.3 可写 store 示例

```
import {readable} from 'svelte/store';

export const dogStore = readable([], set => {
  const res = await fetch('/dogs');
  const dogs = await res.json();
  set(dogs);
  return () => {};
});
```

set 函数可使用 setInterval 不断修改 store 值。例如，以下代码清单中的可读 store 提供了从 0 开始一直增加到 10 的数字。其值每一秒都在改变。

代码清单 6.4 可读 store 周期性更新其值

```
import {readable} from 'svelte/store';

let value = 0;
  export const tensStore = readable(
  value,      ←—— 初始值
  set => {
    const token = setInterval(() => {
      value += 10;
      set(value);
    }, 1000);
    return () => clearInterval(token);
  }
);
```

使用可读 store 的组件无法设置或更新该 store。这并不意味着可读 store 不可修改，只是其值只能由自身修改。

6.3 在合适的地方定义 store

对于任意组件都可以访问的 store，需要在类似 src/store.js 的文件中定义并导出 store，并在需要使用的文件中导入相应的 store。

对于只需要供指定组件后代组件访问的 store，将其定义在组件中并使用 props 或 context 传递到后代组件。

6.4　使用 store

开始使用 store 时，需要采用以下方式添加 store 访问权限：

- 在.js 文件中导入 store(全局 store)。
- 作为 prop 接收 store。
- 从上下文中获取 store。

有两种方式可从 store 中获取值：

- 调用 store 的 subscribe 方法(这种方式有些冗长)。
- 使用自动订阅缩略模式(这种方式更常用)。

代码清单 6.5 是使用 subscribe 方法访问 dogStore 值的示例。传递给 store 的 subscribe 方法会在初始化时调用，每次更改值时都会再次调用。此处将 store 值分配给组件 dogs 变量，以便在 HTML 中使用。

代码清单 6.5　store 订阅示例

```
<script>
  import {onDestroy} from 'svelte';
  import {dogStore} from './stores';
  let dogs;
  const unsubscribe = dogStore.subscribe(value => (dogs = value));
  onDestroy(unsubscribe);
</script>
```

现在可在 HTML 部分使用 dogs 变量。

可使用自动订阅简写这段代码。所有以$开头的变量名都是 store。组件会在 store 首次使用时对其进行自动订阅，并在组件销毁时自动取消订阅。使用自动订阅后，只需要采用如下方式导入 store，而不必对 store 进行订阅和取消订阅。

```
<script>
  import {dogStore} from './stores';
</script>
```

现在在 HTML 部分使用$dogStore。很明显，使用自动订阅模式需要的代码更少。

svelte/store 包还有一个 get 函数，该函数接收 store 并返回其当前值。该函数可用于.svelte 和.js 文件中。例如，为获取变量 myStore 中 store 的当前值，调用 get(myStore)。

注意　get 函数从某种程度说是低效的。它的底层实现是对 store 进行订阅，获取 store 值，再取消对 store 订阅，返回获取值。因此请避免反复调用 get 函数。

有三种方式修改.svelte 中的可写 store 值。上文已经看到 set 和 update 方法。也可以使用 store 名称上的$前缀直接指定值：

```
$dogStore = [{breed: 'Whippet', name: 'Dasher'}];
```

只有.svelte 文件可以使用自动订阅模式。.js 扩展名的文件必须使用 set 或 update 方法修改可写 store 值。

代码清单 6.6 使用了自动订阅模式的可读 store(代码清单 6.4 中定义)。该组件会在每次 store 提供新值时自动更新。每隔一秒会显示新值：0、10、20 等。

代码清单 6.6 使用 tensStore 的应用程序

```
<script>
  import {tensStore} from './stores';
</script>

<div>{$tensStore}</div>
```

创建一个管理犬种集合的应用程序。现在应用程序只是将表示犬种信息的对象保存在内存中。稍后将修改犬种数组将其持久化，以免在浏览器刷新后丢失数据。

首先定义一个可读 store，该 store 存储了描述犬种信息的对象。其中保存的键是犬种 ID，值是犬种对象。犬种对象有 id、name、bread 和 size 属性。

代码清单 6.7 在 src/stores.js 中创建 dogStore

```
import {writable} from 'svelte/store';

export const dogStore = writable({});
```

应用程序需要具有查看、添加、修改和删除犬种的功能。所有订阅了 store 的组件都要在 store 变化时获取更新信息。

现在定义最上层组件 App。App 组件使用了 DogList 组件和 DogForm 组件，这些组件在代码清单 6.9 和代码清单 6.10 中定义。App 组件根据 mode 的值决定渲染哪个组件；mode 值可以为 list、create 或 update。当 mode 值是 list 时，展示 DogList 组件。其他情况下展示 DogForm 组件。

App 组件监听两个自定义事件。mode 事件表示 mode 值将改变。select 事件表示 DogList 组件中某个犬种被选中。选中的犬种信息可编辑。

代码清单 6.8 使用 DogForm 和 DogList 组件的应用程序

```
<script>
  import DogForm from './DogForm.svelte';
  import DogList from './DogList.svelte';

  let dog = {};
```

```
  let mode = 'list';   ← 其他模式值为 create 和 update

  function changeMode(event) {
    mode = event.detail;
    if (mode === 'create') dog = {};
  }

  const selectDog = event => (dog = event.detail);
</script>

<h1>Dogs</h1>
{#if mode === 'list'}
  <DogList on:mode={changeMode} on:select={selectDog} />
{:else}
  <DogForm {dog} {mode} on:mode={changeMode} />
{/if}
```

DogList 组件展示犬种列表，并根据其名称排序。同时提供了可以单击以对列表执行操作的按钮(如图 6.1 所示)。要添加犬种，可单击“+”按钮。要编辑犬种，选择列表中的一项并单击铅笔按钮。要删除犬种，选中列表项并单击垃圾桶按钮。

图 6.1　DogList 组件

代码清单 6.9　src/DogList.svelte 中的 DogList 组件

```
<script>
  import {createEventDispatcher} from 'svelte';
  import {dogStore} from './stores';
  import {sortOnName} from './util';

  const dispatch = createEventDispatcher();

  $: dogs = sortOnName(Object.values($dogStore));

  let selectedDogs = [];

  function deleteSelected() {
    const ids = selectedDogs.map(dog => dog.id);
    dogStore.update(dogMap => {
      for (const id of ids) {
        delete dogMap[id];
      }
      return dogMap;
    });
    selectedDogs = [];
  }

  const dogToString = dog => dog.name + ' is a ' + dog.size + ' ' + dog.breed
    ;

  function onSelect(event) {
    const {selectedOptions} = event.target;
    selectedDogs = Array.from(selectedOptions).map(
```

```
      option => $dogStore[option.value]
    );
    dispatch('select', selectedDogs[0]);
  }
</script>

{#if dogs.length}
  <select multiple on:change={onSelect}>
    {#each dogs as dog (dog.id)}
      <option key={dog.id} value={dog.id}>{dogToString(dog)}</option>
    {/each}
  </select>
{:else}
  <h3>No dogs have been added yet.</h3>
{/if}

<div class="buttons">
  <button on:click={() => dispatch('mode', 'create')}>
    <span aria-label="plus" role="img">&#x2795;</span>
  </button>
  <button
    disabled={selectedDogs.length === 0}
    on:click={() => dispatch('mode', 'update')}>
    <span aria-label="pencil" role="img">&#x270E;</span>
  </button>
  <button disabled={selectedDogs.length === 0} on:click={deleteSelected}>
    <span aria-label="trash can" role="img">&#x1F5D1;</span>
  </button>
</div>

<style>
  button {
    background-color: transparent;
    border: none;
    font-size: 24px;
  }

  option {
    font-size: 18px;
  }

  select {
    padding: 10px;
  }
</style>
```

每个选项值是犬种 id

记录选中犬种中的第一项，此项可编辑

如果没有选中犬种，编辑(铅笔图表)按钮不可单击

如果没有选中犬种，删除(垃圾桶图表)按钮不可单击

DogForm 组件展示一个输入新犬种或编辑已存在犬种信息的表单(如图 6.2 所示)。

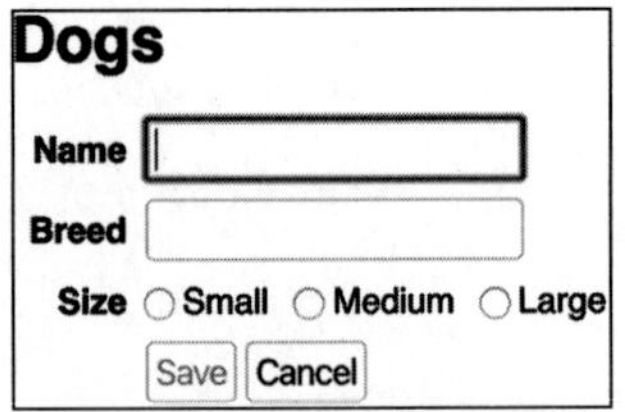

图 6.2　DogForm 组件

代码清单 6.10　src/DogForm.svelte 中的 DogForm 组件

```
<script>
  import {createEventDispatcher} from 'svelte';
  import {dogStore} from './stores';
  import {getGuid} from './util';

  const dispatch = createEventDispatcher();
  export let dog;
  export let mode;

  let {name, breed, size} = dog;
  $: canSave = name && breed && size;

  function save() {
    const id = dog.id || getGuid();
    dogStore.update(dogMap => {
      dogMap[id] = {id, name, breed, size};
      return dogMap;
    });
    dispatch('mode', 'list');      // 保存后展示列表
  }
</script>

<form on:submit|preventDefault={save}>
  <div>
    <label for="name">Name</label>
    <input autofocus id="name" bind:value={name}>
  </div>
  <div>
    <label for="breed">Breed</label>
    <input id="breed" bind:value={breed}>
  </div>
  <div>
    <label>Size</label>
    <span class="radios">
      <label>
        <input type="radio" value="small" bind:group={size}>
        Small
    </label>
    <label>
        <input type="radio" value="medium" bind:group={size}>
        Medium
      </label>
      <label>
        <input type="radio" value="large" bind:group={size}>
        Large
      </label>
    </span>
  </div>
  <div>
    <label />
    <button disabled={!canSave}>{mode === 'create' ? 'Save' : 'Update'}</button>
    <button type="button" on:click={() => dispatch('mode', 'list')}>
      Cancel
```

```
    </button>
  </div>
</form>

<style>
  div {
    display: flex;
    align-items: center;
    margin-bottom: 10px;
  }

  input {
    border: solid lightgray 1px;
    border-radius: 4px;
    font-size: 18px;
    margin: 0;
    padding: 4px;
  }

  input[type='radio'] {
    height: 16px;
  }

  label {
    display: inline-block;
    font-size: 18px;
    font-weight: bold;
    margin-right: 10px;
    text-align: right;
    width: 60px;
  }

  .radios > label {
    font-weight: normal;
    width: auto;
  }
</style>
```

代码清单 6.11 中的 util.js 定义了一组实用函数。第一个函数生成唯一 ID 作为犬种 ID。该函数使用了 npm 包 uuid，这个包必须输入 npm install uuid 安装。第二个函数根据对象中的 name 属性对对象数组进行排序。

代码清单 6.11　src/util.js 中的实用函数

```
import {v4 as uuidv4} from 'uuid';

export const getGuid = () => uuidv4();

export function sortOnName(array) {
  array.sort((el1, el2) =>
    el1.name.toLowerCase().localeCompare(el2.name.toLowerCase())
  );
  return array;
}
```

public 文件夹中的 global.css(如代码清单 6.12 所示)定义了可影响所有组件的 CSS 规则。我们希望应用程序中的所有按钮使用一致的默认样式。

代码清单 6.12　public/global.css 中的全局 CSS 规则

```
body {
  font-family: sans-serif;
}

button {
  border: solid lightgray 1px;
  border-radius: 4px;
  font-size: 18px;
  margin-right: 5px;
  padding: 4px;
}
```

通过以上内容，现在 Svelte 应用程序可正常运行且可对犬种集合执行通用的 CRUD 操作。

6.5　派生 store

派生 store 从一个或多个 store 中派生出其值。要定义派生 store，可从 svelte/store 包中导入 derived 函数并调用。

derived 函数接收两个参数。第一个参数是 store 源，它可以是单个 store 或 store 数组。第二个参数是接收第一个参数中单个 store 或 store 数组作为参数的函数。该函数会在每次 store 源发生变化时再次调用。它的返回值是派生 store 的新值。

例如，可创建一个派生 store，其中只保存 dogStore 中的大型犬种。该 store 值是犬种对象数组。

代码清单 6.13　src/stores.js 中定义的派生 store

```
import {derived} from 'svelte/store';

export const bigDogsStore = derived(dogStore, store =>
  Object.values(store).filter(dog => dog.size === 'large')
);
```

之前的派生 store 只基于一个 store。以下示例使用两个命名 store，即 itemsStore 和 taxStore。itemsStore 保存包含 name 和 cost 属性的对象数组。taxStore 保存表示消费税率的数值。可使用这两个 store 创建一个派生 store，保存类似于 itemsStore 的对象数组，但多添加一个 total 属性。每项总额是用它的成本乘以 1 再加上税率来计算的。

以下是三个 store 的定义。

代码清单 6.14 src/stores.js 中定义的 store

```
import {derived, writable} from 'svelte/store';

const items = [
  {name: 'pencil', cost: 0.5},
  {name: 'backpack', cost: 40}
];
export const itemsStore = writable(items);

export const taxStore = writable(0.08);

export const itemsWithTaxStore = derived(
  [itemsStore, taxStore],
  ([$itemsStore, $taxStore]) => {
    const tax = 1 + $taxStore;
    return $itemsStore.map(item => ({...item, total: item.cost * tax}));
  }
);
```

代码清单 6.15 展示了一个可修改 taxStore 值的示例。其中展示了 itemsStore(如图 6.3 所示)中各项的名称、成本和总额。itemsWithTaxStore 每次都会在 itemsStore 或 taxStore 改变时更新。注意现在尚未提供修改 itemsStore 的方法。

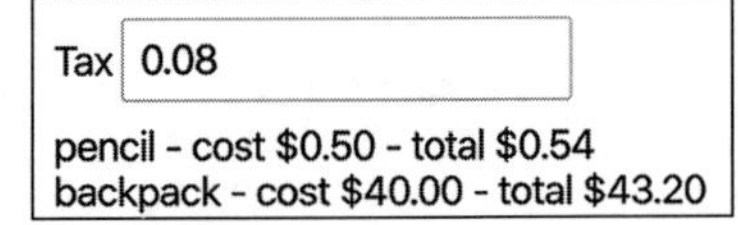

图 6.3 派生 store 示例

代码清单 6.15 src/App.svelte 中使用 store 的应用程序

```
<script>
  import {itemsWithTaxStore, taxStore} from './stores';
</script>

<label>
  Tax
  <input type="number" bind:value={$taxStore}>
</label>

{#each $itemsWithTaxStore as item}
  <div>
    {item.name} - cost ${item.cost.toFixed(2)} -
      total ${item.total.toFixed(2)}
  </div>
{/each}
```

6.6 自定义 store

我们也可以创建自定义 store。它可控制使用其代码修改 store 的方式。这与可写 store 不同，在可写 store 中，可使用 set 和 update 方法将 store 值改为任意值。

自定义 store 的一个使用场景是提供比 set 和 update 限制性更强的方法。这种方法只允许将 store 设为特定值或特定变化。以下示例中的 count 正是这种 store。

自定义 store 的另一种使用场景是封装对 API 服务的访问；API 服务创建、检索、更新及删除 store 中存储的对象。它可公开多个方法，这些方法用于执行 API 调用，以及验证用于创建和更新存储的数据。

自定义 store 的唯一要求是，它必须是一个包含正确实现 subscribe 方法的对象。这意味着 subscribe 方法接收一个函数作为其参数，并返回一个取消订阅 store 的函数。subscribe 方法必须立即调用传递给它的函数；每次 store 更改时，都要将 store 的当前值传递到函数中。

有一种替代方案是，subscribe 方法可返回一个包含 unsubscribe 方法的对象而不是返回 unsubscribe 函数。

通常，自定义 store 是从已包含 subscribe 方法的可写 store 创建的。

在以下示例中，count 是自定义 store。不同于可写 store，自定义 store 不会公开 set 和 update 方法，而是公开 increment、decrement 和 reset 方法。使用这个 store 的用户只能通过调用这些方法来修改 store 值。

代码清单 6.16 count-store.js 中的 count store

```
import {writable} from 'svelte/store';

const {subscribe, set, update} = writable(0);

export const count = {
  subscribe,
  increment: () => update(n => n + 1),
  decrement: () => update(n => n - 1),
  reset: () => set(0)
};
```

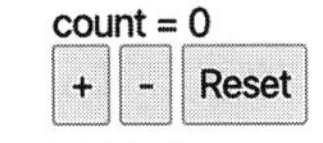

图 6.4 应用程序使用 count store

以下代码清单是使用自定义 store 的示例(见图 6.4)。

代码清单 6.17 在 src/App.svelte 中使用 count store

```
<script>
  import {count} from './count-store';
</script>

<div>count = {$count}</div>
<button on:click={() => count.increment()}>+</button>
<button on:click={() => count.decrement()}>-</button>
<button on:click={() => count.reset()}>Reset</button>
```

6.7 结合类使用 store

store 可存储 JavaScript 类实例。如果类中定义了可修改实例属性的方法，调用这些方法并不会通知 store；存储的实例属性已经发生改变，因此 store 的订阅者并不会接收到通知。

这与 store 中存储其他对象并没有什么不同。让所有订阅者触发更新的方式只能是调用 store 的 set 和 update 方法或使用$前缀语法直接设置 store 值。

解决这个问题很容易。以下两个代码清单中定义了 Point 类和 Line 类。每个点由 x 和 y 坐标定义。每条线由起点对象和终点对象定义。点和线都可用 delta x(dx)和 delta y(dy)值描述。

代码清单 6.18 src/point.js 中定义的 Point 类

```
export default class Point {
  constructor(x, y) {
    this.x = x;
    this.y = y;
  }

  toString() {
    return `(${this.x}, ${this.y})`;
  }

  translate(dx, dy) {
    this.x += dx;
    this.y += dy;
  }
}
```

代码清单 6.19 src/line.js 中定义的 Line 类

```
import Point from './point';

export default class Line {
  constructor(start, end) {
    this.start = start;
    this.end = end;
  }

  toString() {
    return `line from ${this.start.toString()} to ${this.end.toString()}`;
  }

  translate(dx, dy) {
    this.start.translate(dx, dy);
    this.end.translate(dx, dy);
  }
}
```

为了演示在 store 中保存的自定义类实例，可在 stores.js 中定义 store。任何需要使用该 store 的组件都可以引入它。

代码清单 6.20 src/stores.js 中定义的 store

```
import {writable} from 'svelte/store';
import Line from './line';
```

```
import Point from './point';

export const pointStore = writable(new Point(0, 0));

export const lineStore =
  writable(new Line(new Point(0, 0), new Point(0, 0)));
```

以下代码清单是使用这些 store 的 Svelte 组件。

代码清单 6.21　在 src/App.svelte 中使用 Point 类和 store

```
<script>
  import Point from './point';
  import {lineStore, pointStore} from './stores';

  let point = new Point(1, 2);
  function translate() {
    const dx = 2;
    const dy = 3;

    point.translate(dx, dy);
    point = point;

    pointStore.update(point => {
      point.translate(dx, dy);
      return point;
    });

    lineStore.update(line => {
      line.translate(dx, dy);
      return line;
    });
  }
</script>

<h1>local point = ({point.x}, {point.y})</h1>
<h1>point store = {$pointStore.toString()}</h1>
<h1>line store = {$lineStore.toString()}</h1>

<button on:click={translate}>Translate</button>
```

point 存在于此组件本地且没有在 store 中

修改本地 Point 值，pointStore 中的 Point 和 lineStore 中的 Line 实例都使用相同数值叠加

为让 Svelte 知道值发生了改变，赋值操作是必要的

主要收益是实例方法可用于更新 store 中的对象，但是更新操作必须在传递到 store 的 update 方法的函数中执行。此外，这些函数必须返回更新后的对象。

如果 Point 和 Line 类中的 translate 方法修改为返回 this，调用 update 可简写为如下形式。

```
pointStore.update(point => point.translate(3, 4));

lineStore.update(line => line.translate(dx, dy));
```

另一种方法是使用自定义 store 而不是类来表示点和线。这种方法会将逻辑移入 store 中，将逻辑从使用 store 的代码中删除。例如可为点和线自定义以下 store。

代码清单 6.22 src/stores.js 中定义的 store

```
import {get, writable} from 'svelte/store';

export function pointStore(x, y) {
  const store = writable({x, y});
  const {subscribe, update} = store;
  let cache = {x, y};
  return {
    subscribe,
    toString() {
      return `(${cache.x}, ${cache.y})`;
  },
    translate(dx, dy) {
      update(({x, y}) => {
        cache = {x: x + dx, y: y + dy};
        return cache;
      });
    }
  };
}

export function lineStore(start, end) {
  const store = writable({start, end});
  const {subscribe, update} = store;
  return {
    subscribe,
    translate(dx, dy) {
      update(({start, end}) => {
        start.translate(dx, dy);
        end.translate(dx, dy);
        return {start, end};
      });
    }
  };
}
```

以上 store 可在代码清单 6.23 中使用。

代码清单 6.23 在 src/App.svelte 中使用 store

```
<script>
  import Point from './point';
  import {lineStore, pointStore} from './stores';
  let point = pointStore(1, 2);
  let line = lineStore(new Point(0, 0), new Point(2, 3));

  function translate() {
    const dx = 2;
    const dy = 3;

    point.translate(dx, dy);
    line.translate(dx, dy);
  }
```

```
</script>

<h1>point = ({$point.x}, {$point.y})</h1>
<h1>line = {$line.start.toString()}, {$line.end.toString()}</h1>

<button on:click={translate}>Translate</button>
```

从例子中可看出，可在 pointStore 函数返回的对象中使用 toString 方法渲染 store 值。然而，Svelte 不会仅从以下代码检测 store 变化：

```
<h1>point = {$point.toString()}</h1>
```

可在 script 元素中添加以下代码来解决这个问题。

```
let pointString = '';
point.subscribe(() => pointString = point.toString());
```

使用以下代码进行渲染：

```
<h1>point = {pointString}</h1>
```

可使用类似的方法将 toString 方法添加到 lineStore，并使用它渲染 store 的当前值。

6.8　持久化 store

如果用户刷新浏览器，会再次运行用于创建 store 的代码。这会让 store 恢复初始值。

可以实现自定义 store，将所有变化持久保存到 sessionStorage 中，并在刷新后从 sessionStorage 还原它们的值。

注意　REPL 是一个沙盒环境，因此不能使用 localStorage 和 sessionStorage。

以下是通用可写 store 的示例。使用这种方法和使用 store 提供的 writable 函数效果几乎相同。唯一区别是持久化需要 sessionStorage 键名字符串。

代码清单 6.24　在 src/store-util.js 中创建可写的持久化 store

```
import {writable} from 'svelte/store';

function persist(key, value) {
  sessionStorage.setItem(key, JSON.stringify(value));
}

export function writableSession(key, initialValue) {
  const sessionValue = JSON.parse(sessionStorage.getItem(key));
  if (!sessionValue) persist(key, initialValue);
```

如果没有值，只会将初始值存入 sessionStorage

```
  const store = writable(sessionValue || initialValue);
  store.subscribe(value => persist(key, value));
  return store;
}
```

将 store 的所有改动持久保存到 sessionStorage

使用 sessionStorage 中的值或提供的初始值创建可读 store

代码清单 6.25 创建了一个这种类型的 store 实例。

代码清单 6.25 src/stores.js 中的可写持久化 store——numbers

```
import {writableSession} from './store-util';

export const numbers = writableSession('numbers', [1, 2, 3]);
```

任意组件中的数字都可引入 numbers store，并调用其 set 和 update 方法改变 store 值。所有变化都保存在 sessionStorage 并会在用户刷新浏览器后再次取出使用。

6.9 构建 Travel Packing 应用程序

Travel Packing 应用程序不需要 store，因为没有要在多个组件间共享的数据。在第 17 章的 Sapper 服务路由中，将介绍如何调用 API 服务在数据库中持久保存数据。

在下一章中，除了 Svelte 执行的 DOM 操作之外，还将学习几种与 DOM 交互的方法。

6.10 小结

- Svelte store 提供了在组件间共享数据的更便捷方式，而不必关注组件层级关系。
- 可写 store 允许组件修改数据。
- 可读 store 不允许组件修改数据。
- 派生 store 从其他 store 计算值。
- 自定义 store 可实现以上功能，通常提供控制其使用的自定义 API。
- store 可保存自定义 JavaScript 类实例。
- store 有多种方式持久化数据。例如，可使用 sessionStorage 保存数据以免在用户刷新浏览器后数据丢失。

第 7 章

DOM交互

本章内容：

- 插入字符串变量 HTML
- 避免来自不可信 HTML 的跨站脚本攻击
- 当元素添加到 DOM 中时使用 actions 执行代码
- Svelte 更新后使用 tick 函数修改 DOM
- 实现对话框组件
- 实现拖曳

有时，Svelte 应用程序需要使用原生 DOM 功能，而 Svelte 并不直接支持这些功能。例如：

- 在用户期望输入数据时将焦点移入输入框。
- 设置光标位置并选取输入框中的选定文字。
- 在 dialog 元素中调用方法。
- 允许用户将特定元素拖到其他元素上。

要满足以上需求，并非仅是简单地在 Svelte 组件定义中编写要渲染的 HTML。Svelte 通过提供对创建的 DOM 元素的访问来支持此功能。组件代码可修改这些 DOM 元素属性，并调用 DOM 方法。本章将介绍这几种场景。

7.1 插入 HTML

通常，Svelte 组件通过在.svelte 文件中定义 HTML 元素直接渲染 HTML。但有时从组件定义之外的输入源直接获取字符串形式的 HTML 更便捷。下面描述的场景能体现出它的作用。

内容管理系统(CMS)允许用户保存 Web 应用程序使用的文本和图片等资源，允许用户在

textarea 中输入 HTML。这些 HTML 可作为字符串存储到数据库中。Web 应用程序能够调用 API 服务来查询 CMS 并获取要渲染的资源。

如果用 Svelte 实现 CMS，可使用以下@html 语法向用户展示他们输入的 HTML 的预览效果。如果消费应用程序也使用 Svelte 编写，也可使用同样的机制渲染 HTML。

要渲染值为 HTML 字符串的 JavaScript 表达式，可使用以下语法：

```
{@html expression
}
```

在以下示例中，用户可在 textarea 中输入任意 HTML，这些 HTML 会在 textarea 下方渲染，如图 7.1 所示。

<h1 style="color: red">Hello!</h1>

Hello!

图 7.1　渲染用户输入 HTML

代码清单 7.1　渲染在 textarea 中输入的 HTML

```
<script>
  let markup = '<h1 style="color: red">Hello!</h1>';
</script>
<textarea bind:value={markup} rows={5} />
{@html markup}

<style>
  textarea {
    width: 95vw;
  }
</style>
```

此处是 textarea 初始值

为避免跨站脚本，来自不可信源(如代码清单 7.1 中的 textarea)的 HTML 需要进行安全处理。有很多开源库可移除字符串中存在潜在风险的 HTML。sanitize-html 是其中之一，可在 https://github.com/apostrophecms/sanitize-html 查看。

在 Svelte 应用程序中使用 sanitize-html：

(1) 输入 npm install sanitize-html 进行安装。

(2) 在需要使用的文件中引入 sanitizeHtml 函数。

默认情况下，sanitizeHtml 只保留以下元素：a、b、blockquote、br、caption、code、div、em、h3、h4、h5、h6、hr、i、iframeli、nl、ol、p、pre、strike、strong、table、tbody、td、th、thead、tr 和 ul。所有其他元素都会被移除。注意 script 是其中被移除的元素之一。

保留下来的元素可使用任意属性，除了 a 元素，只能包含 href、name 和 target 属性。

默认情况下，会移除 img 元素，但可通过配置 sanitizeHtml 将其保留。也可指定 img 可保留的属性。这将移除 img 的其他所有属性，如 onerror 和 onload，这些属性可能会允许 JavaScript 代码。查看代码清单 7.2 中的 SANITIZE_OPTIONS 常量。

@html 通过设置 DOM 属性 innerHTML 插入标签。HTML5 标准指出："使用 innerHTML 插入的 script 元素在插入时不会执行。"因此，HTML 不需要进行安全处理，script 元素可保留，但不会被执行。然而，仍然建议删除 script 元素，这样当查看页面元素时不会认为其已经被执行。

这里是一个结合 sanitizeHtml 函数使用@html 渲染字符串 HTML 的示例。

代码清单 7.2　结合 sanitizeHtml 使用@html

```
<script>
  import sanitizeHtml from 'sanitize-html';

  const SAFE = true;

  const SANITIZE_OPTIONS = {
    allowedTags: [...sanitizeHtml.defaults.allowedTags, 'img'],
    allowedAttributes: {img: ['alt', 'src']}
  };

  function buildScript(content) {
    const s = 'script';
    return `<${s}>${content}</${s}>`;
  }

  function sanitize(markup) {
    return SAFE ? sanitizeHtml(markup, SANITIZE_OPTIONS) : markup;
  }

  const markup1 = buildScript('console.log("pwned by script")');

  const markup2 = '<img alt="star" src="star.png" />';

  const markup3 = '<img alt="star" src="star.png" ' +
    'onload="console.log(\'pwned by onload\')" />';

  const markup4 = '<img alt="missing" src="missing.png" ' +
    'onerror="console.log(\'pwned by onerror\')" />';

  const markups = [markup1, markup2, markup3, markup4];
</script>

<h1>Check the console.</h1>
  {#each markups as markup}
  {@html sanitize(markup)}
  {/each}
```

将此设置为 false，以查看没有 HTML 安全处理时的渲染内容

此处会将 img 添加到默认允许的元素列表中

需要使用这种方式创建 script 元素，以免 Svelte 转换器将其打断

此处创建的 script 标签并不会执行，即使没有使用 sanitizeHtml 将其移除(如果对 pwned 还不熟悉，可查阅 https://en.wikipedia.org/wiki/Pwn)

使用此特定选项，sanitizeHtml 会将其保留。star.png 文件可从 http://mng.bz/XPBv 公共目录中获取

使用此特定选项，sanitizeHtml 会将其保留，但移除其中的 onload 属性

使用此特定选项，sanitizeHtml 会将其保留但移除 onerror 属性。这会展示出破损图片，因为 missing.png 并不存在

如果常量 SAFE 设置为 true，HTML 会被安全处理。这种情况下，以下 HTML 会在 body 中渲染。注意，script 元素被移除了，并且 img 元素的 onerror 和 onload 属性也被移除。这意味着 console.log 调用的输出内容并不会出现在开发者工具(DevTools)控制台中。开发者工具控制台中只会显示 missing.png 文件的 404 错误，与预期一致(如图 7.2 所示)。

图 7.2 浏览器中安全处理后的输出内容

```
<h1>Check the console.</h1>
<img alt="star" src="star.png">
<img alt="star" src="star.png">
<img alt="missing" src="missing.png">
```

如果 SAFE 常量变为 false，HTML 将不进行安全处理，以下 HTML 将在 body 中渲染(如图 7.3 所示)。这种情况下，script 不会执行，但 JavaScript 传入 onload 和 onerror 的代码会执行并输出到开发者工具控制台。

```
<h1>Check the console.</h1>
<script>console.log("pwned by script")</script>
<img alt="star" src="star.png">
<img alt="star" src="star.png" onload="console.log('pwned by onload')">
<img alt="missing" src="missing.png" onerror="console.log('pwned by onerror')">
```

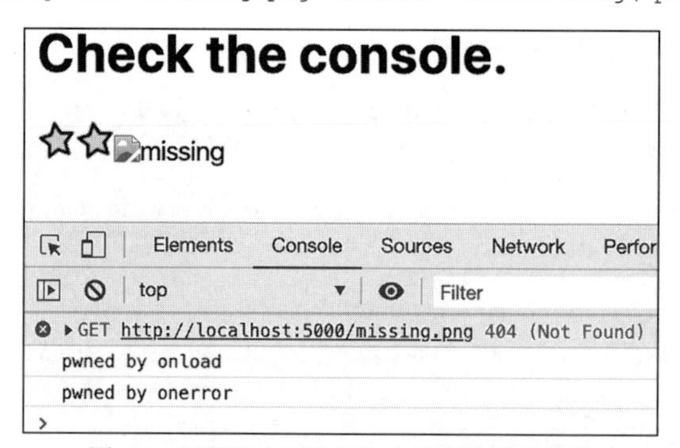

图 7.3 浏览器中不进行安全处理的输出内容

7.2 action

action 注册一个函数，当组件中的特定元素被添加到 DOM 时，该函数将被调用。这对应用程序修改 DOM 元素属性或在 DOM 插入后调用 DOM 元素上的方法很有用。

注意　action 与 onMount 生命周期函数(将在第 8 章介绍)有些关系，该生命周期会注册一个函数，该函数会在组件实例添加到 DOM 中时调用。

action 在元素中使用 use 指令定义，语法是 use:fnName={args}。注册函数会传入 DOM 元素和参数(如果存在)。如果除了所需元素外没有参数，则使用 Omit ={args}。

例如，以下代码调用 focus 函数，在 input 元素添加到 DOM 后将焦点移动到其中。

```
<script>
  let name = '';
  const focus = element => element.focus();
</script>

<input bind:value={name} use:focus>
```

action 函数可选择返回一个对象，该对象有 update 和 destroy 两个属性，且都为函数。update 函数会在每次参数值变化时调用。当然，如果没有参数，则不必调用该函数。元素从 DOM 中移除元素时调用 destroy 函数。通常不会从 action 函数返回对象。

7.3　tick 函数

通过修改顶级组件变量值，使组件状态失效。这会导致 Svelte 更新依赖于修改变量的 DOM 部分，这样做会丢失之前渲染的 DOM 元素的某些属性。某些情况下，需要恢复它们。

Svelte 文档指出：“在 Svelte 中，使组件状态失效并不会立即更新 DOM，而是等待下一个微任务查看是否存在需要提交的其他更改(包括其他组件中的更改)；这种方式可避免不必要的工作并使浏览器更高效地批量处理任务。”

从 Svelte 文档也可看到：“tick 函数返回一个 promise；在挂起状态变化应用到 DOM 后，立即解析该 promise；如果没有挂起状态变化，也会立即解析。”

tick 函数也可在使用以下模式执行 DOM 更新后做额外的状态变更。

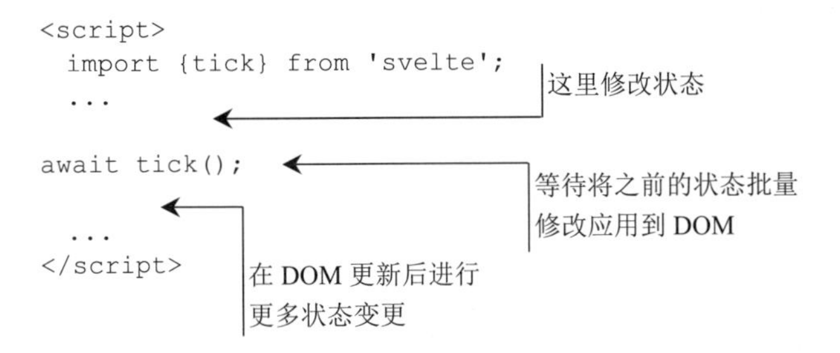

很少情况下需要调用 tick()，让我们看一个需要使用它的示例。

假设要实现掩码输入框，通常这种输入框中的数字必须在特定位置使用特定分隔符。例如，手机号使用(123)456-7890格式输入。

创建一个MaskedInput组件，该组件接收掩码和值作为属性(如代码清单7.3所示)。掩码是一个包含0到9数字的字符串。其他掩码字符是在特定位置添加的文字字符。前文手机号掩码格式为(999)999-9999。它被作为input的placeholder属性，该属性会在用户输入值前一直显示。

我们想要当用户在输入框中输入内容时添加合适的分隔符。但Svelte更新input值时，输入框中的光标位置会消失。要解决这个问题，需要执行以下步骤：

(1) 在更新值前捕获当前光标位置。

(2) 使用合适的分隔符更新值。

(3) 等到DOM完成更新后使用tick函数。

(4) 重新定位光标位置。

代码清单 7.3 src/MaskedInput.svelte 中的 MaskedInput 组件

```
<script>
  import {tick} from 'svelte';
  export let mask;
  export let value;

  function getDigits(value) {
    let newValue = '';
    for (const char of value) {          ← 创建一个只包含0到9数字的字符串
      if (char >= '0' && char <= '9') newValue += char;
    }
    return newValue;
  }

  function maskValue(digits) {           ← 将digits放入掩码，创建一个字符串。例如，如果digits是"1234567"并使用手机号掩码，此处返回"(123)456-7"
    const {length} = digits;
    if (length === 0) return '';

    let value = '';
    let index = 0;
    for (const char of mask) {
      if (char === '9') {                ← 块从digits中添加一个数字
        const nextChar = digits[index++];
        if (!nextChar) break;
        value += nextChar;
      } else if (index < length) {
        value += char;                   ← 添加一个掩码字符
      }
    }
    return value;
  }

  function handleKeydown(event) {        ← 只处理Backspace(Delete)键
    if (event.key !== 'Backspace') return;
```

```
    const {target} = event;
    let {selectionStart, selectionEnd} = target;

    setTimeout(async () => {
      value = maskValue(getDigits(target.value));
      await tick();

      if (selectionStart === selectionEnd) selectionStart--;
      target.setSelectionRange(selectionStart, selectionStart);
    });
  }

  function handleKeypress(event) {
    setTimeout(async () => {
      const {target} = event;
      let {selectionStart} = target;

      value = maskValue(getDigits(target.value));

      await tick();

      if (selectionStart === value.length - 1) selectionStart++;

      const maskChar = mask[selectionStart - 1];
      if (maskChar !== '9') selectionStart++;

      target.setSelectionRange(selectionStart, selectionStart);
    });
  }
</script>

<input
  maxlength={mask.length}
  on:keydown={handleKeydown}
  on:keypress={handleKeypress}
  placeholder={mask}
  bind:value={value}
/>
```

捕获光标当前位置

修改 input 元素渲染值

使用 setTimeout 为处理 Backspace 键留出时间

等待 Svelte 更新 DOM。Svelte 更新 DOM 后，恢复插入光标位置

处理可打印字符键，如数字

使用 setTimeout 为处理 keypress 留出时间

捕获光标当前位置

修改 input 元素渲染值

等待 Svelte 更新 DOM

恢复插入光标位置

如果光标在输入框末尾，将 selectionStart 移到前面

如果刚插入一个掩码字符，将 selectionStart 前移一位

代码清单 7.4 是使用 MaskedInput 组件的示例。

代码清单 7.4　使用 MaskedInput

```
<script>
  import MaskedInput from './MaskedInput.svelte';
  let phone = '';
</script>

<label>
  Phone
  <MaskedInput
    mask="(999)999-9999"
    bind:value={phone}
  />
```

```
  </label>
  <div>
    phone = {phone}
  </div>
```

注意　监听 keypress 事件已经不赞成使用(参见 http://mng.bz/6QKA)。建议的替代方案是监听 beforeinput 事件。然而，在编写当前代码时 Firefox 尚未支持 beforeinput 事件。另一种不依赖 keypress 事件实现掩码输入的方式可参见 http://mng.bz/oPyp。

在测试代码中调用 await tick()也很有用，它可在修改完代码后再测试效果。

7.4　实现对话框组件

有些应用程序使用对话框，呈现用户在继续下一个操作前必须确认的重要信息，或者提示用户在继续下一个操作前输入信息。对话框通常是模态窗口，这意味着在取消对话框前，用户不能与对话框外的元素进行交互。为说明这一点，在对话框后及其他所有内容之都会显示一个背景。背景会阻止与对话框外部内容进行交互。它通常是后方内容的不透明阴影，但仍然可见。

图 7.4 中，当用户单击 Open Dialog 按钮后，会显示一个对话框。

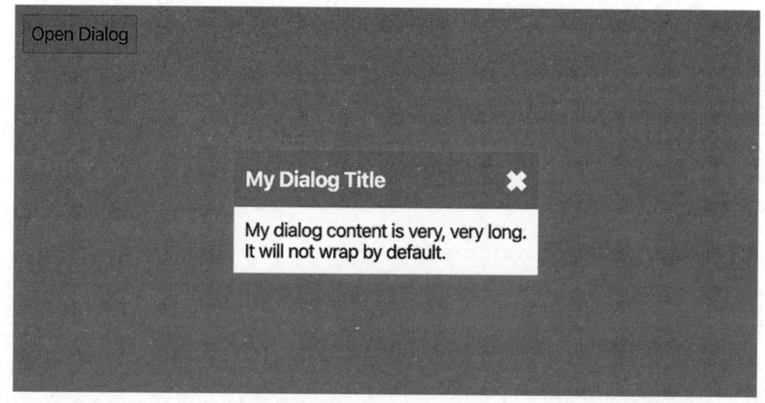

图 7.4　一个对话框示例

通常使用一个 z-index 属性值高于页面中其他元素的 div 来实现对话框组件。使用绝对定位将该 div 定位到页面中间。

另一种方式是使用 HTML 规范中定义的 dialog 元素，从而更方便地使用对话框。很遗憾，浏览器对 dialog 元素的支持仍不完善。在撰写本书时，支持该元素的主流浏览器只有 Chrome 和 Edge。

但 npm 中具有完备可用的 polyfill。这使得可在其他浏览器(如 Firefox 和 Safari)中使用 dialog 元素。可在 www.npmjs.com/package/dialog-polyfill 中查看 dialog-polyfill。输入 npm install dialog-polyfill 可安装 dialog-polyfill。

使用 dialog 元素及其 polyfill 可实现 Svelte 的 Dialog 组件。该组件包含图标、标题、关闭按钮等，开始时处于关闭状态。

父组件可引入 bind:dialog 属性获取 dialog 元素的引用，dialog 在父组件中是一个变量。

可调用 dialog.showModal()以模态框方式打开对话框。这将阻止与对话框外的元素交互。

可调用 dialog.show()以非模态方式打开对话框。这种方式允许与对话框外的元素进行交互。

可调用 dialog.close()以编程方式关闭对话框。在父组件引入 on:close={handleClose}可对用户关闭对话框进行监听，handleClose 是父组件中的一个函数。

代码清单 7.5 展示了使用 Dialog 组件的父组件。可在 https://github.com/mvolkmann/svelte-dialog 中查看代码。

代码清单 7.5　使用 Dialog 组件

```
<script>
  import Dialog from './Dialog.svelte';
  let dialog;
</script>

<div>
  <button on:click={() => dialog.showModal()}>Open Dialog</button>
</div>

<Dialog title="Test Dialog" bind:dialog>
  My dialog content is very, very long.<br>
  It will not wrap by default.
</Dialog>
```

这是 Dialog 组件的实现代码。

代码清单 7.6　src/Dialog.svelte 中的 Dialog 组件

```
<script>
  import dialogPolyfill from 'dialog-polyfill';
  import {createEventDispatcher, onMount} from 'svelte';

  export let canClose = true;
  export let className = '';
  export let dialog = null;
  export let icon = undefined;
  export let title;
  const dispatch = createEventDispatcher();

  $: classNames = 'dialog' + (className ? ' ' + className : '');

  onMount(() => dialogPolyfill.registerDialog(dialog));

  function close() {
    dispatch('close');
    dialog.close();
```

父组件可使用 bind:dialog 获取对话框引用，因此可调用对话框上的 show()、showModal()和 close()函数

此处是一个可添加到 dialog 元素的 CSS 可选类

这是一个决定是否展示关闭按钮的布尔值

这是一个在顶部渲染的标题前的可选图标

这是对话框头部展示的标题文本

onMount 是一个生命周期函数，将在第 8 章介绍。此生命周期函数会在组件添加到 DOM 时调用

父组件可选择监听此事件

```
  }
</script>

<dialog bind:this={dialog} class={classNames}>
  <header>
    {#if icon}{icon}{/if}
    <div class="title">{title}</div>
    {#if canClose}
      <button class="close-btn" on:click={close}>
        &#x2716;
      </button>
    {/if}
  </header>
  <main>
    <slot />
  </main>
</dialog>

<style>
  .body {
    padding: 10px;
  }

  .close-btn {
    background-color: transparent;
    border: none;
    color: white;
    cursor: pointer;
    font-size: 24px;
    outline: none;
    margin: 0;
    padding: 0;
  }

  dialog {

    position: fixed;
    top: 50%;
    transform: translate(0, -50%);

    border: none;
    box-shadow: 0 0 10px darkgray;
    padding: 0;
  }

  header {
    display: flex;
    justify-content: space-between;
    align-items: center;

    background-color: cornflowerblue;
    box-sizing: border-box;
    color: white;
    font-weight: bold;
    padding: 10px;
    width: 100%;
```

将对话框变量设置为对 DOM 元素的引用

“heavy multiplication X”的 Unicode 编码

此处存在访问性问题，将在第 12 章中解决

对话框组件中的子元素渲染位置

后面的属性将对话框设置到浏览器窗口中央

```
  }

  main {
    padding: 10px;
  }

  .title {
    flex-grow: 1;
    font-size: 18px;
    margin-right: 10px;
  }

  dialog::backdrop,
  :global(dialog + .backdrop) {
    background: rgba(0, 0, 0, 0.4);
  }
</style>
```

需要为.background 元素定义样式；在 polyfill 中，该元素没有嵌套在该组件的根元素中，因此该元素的作用域不在此组件中。可查看 http://mng.bz/nPX2 中有关 background 伪元素的内容来了解更多信息

此处是透明的灰色阴影

7.5 拖曳

在 Svelte 中很容易实现拖曳功能。没有需要 Svelte 特别引入的内容。可通过 http://mng.bz/4Azj 上 MDN 中 HTML 的 Drag 和 Drop API 来实现。

实现一个简单的应用程序，允许用户在框与框之间拖动水果名称(如图 7.5)。该应用程序源于 Svelte 站点 http://mng.bz/Qyev 中的示例。代码清单 7.7 是一个更简单的版本。

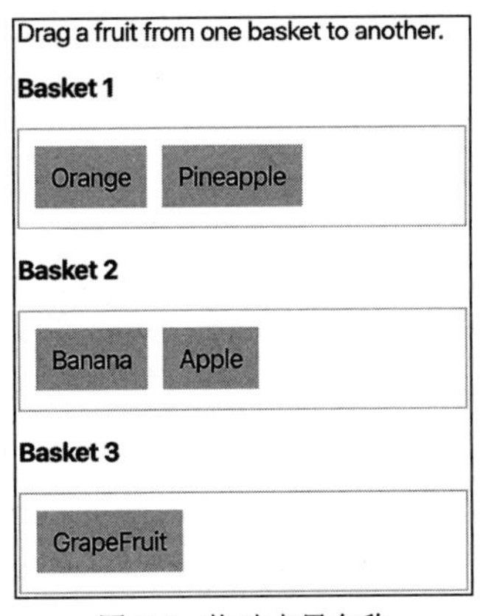

图 7-5　拖动水果名称

代码清单 7.7　实现拖曳

```
<script>
  let baskets = [
    {
      'name': 'Basket 1',
      'items': ['Orange', 'Pineapple']
    },
    {
```

```
    'name': 'Basket 2',
    'items': ['Banana', 'Apple']
  },
  {
  'name': 'Basket 3',
  'items': ['GrapeFruit']
 }
 ];

 let hoveringOverBasket;

 function dragStart(event, basketIndex, itemIndex) {


   const data = {basketIndex, itemIndex};
   event.dataTransfer.setData('text/plain', JSON.stringify(data));
 }

 function drop(event, basketIndex) {
   const json = event.dataTransfer.getData("text/plain");
   const data = JSON.parse(json);

   const [item] = baskets[data.basketIndex].items.splice(data.itemIndex, 1);

   baskets[basketIndex].items.push(item);
   baskets = baskets;

   hoveringOverBasket = null;
 }
</script>

<p>Drag a fruit from one basket to another.</p>

{#each baskets as basket, basketIndex}
  <b>{basket.name}</b>
  <ul
    class:hovering={hoveringOverBasket === basket.name}
    on:dragenter={() => hoveringOverBasket = basket.name}
    on:dragleave={() => hoveringOverBasket = null}
    on:drop|preventDefault={event => drop(event, basketIndex)}
    on:dragover|preventDefault
  >
    {#each basket.items as item, itemIndex}
      <li
        draggable="true"
        on:dragstart={event => dragStart(event, basketIndex, itemIndex)}
      >
        {item}
      </li>
    {/each}
  </ul>
{/each}

<style>
    .hovering {
    border-color: orange;
```

注释：
- let hoveringOverBasket：用于高亮显示一个框；在拖动操作期间，会有一个条目悬浮其上
- const data：当释放元素时，需要提供的数据是被拖曳条目的索引和它离开的框的索引
- splice：从一个框中移除被拖动条目。splice 方法返回删除元素的数组，这里数组中只有一个元素
- push：此处向释放目标框添加条目

```
  }
  li {
    background-color: lightgray;
    cursor: pointer;
    display: inline-block;
    margin-right: 10px;
    padding: 10px;
  }
  li:hover {
    background: orange;
    color: white;
  }
  ul {
    border: solid lightgray 1px;
    height: 40px; /* needed when empty */
    padding: 10px;
  }
</style>
```

要获取更多功能，如调整组件大小，可在 http://mng.bz/vxY4 查看 Younkue Choi 的开源 svelte-movableSvelte 组件。

7.6 继续构建 Travel Packing 应用程序

现在将本章学到的关于对话框的技能应用到 Travel Packing 应用程序中。完成后的代码可在 http://mng.bz/XPKa 查看。

首先，配置对话框 polyfill 的使用，如代码清单 7.6 所示。从 https://github.com/mvolkmann/svelte-dialog 复制文件 src/Dialog.svelte 并将其放到 src 文件夹。如果用户尝试创建一个已存在分类、添加已存在条目或删除没有内容的分类，我们将使用对话框警告用户。

在 Category.svelte 中，执行以下步骤。

(1) 添加以下导入代码：

```
importDialogfrom './Dialog.svelte';
```

(2) 添加以下变量声明，该声明将保存对 DOM 对话框的引用。

```
letDialog= null;
```

(3) 在 addItem 函数中将 alert(message)修改为 dialog.showModal()。

(4) 在 HTML 的 section 元素底部添加以下代码。

```
<Dialog title="Category" bind:dialog>
  <div>{message}</div>
</Dialog>
```

在 Checklist.svelte 中执行以下步骤。

(1) 添加以下导入代码：

```
importDialogfrom './Dialog.svelte';
```

(2) 添加以下变量声明，该声明将保存对 DOM 对话框的引用。

```
letDialog= null;
```

(3) 在 addCategory 函数中将 alert(message)修改为 dialog.showModal()。

(4) 将以下代码添加到 deleteCategory 函数开头处，阻止删除仍有条目的分类。

```
if (Object.values(category.items).length) {
  message= 'This category is not empty.';
  dialog.showModal();
  return;
}
```

(5) 在 HTML 的 section 元素底部添加以下代码：

```
<Dialog title="Checklist" bind:dialog>
  <div>{message}</div>
</Dialog>
```

准备好以上代码后，尝试创建一个已存在的新分类，在分类中添加已存在的项目。两种场景下都能看到对话框提示已存在，而不会添加内容。

尝试删除包含一个或多个项目的分类。可看到对话框提示分类不为空，分类无法删除。

现在将所学到的关于拖曳的内容在 Travel Packing 应用程序中实现。使用户可将项目从一个分类拖动到另一个分类。

在 Item.svelte 中，按以下步骤操作。

(1) 添加 dnd 属性，该属性接收包含 drag 和 drop 方法的对象。

```
export let dnd
```

(2) 声明 hovering 变量；如果当前有某项悬停，将该变量设置为 true，否则设置为 false。

```
let hovering = false;
```

(3) 将以下属性添加到 section 元素。

```
class:hover={hovering}
on:dragenter={() => (hovering = true)}
on:dragleave={event => {
  const {localName} = event.target;
  if (localName === 'section') hovering = false;
}}
on:drop|preventDefault={event => {
  dnd.drop(event, category.id);
  hovering = false;
}}
ondragover|preventDefault
```

当离开根元素或分类框时，仅将 hovering 设置为 false

(4) 在 Item 组件实例添加 categoryId 属性，以便每个 Item 知道当前所属分类。

```
categoryId={category.id}
```

(5) 将 dnd 属性通过 prop 传递到 Item 组件。

```
{dnd}
```

(6) 在 style 元素中将样式添加到 hover 类。

```
.hover {
  border-color: orange;
}
```

在 Checklist.svelte 中，按以下步骤操作。

(1) 定义 dragAndDrop 变量，该变量是包含 drag 和 drop 方法的对象。

```
let dragAndDrop = {
  drag(event, categoryId, itemId) {
    const data = {categoryId, itemId};
    event.dataTransfer.setData('text/plain', JSON.stringify(data));
  },
  drop(event, categoryId) {
    const json = event.dataTransfer.getData('text/plain');
    const data = JSON.parse(json);

    const category = categories[data.categoryId];      // 此处将项目从一个分类中移除
    const item = category.items[data.itemId];
    delete category.items[data.itemId];

    categories[categoryId].items[data.itemId] = item;   // 将项目添加到另一个分类

    categories = categories;                             // 触发更新
  }
};
```

(2) 将 dnd 属性添加到 Category 实例。

```
dnd={dragAndDrop}
```

完成以上修改后，尝试将项目从一个分类拖动到另一个分类。当有项目悬浮到分类上时，注意边框的变化。

下一章将学习 Svelte 生命周期函数。

7.7 小结

- Svelte 组件使用语法{@html markup}渲染 HTML 字符串。
- 根据 HTML 字符串提供源，建议对其进行安全处理。
- Svelte action 提供了一种当特定元素添加到 DOM 时执行指定函数的方法。
- Svelte 的 tick 函数提供了一种在执行下一行代码前等待 Svelte 完成 DOM 更新的方法。这用于恢复更新前已存在的部分 DOM 状态。
- Svelte 的 Dialog 组件可使用 HTML 的 dialog 元素实现。
- Svelte 组件可使用 HTML 的 Drag 和 Drop API 实现拖放操作。

第 8 章

生命周期函数

本章内容：

- onMount——在组件添加到 DOM 中时执行代码。
- beforeUpdate——在每个组件更新前执行代码。
- afterUpdate——在每个组件更新后执行代码。
- onDestroy——在组件从 DOM 中移除时执行代码。

在某些应用程序中，当组件添加到 DOM 或从 DOM 中移除时需要执行某些行为。在其他一些场景下，在组件更新前或更新后执行某些行为。当组件实例的生命周期中发生以下四个特定事件时，Svelte 会调用注册的函数，从而支持这些行为：

- 组件加载完毕(添加到 DOM)
- 组件更新前
- 组件更新后
- 组件销毁(从 DOM 中移除)

当组件中任意属性发生改变或任意状态变量发生改变，组件将“更新”。注意状态变量是 HTML 中使用的组件中的顶级域变量。

8.1 安装

要注册生命周期事件，需要引入 svelte 包中提供的生命周期函数：

```
import {afterUpdate, beforeUpdate, onDestroy, onMount} from 'svelte';
```

调用这些函数，并向其传入对应事件触发时调用的函数。这些函数会在组件初始化期间调用。这意味着不能有条件地调用它们，也不能在装载每个组件实例前未调用的函数中调用它们。

代码清单 8.1 和代码清单 8.2 是使用每个事件的示例。将代码清单中的代码输入 REPL 并打开开发者工具控制台(或展开 REPL 中的控制台面板)。单击 Show 复选框和 Demo 按钮来查看每个生命周期函数的调用时机。

代码清单 8.1　使用所有生命周期函数的 Demo 组件

```
<script>
  import {onMount, beforeUpdate, afterUpdate, onDestroy} from 'svelte';

  let color = 'red';

  function toggleColor() {
    color = color === 'red' ? 'blue' : 'red';
  }

  onMount(() => console.log('mounted'));
  beforeUpdate(() => console.log('before update'));
  afterUpdate(() => console.log('after update'));
  onDestroy(() => console.log('destroyed'));
</script>

<button on:click={toggleColor} style="color: {color}">
  Demo
</button>
```

修改 color 值触发 beforeUpdate 函数，修改按钮颜色，触发 afterUpdate 函数

代码清单 8.2　使用 Demo 组件的应用程序

```
<script>
  import Demo from './Demo.svelte';
  let show = false;
</script>

<label>
  <input type="checkbox" bind:checked={show}>
  Show

</label>
{#if show}
  <Demo />
{/if}
```

此处决定是否渲染 Demo 组件。修改该值触发 Demo 组件挂载或卸载。beforeUpdate 函数会在 onMount 函数之前调用，afterUpdate 函数会在 onMount 函数后调用

生命周期函数可被多次调用。例如，如果 onMount 被调用三次，将传入三个函数，所有函数都会根据其注册顺序在组件挂载时调用。

注意传递到 beforeUpdate 的函数会在传递给 onMount 的函数之前被调用。这是因为组件的属性会在组件添加到 DOM 前被计算。

8.2 onMount 生命周期函数

最常用的生命周期是 onMount。

一种用法是预测用户在组件渲染的表单中最可能输入数据的位置。onMount 函数可在组件首次渲染时，将焦点移到该输入框。下一节将列举这样一个示例。

另一种用法是检索组件所需的 API 服务数据。例如，一个展示公司中员工信息的组件可使用 onMount 函数获取数据并将其存入顶级变量中以便渲染。8.2.2 节列举了这样一个示例。

8.2.1 移动焦点

这是一个移动焦点以便用户可立即输入名称而不必单击 input 或按下 Tab 键的示例。

注意 移动焦点时需要考虑对可访问性的影响。这可能导致屏幕阅读器跳过输入框之前的内容。

```
<script>
  import {onMount} from 'svelte';
  let name = '';
  let nameInput;
  onMount(() => nameInput.focus());
</script>

<input bind:this={nameInput} bind:value={name}>
```

bind:this 指令将变量设置给 DOM 元素引用。在之前代码中，nameInput 变量被设置到 HTML input 的 DOM 元素。这在传递给 onMount 的函数中用于将焦点移动到 input。

回顾 7.2 节，有一种更简便的方法移动焦点——使用 action。

8.2.2 检索来自 API 服务的数据

这是一个在组件挂载时，检索来自 API 服务的公司员工信息的示例。这里 API 的作用与 4.3 节介绍的一样。返回的员工对象数组根据员工姓名排序并存储在顶级变量中。组件将员工数据渲染在表格中(如图 8.1 所示)。

Employees

Name	Age
Airi Satou	33
Ashton Cox	66
Bradley Greer	41
Brielle Williamson	61
Caesar Vance	21

图 8.1 Employees 信息表格

代码清单 8.3 使用 onMount 获取数据的应用程序

```
<script>
  import {onMount} from 'svelte';

  let employees = [];
  let message;

  onMount(async () => {
```

```
    const res = await fetch(
      'http://dummy.restapiexample.com/api/v1/employees');
    const json = await res.json();
    if (json.status === 'success') {
      employees = json.data.sort(
        (e1, e2) => e1.employee_name.localeCompare(e2.employee_name));
      message = '';
    } else {
      employees = [];
      message = json.status;
    }
  });
</script>

<table>
  <caption>Employees </caption>
  <tr><th>Name</th><th>Age</th></tr>
  {#each employees as employee}
    <tr>
        <td>{employee.employee_name}</td>
        <td>{employee.employee_age}</td>
    </tr>
  {/each}
</table>
{#if message}
  <div class="error">Failed to retrieve employees: {message}</div>
{/if}

<style>
  caption {
    font-size: 18px;
    font-weight: bold;
    margin-bottom: 0.5rem;
  }
  .error {
    color: red;
  }
  table {
    border-collapse: collapse;
  }
  td, th {
    border: solid lightgray 1px;
    padding: 0.5rem;
  }
</style>
```

更多关于如何使用浏览器提供的 Fetch API 的内容，可查阅附录 B

此处根据员工姓名排序

8.3 onDestroy 生命周期函数

要注册一个组件从 DOM 中移除时调用的函数，可将该函数传递给 onDestroy。这通常用于清除操作，例如清除用 setTimeout 创建的计时器或用 setInterval 创建的时间间隔器。也可用于取消未使用自动订阅($语法)的 store 订阅。

例如，假设要定期改变一组文字颜色，每 0.5 秒修改一次。代码清单 8.4 是一个实现此效果的 Svelte 组件。

代码清单 8.4　src/ColorCycle.svelte 中 ColorCycle 组件

```
<script>
 import {onDestroy, onMount} from 'svelte';
 export let text;
 const colors = ['red', 'orange', 'yellow', 'green', 'blue', 'purple'];
 let colorIndex = 0;
 let token;

 onMount(() => {
   token = setInterval(() => {
     colorIndex = (colorIndex + 1) % colors.length;
   }, 500);
 });

 onDestroy(() => {
   console.log('ColorCycle destroyed');
   clearInterval(token);
 });
</script>

<h1 style="color: {colors[colorIndex]}">{text}</h1>
```

在以下 app 组件中使用 ColorCycle 组件。它提供了一种从 DOM 移除 ColorCycle 组件并添加新实例的方式。

代码清单 8.5　应用程序中使用 ColorCycle 组件

```
<script>
 import ColorCycle from './ColorCycle.svelte';
 let show = true;
</script>

<button on:click={() => show = !show}>Toggle</button>

{#if show}
 <ColorCycle text="Some Title" />
{/if}
```

一种替代使用 onDestroy 的方法是在使用 onMount 注册的函数中返回一个函数。该函数会在组件从 DOM 中移除时调用。

注意　这种方式有点像 React 中的 useEffect 钩子，不同之处在于传递到 useEffect 的函数在组件挂载和更新时都会执行。

下面是使用以上方法实现的 Color 组件。

代码清单 8.6　使用 onMount 返回函数的 Color 组件

```
<script>
  import {onMount} from 'svelte';

  const colors = ['red', 'orange', 'yellow', 'green', 'blue', 'purple'];
  let colorIndex = 0;

  onMount(() => {
    const token = setInterval(() => {
      colorIndex = (colorIndex + 1) % colors.length;
    }, 500);
    return () => clearInterval(token);
  });
</script>

<h1 style="color: {colors[colorIndex]}">Some Title</h1>
```

使用这种方法的优势是，对传入 onMount 的函数而言，token 变量的作用域在该函数内，而不是在组件顶级域内。这种方式可清晰地组织和清理代码，且易于维护。

8.4　beforeUpdate 生命周期函数

要注册一个在每个组件更新前调用的函数，可将该函数传递给 beforeUpdate。beforeUpdate 函数很少用到。

使用它的一个原因是在 Svelte 更新 DOM 前捕获它的部分状态，以便在更新后使用 afterUpdate 函数恢复这些值。

例如，可捕获输入框光标位置并在其中的值改变后恢复光标位置。

以下组件在单击UPPER按钮后实现上述功能。这里将输入框中的值都改为大写。图 8.2 和图 8.3展示了 UPPER 按钮单击前和单击后的效果。光标位置(包括选中字符范围)都会在修改后恢复。

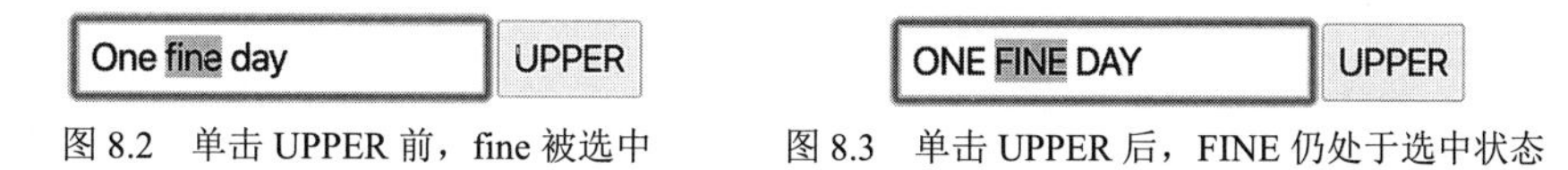

图 8.2　单击 UPPER 前，fine 被选中　　图 8.3　单击 UPPER 后，FINE 仍处于选中状态

代码清单 8.7　在应用程序中使用 beforeUpdate 和 afterUpdate

```
<script>
  import {afterUpdate, beforeUpdate} from 'svelte';

  let input, name, selectionEnd, selectionStart;

  beforeUpdate(() => {
    if (input) ({selectionStart, selectionEnd} = input);
  })
```

此处使用解构从 DOM 的 input 对象中获取两个属性

```
  afterUpdate(() => {
    input.setSelectionRange(selectionStart, selectionEnd);
    input.focus();
  });
</script>

<input bind:this={input} bind:value={name}>   ← bind:this 获取相关的 DOM 元素
<button on:click={() => name = name.toUpperCase()}>UPPER</button>
```

8.5 afterUpdate 生命周期函数

要注册一个在组件更新后调用的函数，可将该函数传给 afterUpdate。这常用于在 Svelte 修改 DOM 后执行额外的 DOM 更新。

之前的示例已经用过 afterUpdate，但结合 beforeUpdate 使用。以下的 Svelte 应用程序则是另一个示例。该实例允许用户输入想要的生日礼物。列表最多展示 3 个项目，新添加的项目展示在最后(如图 8.4 所示)。添加项目后，我们希望自动滚动到列表底部，以便查看最近添加的项目。

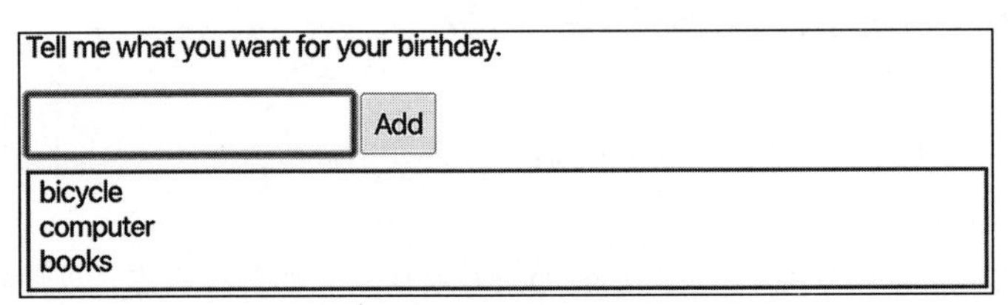

图 8.4 生日礼物列表

传递到 afterUpdate 的函数会滚动到列表底部。

代码清单 8.8 在应用程序中使用 afterUpdate

```
<script>
  import {afterUpdate} from 'svelte';
  let input;
  let item = '';
  let items = [];
  let list;

  afterUpdate(() => list.scrollTo(0, list.scrollHeight));

  function addItem() {     ← 此函数会访问状态变量 item
    items.push(item);
    items = items;         ← 此处触发更新
    item = '';             ← 此处清除输入框内容
    input.focus();         ← 此处为用户准备输入下一个项目内容
  }
</script>
```

```
<style>
  .list {
    border: solid gray 2px;
    height: 52px;          ← 设置足够展示三个项目的高度
    overflow-y: scroll;
    padding: 5px;
  }
</style>

<p>Tell me what you want for your birthday.</p>

<form on:submit|preventDefault>
  <input bind:this={input} bind:value={item}>
  <button on:click={addItem}>Add</button>
</form>

<div class="list" bind:this={list}>
  {#each items as item}
    <div>{item}</div>
  {/each}
</div>
```

8.6　使用辅助函数

生命周期函数可从辅助函数中调用，其目的是实现可在多个组件之间共享的生命周期功能。这些辅助函数最好定义在独立的.js 文件中，这样就可以在多个组件中导入并使用。这类似于自定义 React hook。

推荐使用 on 作为辅助函数名称的前缀，这类似于 React hook 名称都以 use 开头。

例如，可实现生命周期辅助函数，将当前焦点移动到第一个 input 并在组件挂载时记录日志。

代码清单 8.9　在 src/helper.js 中定义辅助函数

```
import {onMount} from 'svelte';

export function onMountFocus() {
    onMount(() => {
    const input = document.querySelector('input');   ← 此处查找第一个 input 元素
      input.focus();
    });
}

export function onMountLog(name) {
    onMount(() => console.log(name, 'mounted'));
}
```

使用以上辅助函数创建两个组件。NameEntry 组件允许用户输入人名(如图 8.5 和代码清单 8.10 所示)。AgeEntry 组件允许输入年龄(如图 8.6 和代码清单 8.11 所示)。这两个组件都使用了代码清单 8.9 中的辅助函数。

图 8.5 NameEntry 组件　　图 8.6 AgeEntry 组件

渲染 NameEntry 和 AgeEntry 的组件会根据复选框值切换展示其中一个或另一个，复选框前的标签是“Enter Age?”。

代码清单 8.10 src/NameEntry.svelte 中的 NameEntry 组件

```
<script>
  import {onMountFocus, onMountLog} from './helper';
  export let name;
  onMountLog('NameEntry');
  onMountFocus();
</script>

<label>
  Name
  <input bind:value={name}>
</label>
```

代码清单 8.11 src/AgeEntry.svelte 中的 AgeEntry 组件

```
<script>
  import {onMountFocus, onMountLog} from './helper';
  export let age;
  onMountLog('AgeEntry');
  onMountFocus();
</script>

<label>
  Age
  <input type="number" min="0" bind:value={age}>
</label>
```

以下代码清单是渲染 AgeEntry 或 NameEntry 的组件。

代码清单 8.12 应用程序使用 AgeEntry 组件和 NameEntry 组件

```
<script>
  import {onMountLog} from './helper';
  import AgeEntry from './AgeEntry.svelte';
  import NameEntry from './NameEntry.svelte';

  let age = 0;
  let enterAge = false;
  let name = '';
  onMountLog('App');
</script>
```

```
{#if enterAge}
  <AgeEntry bind:age />          ← 使用 bind 从 AgeEntry 中获取 age
{:else}
  <NameEntry bind:name />        ← 使用 bind 从 NameEntry 中获取 name
{/if}

<label>
  Enter Age?
  <input type="checkbox" bind:checked={enterAge}>
</label>

<div>{name} is {age} years old.</div>
```

8.7 进一步构建 Travel Packing 应用程序

Travel Packing 应用程序中需要用到生命周期函数的只有 Dialog.svelte。该组件在其挂载后为每个 dialog 实例注册对话框 polyfill。Dialog 组件在第 7 章已添加到 Travel Packing 应用程序中。

对话框 polyfill 使用以下代码进行注册：

```
onMount(() => dialogPolyfill.registerDialog(dialog));
```

使用 bind:this 及以下代码设置 dialog 变量：

```
<Dialog title="some-title" bind:dialog>
```

第 9 章将讲述如何实现应用程序中的页面间路由。

8.8 小结

- 组件可注册在生命周期中特定时机调用的函数。
- onMount 函数可注册在每个组件实例添加到 DOM 时调用的函数。
- onDestroy 函数可注册在每个组件实例从 DOM 移除时调用的函数。
- beforeUpdate 函数可注册每个组件实例由于接收新属性值或状态变化引起的更新前调用的函数。
- afterUpdate 函数可注册每个组件实例由于接收新属性值或状态变化引起的更新后调用的函数。
- 传递到生命周期函数的函数可使用纯 JavaScript 文件定义在组件源文件外。这可让这些函数被多个组件和其他 JavaScript 函数共享。

第9章 客户端路由

本章内容：

- “手动”路由
- hash 路由
- 使用 page.js 库设置路由
- 其他路由配置

客户端路由是 Web 应用程序页面间导航的能力。可通过多种方式触发路由变化：

- 用户单击链接或按钮
- 应用程序基于当前应用程序的状态修改路由
- 用户手动修改浏览器地址栏中的 URL

Sapper 是基于 Svelte 构建的，它提供了一套路由解决方案，比在 Svelte 应用程序中添加路由更简单易用。这将在第 15～16 章中介绍。

如果你不想用 Sapper 提供的其他功能，或想使用不同的路由方案，在 Svelte 应用程序中有很多其他方式实现路由。有些开源库可支持 Svelte 路由。另一个选择是使用 hash 路由，这种方式利用了 URL 的 hash 部分且不必安装第三方库。然而，最简单的方式是直接使用 page 组件渲染最上层组件。我们称这种方式为“手动”方式。

在介绍 hash 路由和使用 page.js 库前，先探究手动方式路由。之后再看如何在 Travel Packing 中实现 hash 路由和 page.js 实现的路由。

9.1 手动路由

手动路由的缺点是浏览器回退按钮不可用于返回之前访问的页面，并且浏览器地址栏中的

URL 不会随页面而改变。但对大多数应用程序而言，这一点并不是必需的。如果应用程序在同一起始页上开始每个会话，并且用户不必在应用程序中为页面添加书签，则适合使用手动路由。

手动路由的基本实现如下：

(1) 在最顶层组件导入代表每个页面的组件，通常是名为 App 的组件。

(2) 在 App 中创建一个对象，该对象将页面名称与页面组件映射，可命名为 pageMap。

(3) 在 App 中添加一个变量，设置该变量为当前页面名称。

(4) 设置事件处理修改此变量。

(5) 使用特殊元素<svelte:component ... />渲染当前页面(第 14 章将介绍更多内容)。

使用以上方法实现一个简单的购物应用程序。应用程序代码可在 http://mng.bz/jgq8 中查看。

该应用程序包含三个页面组件，命名为 Shop、Cart 和 Ship。可通过单击顶部按钮在页面间导航。Cart 页面按钮包含购物车表情和购物车中单个项目的数量，但不包含总量。Shop 和 Ship 页面按钮只包含文字标签。

所有页面组件都可共享访问名为 cartStore 的可写流，store 中保存了一个购物车中各个项目的数组。该数组定义在 stores.js 中，起始时为空数组。

代码清单 9.1　src/stores.js 中定义的 cartStore

```
import {writable} from 'svelte/store';

export const cartStore = writable([]);
```

可购买的项目及其价格定义在 item.js 中。

代码清单 9.2　src/items.js 中定义的 store

```
export default [
  {description: 'socks', price: 7.0},
  {description: 'boots', price: 99.0},
  {description: 'gloves', price: 15.0},
  {description: 'hat', price: 10.0},
  {description: 'scarf', price: 20.0}
];
```

NavButton 组件用于让用户在应用程序中的页面间进行导航。在 App 组件中使用了该组件的三个实例。

代码清单 9.3　src/NavButton.svelte 中的 NavButton 组件

```
<script>
  export let name;        ← 这是与按钮关联的名称
  export let pageName;    ← 这是当前选中页面的名称。当单击按钮时，
</script>                   父组件 App 将绑定该属性来接收更新内容

<button
  class:active={pageName === name}
```

```
  on:click={() => pageName = name}
>
  <slot />
</button>

<style>
  button {
    --space: 0.5rem;
    background-color: white;
    border-radius: var(--space);
    height: 38px;
    margin-right: var(--space);
    padding: var(--space);
  }

  .active {
    background-color: yellow;
  }
</style>
```

在 App 组件中实现手动路由。其中提供一个在单击后可导航到应用程序的三个页面的按钮。一次只会渲染一个页面组件。

代码清单 9.4 使用 NavButton 组件

```
<script>
  import {cartStore} from './stores';

  import NavButton from './NavButton.svelte';
  import Cart from './Cart.svelte';
  import Ship from './Ship.svelte';
  import Shop from './Shop.svelte';

  const pageMap = {
    cart: Cart,
    ship: Ship,
    shop: Shop
  }

  let pageName = 'shop';
</script>

<nav>
  <NavButton bind:pageName name='shop'>Shop</NavButton>
  <NavButton bind:pageName name='cart'>
    &#x1F6D2; {$cartStore.length}
  </NavButton>
  <NavButton bind:pageName name='ship'>Ship</NavButton>
</nav>

<main>
  <svelte:component this={pageMap[pageName]} />
</main>
```

这是页面组件

此处保存了当前渲染页面的名称

此处 Unicode 字符是购物车

这是一个渲染给定组件的特殊 Svelte 组件

```
<style>
  main {
    padding: 10px;
  }

  nav {
    display: flex;
    align-items: center;
    background-color: cornflowerblue;
    padding: 10px;
  }
</style>
```

在 Shop 页面中，用户只需要将购物车中的商品数量改为非 0 数字，即可添加商品，如图 9.1 所示。将数量改为 0 将从购物车删除商品。

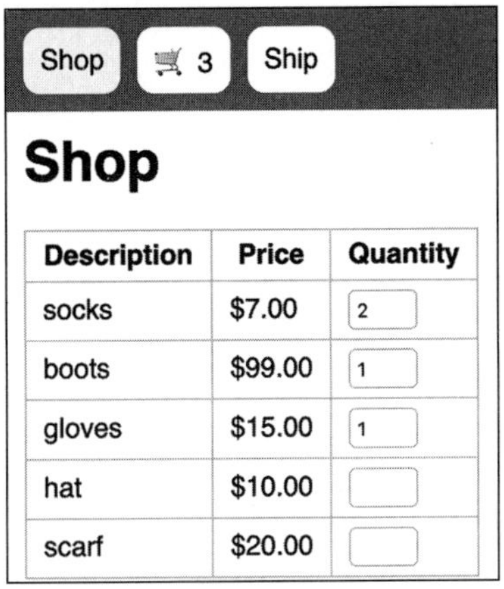

Shop　3　Ship

Shop

Description	Price	Quantity
socks	$7.00	2
boots	$99.00	1
gloves	$15.00	1
hat	$10.00	
scarf	$20.00	

图 9.1　shop 组件

代码清单 9.5　src/Shop.svelte 中的 Shop 组件

```
<script>
  import items from './items';
  import {cartStore} from './stores';

  function changeQuantity(event, item) {
    const newQuantity = Number(event.target.value);
    cartStore.update(items => {
      // If the new quantity is not zero and the old quantity is zero ...
      if (newQuantity && !item.quantity) {
        items.push(item);
        // If the new quantity is zero and the old quantity is not zero ...
      } else if (newQuantity === 0 && item.quantity) {
        const {description} = item;
        items = items.filter(i => i.description !== description);
        }

        item.quantity = newQuantity;

        return items;
```

将商品添加到购物车

从购物车删除商品

```
      });
    }
  </script>

<h1>Shop</h1>

<table>
  <thead>
    <tr>
      <th>Description</th>
      <th>Price</th>
      <th>Quantity</th>
    </tr>
  </thead>
  <tbody>
    {#each items as item}
      <tr>
        <td>{item.description}</td>
        <td>${item.price.toFixed(2)}</td>
        <td>
          <input
            type="number"
            min="0"
            on:input={e => changeQuantity(e, item)}
            value={item.quantity}
          >
        </td>
      </tr>
    {/each}
  </tbody>
</table>

<style>
  input {
    width: 60px
  }
</style>
```

Cart 页面只展示购物车内容和购物车中每项商品的总价(如图 9.2 所示)。

图 9.2　Cart 组件

代码清单 9.6　src/Cart.svelte 中的 Cart 组件

```
<script>
  import {cartStore} from './stores';

  let total =
    $cartStore.reduce((acc, item) => acc + item.price * item.quantity, 0);
</script>

<h1>Cart</h1>

{#if $cartStore.length === 0}
  <div>empty</div>
{:else}
  <table>
    <thead>
      <tr>
        <th>Description</th>
        <th>Quantity</th>
        <th>Price</th>
      </tr>
    </thead>
    <tbody>
      {#each $cartStore as item}
        <tr>
          <td>{item.description}</td>
          <td>{item.quantity}</td>
          <td>${item.price.toFixed(2)}</td>
        </tr>
      {/each}
    </tbody>
    <tfoot>
      <tr>
        <td colspan="2"><label>Total</label></td>
        <td>${total.toFixed(2)}</td>
      </tr>
    </tfoot>
  </table>
{/if}
<style>

  td[colspan="2"] {
    text-align: right;
  }
</style>
```

Ship 组件允许用户输入姓名和送货地址。同时展示送货前的货物总价、运费及合计总价(如图 9.3 所示)。

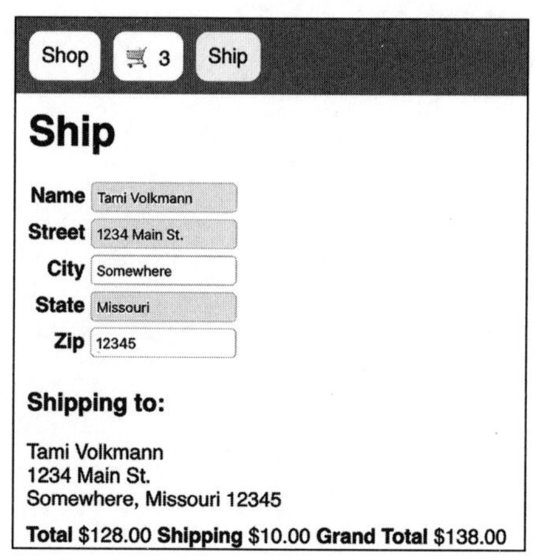

图 9.3 Ship 组件

代码清单 9.7 src/Ship.svelte 中的 Ship 组件

```
<script>
  import {cartStore} from './stores';

  let total = $cartStore.reduce(
    (acc, item) => acc + item.price * item.quantity, 0);

  let city = '';
  let name = '';
  let state = '';
  let street = '';
  let zip = '';

  $: shipping = total === 0 ? 0 : total < 10 ? 2 : total < 30 ? 6 : 10;

  const format = cost => '$' + cost.toFixed(2);
</script>

<h1>Ship</h1>

<form on:submit|preventDefault>
  <label>
    Name
    <input bind:value={name}>
  </label>
  <label>
    Street
    <input bind:value={street}>
  </label>
  <label>
    City
    <input bind:value={city}>
  </label>
```

此处基于商品总费用计算运费

此函数使用美元符号，保留小数点后两位格式化 cost 值

```
  <label>
    State
    <input bind:value={state}>
  </label>
  <label>
    Zip
    <input bind:value={zip}>
  </label>
</form>

<h3>Shipping to:</h3>
<div>{name}</div>
<div>{street}</div>
<div>{city ? city + ',' : ''} {state} {zip}</div>

<div class="totals">
  <label>Total</label> {format(total)}
  <label>Shipping</label> {format(shipping)}
  <label>Grand Total</label> {format(total + shipping)}
</div>

<style>
  form {
    display: inline-block;
  }

  form > label {
    display: block;
    margin-bottom: 5px;
    text-align: right;
    width: 100%;
  }

  .totals {
    margin-top: 10px;
  }
</style>
```

对每个组件都生效的样式放置在 public/global.css 文件中。

代码清单 9.8　public/global.css 中的全局 CSS

```
body {
  font-family: sans-serif;
  margin: 0;
}

h1 {
  margin-top: 0;
}

input {
  border: solid lightgray 1px;
  border-radius: 4px;
  padding: 4px;
```

```
}

label {
  font-weight: bold;
}

table {
  border-collapse: collapse;
}

td,
th {
  border: solid lightgray 1px;
  padding: 5px 10px;
}
```

正如上文描述，关于路由的代码很少。在这个示例中，只有最顶层组件 App 对路由有感知，其余组件都是纯 Svelte 组件。

9.2 hash 路由

hash 路由相对于手动路由的一大优势是，当用户导航到不同页面时，浏览器地址栏中的 URL 会发生改变。

当 URL 中位于#后的内容发生改变时，浏览器的 window 对象会派发 hashchange 事件。该事件提供了一种更简单的方式实现客户端路由。要实现 hash 路由需要做的是：

(1) 监听 hashchange 事件。

(2) 根据 hash 值修改组件渲染。

(3) 使用不同 hash 值导航到不同 URL 来选择页面。

注意 *有些人不喜欢在 URL 中使用 hash 值来区分应用程序页面之间的差异。*

再次实现与之前一样的 Svelte 购物应用程序，但使用 hash 路由。应用程序代码可从 http://mng.bz/WPWl 查看。

用户可手动修改浏览器地址栏中的 URL 来改变渲染页面。这意味着可能在 URL 中出现无法映射到应用程序中任何一个页面的 hash 值。出现这种情况时，将渲染以下代码清单中定义的 NotFound 组件。

代码清单 9.9 src/NotFound.svelte 中的 NotFound 组件

```
<h1>There is nothing here to help you pack for your trip.</h1>
```

在 App 组件中实现 hash 路由。这与在代码清单 9.4 中 App 组件实现手动路由的方式类似，但使用的是另一个元素而不是 NavButton 组件让用户在页面间进行导航。只有 App.svelte 文件需要修改，其他源文件不必修改。

代码清单 9.10　购物应用程序

```
<script>
  import {cartStore} from './stores';

  import Cart from './Cart.svelte';
  import NotFound from './NotFound.svelte';
  import Ship from './Ship.svelte';
  import Shop from './Shop.svelte';

  let component;

  const hashMap = {
    '#cart': Cart,
    '#ship': Ship,
    '#shop': Shop
  };

  function hashChange() {
    component = hashMap[location.hash] || NotFound;
  }
</script>

<svelte:window on:hashchange={hashChange} />

<nav>
  <a href="/#shop" class:active={component === Shop}>Shop</a>
  <a href="/#cart" class:active={component === Cart} class="icon">
    &#x1F6D2; {$cartStore.length}
  </a>
  <a href="/#ship" class:active={component === Ship}>Ship</a>
</nav>

<main>
  <svelte:component this={component} />
</main>

<style>
  :root {
    --space: 0.5rem;
  }

  a {
    background-color: white;
    border-radius: var(--space);
    margin-right: var(--space);
    padding: var(--space);
    text-decoration: none;
  }

  a.active {
    background-color: yellow;
```

这些是页面组件

此处保存了要渲染的页面组件

URL 中的 hash 值改变时调用此函数

这是一个特殊的Svelte元素，该元素支持在 window 对象中添加事件监听，而不必在从 DOM 中移除(销毁)时移除事件监听代码

这是一个渲染给定组件的特殊 Svelte 元素

此处定义了一个所有 CSS 规则都可使用的全局 CSS 变量

```
  }

  .icon {
    padding-bottom: 6px;
    padding-top: 6px;
  }

  main {
    padding: var(--space);
  }

  nav {
    display: flex;
    align-items: center;
    background-color: cornflowerblue;
    padding: var(--space);
  }
</style>
```

与手动路由一样，关于路由的代码很少，只有最顶层组件对 hash 路由的使用有感知。

9.3 使用 page.js 库

使用 page.js 时，与 hash 路由一样，如果用户导航到不同页面，浏览器地址栏中的 URL 会发生改变。与使用 page.js 相比，hash 路由的优势是页面 URL 不使用 hash 位进行区分。一些人更喜欢非 hash 的 URL 外观。

Page.js 并非 Svelte 特有，它将自己定义为“Tiny ~1200 byte Express-inspired client-side router”(https://visionmedia.github.io/page.js)。可在命令行输入 npm install page 来安装 page.js。

如果任意一个页面 URL 要使用查询参数作为传递数据的方式，可通过输入 npm install query-string 来安装 query-string。

仍旧实现与之前一样的 Svelte 应用程序，但使用 page.js 而不是 hash 路由。如前文路由方式所述，应用程序中的页面使用纯 Svelte 组件实现。只有 App.svelte 需要修改，其他源文件不必修改。该应用程序的代码可从 http://mng.bz/8p5w 查看。

注意　page.js 依赖于浏览器的 History API，Svelte REPL 并不支持使用 History API。因此代码在 REPL 中无法运行。将会出现以下错误：Failed to execute ‘replaceState’ on ‘History’: A history state object with URL ‘https://svelte.dev/srcdoc’ cannot be created in a document with origin ‘null’ and URL ‘about:srcdoc’。

代码清单 9.11　使用 page.js

```
<script>
  import page from 'page';
  import {cartStore} from './stores';
                                  ← 这些是页面组件
```

```
  import Cart from './Cart.svelte';
  import NotFound from './NotFound.svelte';
  import Ship from './Ship.svelte';
  import Shop from './Shop.svelte';

  let component;   ← 此处保存了渲染页面组件

  page.redirect('/', '/shop');
  page('/cart', () => (component = Cart));
  page('/ship', () => (component = Ship));
  page('/shop', () => (component = Shop));

  page('*', () => (component = NotFound));   ← 由于这是最后一个注册的路径，并且它匹配所有内
                                               容，因此将对未被处理的路径调用此规则。如果省略
  page.start();                                了第一个参数“*”，也会执行相同操作
</script>

<nav>
  <a href="/shop" class:active={component === Shop}>Shop</a>
  <a class="icon" href="/cart" class:active={component === Cart}>
    &#x1F6D2; {$cartStore.length}
  </a>
  <a href="/ship" class:active={component === Ship}>Ship</a>
</nav>

<main>
  <svelte:component this={component} />   ← 这是一个渲染给定组
</main>                                        件的特殊 Svelte 元素

<style>
  /* styles for this component are the same as before */
</style>
```

通常，使用 GitHub 库中的 sveltejs/template 作为模板来创建 Svelte 应用程序。它使用 sirv 服务器应用程序(www.npmjs.com/package/sirv)为本地测试提供 Web 应用程序的静态资源。其他服务应用程序通常用于生产环境。

默认情况下，sirv 应用程序只支持 public 文件夹中与文件匹配的 HTTP 请求。如果 Web 应用程序路由方案使用的 URL 与此不同，例如 page 库使用的 URL，那些 URL 将无法工作。要解决这个问题，修改 package.json 并将 start 脚本修改为如下形式：

```
"start": "sirv public --single"
```

完成以上修改后，应用程序应该能像之前一样操作。然而，页面 URL 将以斜杠和路径(而非 hash)部分结束。手动更改 URL，以/shop、/cart 或/ship 之外的内容结尾，将导致显示 NotFound 页面。

9.4　结合 page.js 使用路径参数和查询参数

现在已经学会 page.js 的基本用法，现在看看如何将路径参数和查询参数传递到路由。在购物应用程序中不需要此功能，但其他应用程序可能使用此功能将数据传递到要渲染的新页

面组件。例如，展示即将举办的音乐会相关信息的页面可能需要音乐会的唯一 ID，以便获取音乐会相关数据。

路径和查询参数

作为对路径参数和查询参数之间差异的补充，考虑以下 URL：https://mycompany.com/myapp/v1/v2?q1=v3&q2=v4。

此 URL 代表的应用程序在域 mycompany.com，路径为 myapp。URL 包含两个值为 v1 和 v2 的路径参数，还包含两个名为 q1 和 q2 的查询参数。q1 的值为 v3，q2 的值为 v4。

在只包含两个名为 Page1 和 Page2 页面的简单应用程序中使用路径参数和查询参数。

Page1 组件接收 4 个属性，两个来自路径参数，两个来自查询参数。此页面只渲染这四个参数来展示组件接收内容。同时会渲染一个单击后会导航到第二个页面的按钮(如图 9.4 所示)。这个示例演示不是由用户单击链接触发的程序化导航。

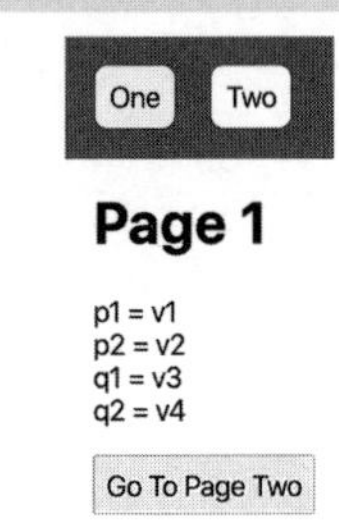

图 9.4　Page1 组件

代码清单 9.12　src/Page1.svelte 中的 Page1 组件

```
<script>
  import page from 'page';

  export let p1; // required
  export let p2 = undefined; // optional
  export let q1; // required
  export let q2 = undefined; // optional
  console.log('Page1 $$props =', $$props);
</script>

<h1>Page 1</h1>
<div>p1 = {p1}</div>
<div>p2 = {p2}</div>
<div>q1 = {q1}</div>
<div>q2 = {q2}</div>

<button on:click={() => page.show('/two')}>
  Go To Page Two
</button>

<style>
  button {
    margin-top: 1rem;
  }
</style>
```

此处说明可在单一对象中接收所有属性。$$props 是一个可修改的未定义变量

此处演示了程序化导航

Page2 组件并未使用任何属性(如图 9.5 所示)。该组件在此示例中的作用是演示多页面间的导航。

One　Two

Page 2

图 9.5　组件

代码清单 9.13　src/Page2.svelte 中的 Page2 组件

```
<h1>Page 2</h1>
```

以下代码清单是配置页面路由的顶层组件。

代码清单 9.14　使用 Page1 和 Page2 组件

```
<script>
  import page from 'page';
  import qs from 'query-string';

  import Page1 from './Page1.svelte';
  import Page2 from './Page2.svelte';

  let component;

  let props = {};

  function parseQueryString(context, next) {
    context.query = qs.parse(context.querystring);
    props = {};
    next();
  }

  page('*', parseQueryString);

  page('/', context => {
    component = Page1;


    props = {p1: 'alpha', q1: 'beta'};
  });

  page('/one/:p1/:p2?', context => {
    component = Page1;
    const {params, query} = context;
    props = {...params, ...query};
  });

  page('/two', () => component = Page2);

  page.start();
</script>

<nav>
  <a
    class:active={component === Page1}
    href="/one/v1/v2?q1=v3&q2=v4"
  >
    One
  </a>
```

此处保存将渲染的页面组件（let component）

保存传递到页面组件的所有属性（let props）

这是一个中间件函数，该函数将转换查询字符串，并将结果传回上下文对象

清除之前的值（props = {}）

让下一个中间件运行（next()）

对每个路径使用 parseQueryString 中间件。如果省略第一个参数，同样会运行

应用程序根路径

此路径需要路径参数 p1，并接收可选路径参数 p2，其名称后面带有问号。与之相关的组件 Page1 也使用查询参数 q1 和 q2，但无法在路径中说明这些参数是必需的还是可选的

路径参数和查询参数作为属性传入组件，该组件稍后将在<svelte:component>渲染

此路径未使用路径参数和查询参数

注意这个链接使用了与之前“/”路径不同的路径参数和查询参数，它将 p1 设置为 alpha，将 q1 设置为 alpha

```
  <a class:active={component === Page2} href="/two">Two</a>
</nav>

<main>
  <svelte:component this={component} {...props} />
</main>

<style>

  :global(body) {
    padding: 0;
  }
  :global(h1) {
    margin-top: 0;
  }

  a {
    --padding: 0.5rem;
    background-color: white;
    border: solid gray 1px;
    border-radius: var(--padding);
    display: inline-block;
    margin-right: 1rem;
    padding: var(--padding);
    text-decoration: none;
  }

  .active {
    background-color: yellow;
  }

  main {
    padding: 1rem;
  }

  nav {
    background-color: cornflowerblue;
    padding: 1rem;
  }
</style>
```

这是一个渲染给定组件的特殊 Svelte 元素

这些全局 CSS 规则也可定义在 public/global.css 中而非这里，这演示了定义全局样式的另一种方法

显然，支持可接收路径参数和查询参数的 URL 路径较为复杂。page.js 库还有一些此处未提及的附加功能，可从 https://visionmedia.github.io/page.js/查看详情。

其他路由库

还有一些 Svelte 特有的路由开源库，可参考以下库：

- navaid——https://github.com/lukeed/navaid
- Routify——https://routify.dev/
- svelte-routing——https://github.com/EmilTholin/svelte-routing
- svelte-spa-router——https://github.com/ItalyPaleAle/svelte-spa-router

9.5 完善 Travel Packing 应用程序

将本章所学内容应用到 Travel Packing 应用程序。完成后的代码可从 http://mng.bz/NKW1 查看。

现在 App 组件决定了是渲染 Login 组件还是 Checklist 组件。但浏览器地址栏中的 URL 并未改变。

首先使用 hash 路由将这些组件视为页面，并为其设置唯一 URL。GitHub 中的版本使用 page.js 而非 hash 路由，但下面给出使用 hash 路由的步骤。

首先，将代码清单 9.9 中展示的 NotFound.svelte 文件复制到 src 目录下。接着在 App.svelte 中执行如下步骤。

(1) 使用这行代码导入 NotFound 组件。

```
import NotFound from './NotFound.svelte';
```

(2) 使用以下代码替换 let page = Login;。

```
const hashMap = {
  '#login': Login,
  '#checklist': Checklist
};

let component = Login;

const hashChange = () => (component = hashMap[location.hash] || NotFound);
```

(3) 将以下代码添加到 HTML 部分开头。

```
<svelte:window on:hashchange={hashChange} />
```

(4) 使用以下代码替换{#if}块来决定渲染哪个组件。

```
<svelte:component
  this={component}
  on:login={() => (location.href = '/#checklist')}
  on:logout={() => (location.href = '/#login')}
/>
```

如你所见，使用客户端路由只需要少量代码。

以上修改完成后，应用程序应该能照常运行。然而，现在当页面在选择是使用 Login 组件还是 Checklist 组件时，URL 会改变。也可通过手动修改 URL 的 hash 值切换页面。如果使用了不支持的 hash 值，将渲染 NotFound 组件。

现在，使用 page.js 而不是 hash 路由修改应用程序。在项目目录顶层输入 npm install page 来安装 page.js 库。

(1) 在 script 元素顶层为 page.js 库添加 import。

```
import page from 'page';
```

(2) 移除 hash 变量声明。

(3) 移除 hashChange 事件定义。

(4) 在 script 元素底部添加以下代码。

```
page.redirect('/', '/login');
page('/login', () => (component = Login));
page('/checklist', () => (component = Checklist));
page('*', () => (component = NotFound));
page.start();
```

(5) 移除 HTML 部分顶部的<svelte:window>元素。

(6) 修改<svelte:component>元素，使其匹配以下内容。

```
<svelte:component
  this={component}
  on:login={() => page.show('/checklist')}
  on:logout={() => page.show('/login')} />
```

(7) 修改 package.json 中的 start 脚本，引入--single 选项。

以上修改完成后，应用程序应该能照常运行。然而，现在每个页面的 URL 不再包含 hash。

现在尚未实现登录身份验证。一旦实现，除非输入了合法的用户名和密码，否则会阻止导航到 Checklist 页面。

下一章将学习如何在 Svelte 组件中实现身份验证。

9.6 小结

- 客户端路由是 Web 应用程序中页面导航的能力。
- Svelte 不支持直接使用路由，但有多种方式在 Svelte 应用程序中添加路由。
- 一种比较流行的路由方案是 Sapper，其中包含了内置路由解决方案。
- 手动路由、hash 路由和 page.js 库都是在 Svelte 应用程序中实现路由的简易选择。
- 还有其他一些开源库可在 Svelte 应用程序添加路由。

第 10 章 动 画

本章内容：

- 动画中应用缓动函数
- svelte/animate 包
- svelte/motion 包
- svelte/transition 包
- 创建自定义过渡效果
- 过渡事件

在 Web 应用程序中添加动画能提升应用程序的用户体验，还可令页面中的操作更直观。有很多第三方库能为应用程序添加动画效果，但是 Svelte 并不需要额外的第三方动画库，在 Svelte 中已经内置了动画效果。

Svelte 提供了很多 transition 指令和函数用于为元素添加基于 CSS 的动画。没有采取基于 JavaScript 的动画是因为基于 CSS 的动画在执行时不会阻塞浏览器的主线程，性能更好。本章将介绍 Svelte 中的动画以及如何实现自定义过渡效果。

Svelte 支持两种类型的动画；一种是添加或删除一个元素时的动画，另一种是改变一个值时的动画。

开发人员可为添加或删除元素的过程添加动画效果。比如，添加元素时添加淡入效果，删除元素时添加从浏览器窗口滑出的效果。动画令添加或删除元素的过程在视觉上更吸引人。

当变量的值改变时，也可添加动画，在一段时间内逐渐将变量变为目标值。如果改变的是组件状态，那么在动画执行期间，状态变化产生的所有中间值都将触发 DOM 更新。比如在柱状图中，有一个数据在 500 毫秒内从 0 变到 10。如果没有添加动画，那么该数据在柱状图中对应的柱状体会突然从 0 增长到 300 px(我们假设值为 10 的柱状体高度为 300px)。而添加动画后，柱状体会逐渐长高到 300 px。

现在让我们开始学习 Svelte 动画。下面将重点介绍一个重要的动画效果，即 Svelte 中用于实现动画的包。

10.1 缓动函数

动画在其持续时间内可以不同速率进行，这个速率是由缓动函数决定的。每种动画都有默认的缓动函数，可通过 easing 配置重写动画的缓动函数。

svelte/easing 包中定义了 11 种缓动函数。开发人员也可开发自定义缓动函数。自定义缓动函数的参数是 0 到 1 之间的数字，函数执行后返回的同样是 0 到 1 之间的数字。

Svelte 为缓动函数提供了缓动效果可视化工具(如图 10.1 所示)，访问地址是 https://svelte.dev/examples#easing。选择一个缓动效果和类型(Ease In、Ease Out 或 Ease In Out)后，页面中首先会显示一条曲线，用来表示缓动效果的轨迹，之后会在指定时间内沿着这条曲线以动画方式展示缓动效果。

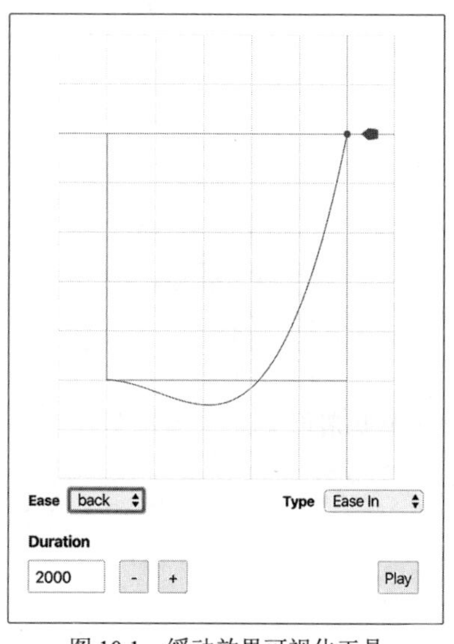

图 10.1 缓动效果可视化工具

linear 是最基础的缓动函数，提供了一种平滑、持续速率的动画。sine、quad、cubic、quart、quint、expo 和 circ 等缓动函数的动画路径都是非常简单的曲线，只是在动画执行时的加速度上有所区别。其中 expo 的加速度最大。

back、elastic 和 bounce 是最有趣的缓动函数。这三个函数都提供了一种前后反复移动的弹性动画。bounce 在动画执行过程中一共改变了 7 次方向，elastic 改变了 5 次方向，而 back 仅仅改变 1 次方向，所以 back 在三种弹性动画中弹力最小。

Svelte 中缓动函数的名称都是以 In、Out 或者 InOut 结尾的。比如，bounceIn、bounceOut 以及 bounceInOut。

以 In 为结尾的缓动函数用于将组件插入 DOM 中的场景。以 Out 为结尾的缓动函数用于从 DOM 中移除组件的场景。以 InOut 为结尾的缓动函数可同时用于上述两个场景。

10.2 svelte/animation 包

svelte/animation 包提供了 flip 函数，flip 并不是其英文直译翻转的意思，而由开始(first)、结束(last)、invert(倒置)、play(播放)这四个单词的首字母组成。flip 函数会为元素指定一个新位置，并在元素从旧位置移到新位置的过程中增加动画效果。改变列表中某一条项目的位置通常会用到 flip 函数。

在下例中，Add 按钮会为数字列表添加一个新数字(如图 10.2 所示)。新数字将被添加到列表的开始位置，这也意味着每添加一个数字，列表中的其他成员都要向后移动一位。单击列表中的数字可将其删除，被删除数字后面的所有数字都要向前移动一位，以填补被删除数字遗留的空缺。数字列表可在水平排列和垂直排列这两种排列方式之间切换，切换这两种排列方式时也将伴随有动画效果(如图 10.3 所示)。

图 10.2　垂直方向的 flip 动画　　图 10.3　水平方向的 flip 动画

在 Svelte REPL 中运行下面的代码。

代码清单 10.1　flip 动画演示

```
<script>
  import {flip} from 'svelte/animate';

  let horizontal = false;
  let next = 1;
  let list = [];

  function addItem() {
    list = [next++, ...list];
  }

  function removeItem(number) {
    list = list.filter(n => n !== number);
  }

  const options = {duration: 500};
</script>

<label>
  Horizontal
  <input type="checkbox" bind:checked={horizontal}>
</label>

<button on:click={addItem}>Add</button>

{#each list as n (n)}
  <div animate:flip={options} class="container" class:horizontal>
```

在列表开头添加新的数字

遍历列表

此处声明使用 flip 动画

```
    <button on:click={() => removeItem(n)}>{n}</button>
  </div>
{/each}

<style>
  .container {
    width: fit-content;
  }

  .horizontal {
    display: inline-block;
    margin-left: 10px;
  }
</style>
```

当列表在垂直排列和水平排列直接切换时，列表的宽度对于动画效果来说非常关键。此处的样式能够帮助我们很好地处理列表宽度的变化

当动画尚未完成时，再次单击 Horizontal 复选框，当前动画将会取消，同时元素将返回到之前的位置，在返回过程中会使用新的动画。

在代码清单 10.1 中使用的 animate 指令将调用 flip 函数，animate 指令必须添加到 HTML 元素上；对于自定义组件来说，animate 指令是无效的。

flip 动画支持多个参数：

- delay 指定了动画开始前的延迟时间，以毫秒为单位。默认为 0。
- duration 指定了动画从开始到结束的执行时间，以毫秒为单位。duration 也可以是一个函数，其参数是元素的移动距离，以像素为单位。其返回的是动画的执行时间。duration 默认为函数，该函数的实现为：d => Math .sqrt(d) * 120。
- easing 表示缓动函数，默认为 cubicOut。也可以使用 svelte/easing 包提供的其他缓动函数。

下面展示如何为 flip 函数设置参数：

```
<script>
  import {bounceInOut} from 'svelte/easing';
</script>
...
<div animate:flip={{delay: 200, duration: 1000, easing: bounceInOut}}>
```

10.3 svelte/motion 包

svelte/motion 包提供了 spring 和 tweened 两个函数。利用这两个函数可以创建可写的存储空间，用来保存变量。当修改其中的变量时，在变量改变的过程中添加动画效果。与常见的存储空间类似，svelte/motion 中的存储空间也提供了 set 和 update 方法，用于更新其中保存的变量。set 方法的参数是变量的值，而 update 方法的参数是一个函数，能够基于当前变量的值重新计算一个新值。

svelte/motion 中的函数针对两个数字进行差值计算。也可在两个数组的多个数字之间进行差值计算，或者在两个结构相同且其中数据的类型仅为原始数字类型(非对象类型)的对象之间进行差值计算。

例如，利用spring和tweened方法为一个饼图增加动画效果。当饼图中的某一个数值从 10%提升到90%时，我们可为数值的提升过程添加逐渐改变的动画，展示在提升过程中数值的变化。这会令整个变化过程更平滑，而不是突然间从某一个值变成另一个值。

spring 和 tweened 函数的参数是一个初始化值和一个用于配置的对象。配置对象中包括delay、duration、easing 和 interpolate 配置项。前三个配置项与 flip 函数的一样，而 interpolate 函数用来计算非数字或日期类型变量之间的插值。后面将详细讨论 interpolate 函数。

接下来让我们实现一个显示占比的 SVG 饼图(如图 10.4 所示)。相信大家在几何课上都学过，角度为 0 时，对应的水平线指向 3 点钟方向。随着角度增加，指向 3 点钟的水平线会开始逆时针旋转。关于如何用 SVG 创建饼图，可以参阅 Kasey Bonifacio 的“如何创建 SVG 饼图”：https://seesparkbox.com/foundry/how_to_code_an_SVG_pie_chart。

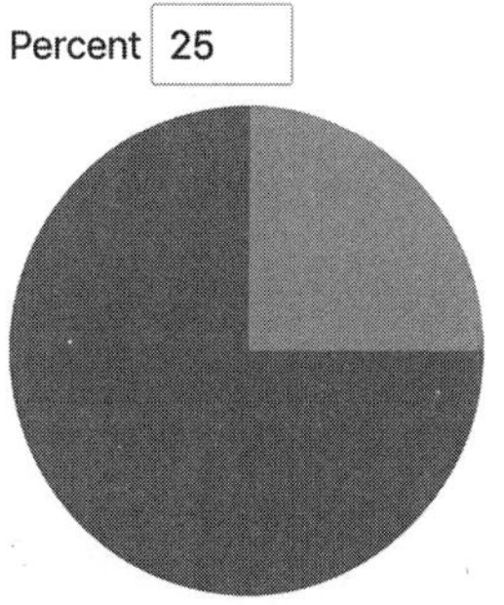

图 10-4　饼图

代码清单 10.2　src/Pie.svelte 文件中的 Pie 组件

```
<script>
  export let size = 200;
  export let percent = 0;
  export let bgColor = 'cornflowerblue';
  export let fgColor = 'orange';

  $: viewBox = `0 0 ${size} ${size}`;

  $: radius = size / 2;
  $: halfCircumference = Math.PI * radius;
  $: pieSize = halfCircumference * (percent / 100);
  $: dashArray = `0 ${halfCircumference - pieSize} ${pieSize}`;
</script>

<svg width={size} height={size} {viewBox}>
  <circle r={radius} cx={radius} cy={radius} fill={bgColor} />    ← 渲染背景中圆形的轮廓
  <circle          ← 渲染饼图中对应百分比的扇形
    r={radius / 2}
    cx={radius}
    cy={radius}
    fill={bgColor}
    stroke={fgColor}
    stroke-width={radius}
    stroke-dasharray={dashArray}
  />
</svg>
```

下面的组件包含一个数字输入框和一个 Pie 组件，Pie 组件使用输入框中的输入值。tweened 函数将为整个变化过程添加动画效果。

代码清单 10.3　使用 Pie 组件

```
<script>
  import {tweened} from 'svelte/motion';
  import Pie from './Pie.svelte';

  let percent = 0;
  const store = tweened(0, {duration: 1000});
  $: store.set(percent || 0);
</script>

<label>
  Percent
  <input type="number" min="0" max="100" bind:value={percent}>
</label>
<Pie size={200} percent={$store} />
```

当 percent 变量的值发生变化时，会更新 store 变量。如果没有任何输入，那么 percent 变量的值为 undefined。针对这种情况，此处做了兼容处理，令 store 的值总是一个数字

将上面的代码复制到 REPL 中，尝试运行一下！

spring 函数与 tweened 函数类似，但参数有所不同。spring 函数的参数包括 stiffness、damping 和 precision，而没有 duration 参数。通过上述三个参数，spring 函数能提供类似于弹簧的动画效果。

上面的饼图演示也可以修改为使用 spring 动画，改造非常简单，只需要将 tweened 函数替换为 spring 函数，如下面的代码所示。

```
const store = spring(0, {stiffness: 0.3, damping: 0.3});
```

将上面的修改复制到 REPL 中，别忘了引用也需要修改，不再需要引用 tweened 函数了，而是引用 spring 函数。

spring 和 tweened 函数还可接收一个 interpolate 函数作为参数。利用这个函数，可在两个非数字类型的变量、两个日期类型的变量、两个数组或两个对象(其中的元素为数字类型或日期类型)之间进行插值计算。

interpolate 函数有两个参数，分别是动画开始时变量的值以及动画结束时变量的值。interpolate 返回的另一个新函数；新函数的参数为 0 到 1 的数字，返回的是与起始值和结束值类型相同且介于两者之间的中间值。

例如，我们可使用 interpolate 函数为十六进制的颜色 rrggbb 添加补间动画效果。当颜色从一个值变成另一个值时，如从红色变成绿色，我们希望能获得这两种颜色的中间值(如图 10.5 所示，可参考代码清单 10.4)。

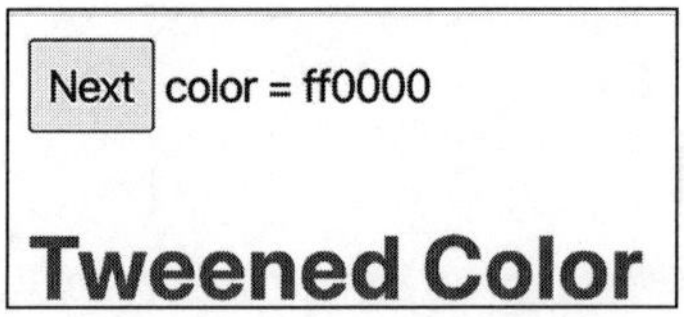

图 10.5　演示如何使用 tweened

代码清单 10.4　演示如何使用 tweened

```
<script>
  import {tweened} from 'svelte/motion';

  let colorIndex = 0;
```

```
  const colors = ['ff0000', '00ff00', '0000ff']; // red, green, blue

  // This converts a decimal number to a two-character hex number.
  const decimalToHex = decimal =>
    Math.round(decimal).toString(16).padStart(2, '0');

  // This cycles through the indexes of the colors array.
  const goToNextColor = () => colorIndex = (colorIndex + 1) % colors.length;

  // This extracts two hex characters from an "rrggbb" color string
  // and returns the value as a number between 0 and 255.
  const getColor = (hex, index) =>
    parseInt(hex.substring(index, index + 2), 16);

  // This gets an array of red, green, and blue values in
  // the range 0 to 255 from an "rrggbb" hex color string.
  const getRGBs = hex =>
    [getColor(hex, 0), getColor(hex, 2), getColor(hex, 4)];

  // This computes a value that is t% of the way from
  // start to start + delta where t is a number between 0 and 1.
  const scaledValue = (start, delta, t) => start + delta * t;

  // This is an interpolate function used by the tweened function.
  function rgbInterpolate(fromColor, toColor) {
    const [fromRed, fromGreen, fromBlue] = getRGBs(fromColor);
    const [toRed, toGreen, toBlue] = getRGBs(toColor);
    const deltaRed = toRed - fromRed;
    const deltaGreen = toGreen - fromGreen;
    const deltaBlue = toBlue - fromBlue;

    return t => {                                  此处返回一个函数
      const red = scaledValue(fromRed, deltaRed, t);
      const green = scaledValue(fromGreen, deltaGreen, t);
      const blue = scaledValue(fromBlue, deltaBlue, t);
      return decimalToHex(red) + decimalToHex(green) + decimalToHex(blue);
    };
  }

  // Create a tweened store that holds an "rrggbb" hex color.
  const color = tweened(
    colors[colorIndex],
    {duration: 1000, interpolate: rgbInterpolate}
  );

  // Trigger tweening if colorIndex changes.
  $: color.set(colors[colorIndex]);
</script>

<button on:click={goToNextColor}>Next</button>
<span>color = {$color}</span>
<h1 style="color: #{$color}">Tweened Color</h1>    当单击 Next 按钮时
                                                    改变 h1 标签的颜色
```

将上面的代码复制到 REPL 中运行一下吧！

10.4　svelte/transition 包

svelte/transition 包提供了 crossfade 函数，以及 blur、draw、fade、fly、scale 和 slide 这六种过渡效果。

in 指令用来处理元素添加到 DOM 树时的效果。out 指令用于处理元素从 DOM 树移除时的效果。transition 可以同时用于上述两种情况。

与 animate 指令类似，in、out 和 transition 指令只能用在 HTML 元素上；如果应用到自定义元素上，是不会有任何效果的。

接下来将详细介绍每个过渡效果，以及如何配置这些效果。之后会通过一个示例展示所有过渡效果，并对比这些效果之间的差异。

fade 效果能控制不透明度在 0 和指定值(默认不透明度通常为 1)之间变化。具体效果为，当元素添加到 DOM 树时，不透明度逐渐从 0 增加到指定值。当元素从 DOM 树中移除时，不透明度会逐渐从指定值减到 0。fade 有两个参数 delay 和 duration。delay 参数是延迟执行 fade 效果的毫秒数。duration 参数是 fade 效果执行的时长。

blur 效果与 fade 效果类似，差别在于 blur 实现了像素级别的模糊效果。除了 delay 和 duration 这两个参数外，blur 额外还有 easing、opacity 和 amount 参数。easing 参数是一个缓动函数，关于缓动函数在 10.1 节中已经介绍过了。opacity 参数指定了动画开始时的不透明度，默认值 0 能够满足大部分交互场景的要求。amount 设置了模糊区域的大小，单位为像素，默认值为 5。

slide 效果类似于一个窗帘，通过逐渐改变元素的高度来隐藏和显示元素的动画效果。当隐藏一个元素时，会逐渐将元素的高度减到 0，之后从 DOM 树中删除该元素。在高度变化的过程中，DOM 树中所有处于该元素下方的元素都会逐渐上移，占据因高度变小而释放的空间。slide 有 delay、duration 和 easing 三个参数。

scale 用于改变元素大小和不透明度。scale 有 delay、duration、easing、start 和 opacity 等 5 个参数。其中 start 参数指定了元素在被移除前的最小缩放比例，默认值 0 能满足大部分交互场景的要求。

fly 效果会为元素 x 和 y 坐标的改变添加动画效果。fly 有 delay、duration、easing、start、opacity、x 和 y 等 7 个参数。其中 x 和 y 可以被设置为负值，这样元素会从页面的左侧以及顶部滑出。默认情况下，会在动画过程中将不透明度逐渐减少到 0，也可以通过设置 opacity 来指定动画结束时元素的不透明度。如果希望在动画过程中不改变元素的不透明度，那么可将 opacity 设置为 1。

draw 效果会在 SVG 的绘制过程中增加动画效果。draw 有 delay、duration、easing 和 speed 等 4 个参数。其中 speed 参数与 SVG 路径长度一起计算 SVG 路径绘制的时长，公式为 length/speed。

Toggle
This is fade.
This is blur.
This is slide.
This is scale.
This is fly.
This is fly retaining opacity.
Enter from left and exit right.

图 10.6　过渡效果示例

下面的示例(如图 10.6 所示，代码参考代码清单 10.5)演示了上述所有的过渡效果。将代码复制到 REPL 中，运行一下并观察每种动画效果。单击 Toggle 按钮将切换每一个 h1 元素的隐藏/显示状态，并触发动画效果。建议每次只专注观察一个 h1 元素，以便能更好地理解每个动画效果。

代码清单 10.5 过渡效果示例

```
<script>
  import {linear} from 'svelte/easing';
  import {blur, fade, fly, scale, slide} from 'svelte/transition';
  let show = true;
  let options = {duration: 1000, easing: linear};
</script>

<button on:click={() => show = !show}>
  Toggle
</button>
{#if show}
  <h1 transition:fade={options}>This is fade.</h1>
  <h1 transition:blur={options}>This is blur.</h1>
  <h1 transition:slide={{...options, x: -150}}>This is slide.</h1>
  <h1 transition:scale={options}>This is scale.</h1>
  <h1 transition:fly={{...options, x: -150}}>This is fly.</h1>
  <h1 transition:fly={{...options, opacity: 1, x: -400}}>
    This is fly retaining opacity.
  </h1>
  <h1
    in:fly={{...options, opacity: 1, x: -400}}
    out:fly={{...options, opacity: 1, x: 500}}
  >
    Enter from left and exit right.
  </h1>
{/if}
```

选择线性的缓冲函数，这样当多个动画同时执行时，动画效果会更明显

如果过渡效果只是由 transition 指令触发的，那么是可以被取消的。取消过渡效果后，元素会恢复到之前的状态(如果删除某一个元素，那么元素将重新添加到 DOM 树；如果将元素添加到 DOM 树，元素将会被移除)。如果过渡效果是由 in 或者 out 触发的，那么是不可以被取消的。这显然是合理的，考虑下面的情况，假设一个元素添加到 DOM 树的过程采用 blur 过渡效果，从 DOM 树移除采用了 fly 过渡效果，那么如果我们停止了采用 blur 效果的添加过程，该元素会被从 DOM 树移除，而移除过程又会是 fly 效果；这两种完全不同的动画效果会使整个过程显得非常奇怪。

10.5 fade 过渡效果和 flip 动画效果

下面的代码将演示按钮如何在两个列表之间的穿梭(如图 10.7 所示)。每当按钮被单击，就会从一个列表转移到另一个列表。整个转移过程使用 fade 过渡效果，单击按钮后，其会从当前的列表中淡出，并淡入到另一个列表中。

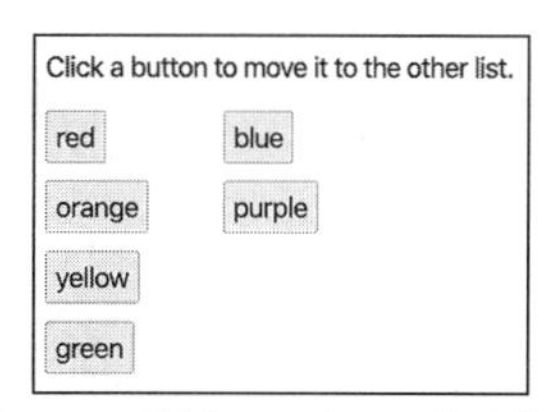

图 10.7 使用 fade 和 flip 移动按钮

同时整个转移过程还添加了 flip 动画效果，当按钮离开当前列表时，下方的按钮将向上滑动以填补列表中空缺的空间。

为了避免代码重复，我们将实现两个组件。下面是 ButtonList 组件的代码，用于展示左侧和右侧两个按钮列表。

代码清单 10.6 src/ButtonList.svelte 中的 ButtonList 组件

```
<script>
  import {flip} from 'svelte/animate';
  import {fade} from 'svelte/transition';

  export let list;
  export let moveFn;

  const options = {duration: 1000};
</script>

<div class="list">
  {#each list as item (item)}
    <button
      class="item"
      on:click={moveFn}
      animate:flip={options}
      transition:fade={options}>
      {item}
    </button>
  {/each}
</div>

<style>
  .item {
    display: block;
    margin-bottom: 10px;
    padding: 5px;
  }

  .list {
    display: inline-block;
    vertical-align: top;
    width: 100px;
  }
</style>
```

list 是一个数组，其中保存了每个按钮显示的文本

moveFn 是一个函数，可将被单击的按钮移到另一个列表中

下面的代码清单中展示了如何在一个组件中同时使用两个 ButtonList 组件。

代码清单 10.7 使用 ButtonList 组件

```
<script>
  import ButtonList from './ButtonList.svelte';

  let left = ['red', 'orange', 'yellow', 'green'];
  let right = ['blue', 'purple'];
```

需要对 ButtonList 中的文本执行 trim，消除文本的前后空格

将文本添加到 to 列表中(每一个文本代表了一个按钮)

从 from 列表中将文本移除(每一个文本代表了一个按钮)

重新对 left 数组和 right 数组赋值，以便触发组件更新

```
  function move(event, from, to) {
    const text = event.target.textContent.trim();
    to.push(text);
    return [from.filter(t => t !== text), to];
  }

  function moveLeft(event) {
    [right, left] = move(event, right, left);
  }

  function moveRight(event) {
    [left, right] = move(event, left, right);
  }
</script>

<p>Click a button to move it to the other list.</p>
<ButtonList list={left} moveFn={moveRight} />
<ButtonList list={right} moveFn={moveLeft} />
```

将上面的代码复制到 REPL 中运行一下吧！

10.6　crossfade 过渡效果

crossfade 过渡效果衍生出 send 和 receive 两个过渡效果。这两个效果配合在一起使用可用于转移元素。这也称为 deferred 过渡效果(具体可见 https://svelte.dev/tutorial/deferred- transitions)。

将项目在多个列表之间互相移动是 crossfade 典型的应用场景(如图 10.8)。将一个项目从一个列表中移除，插入到另一个列表中。send 过渡效果并不会立刻执行，而是检查元素是否正在被插入新位置。之后才会触发元素转移的动画效果。与我们之前介绍的 fade 过渡效果相比，crossfade 过渡效果在视觉上的体验更好。

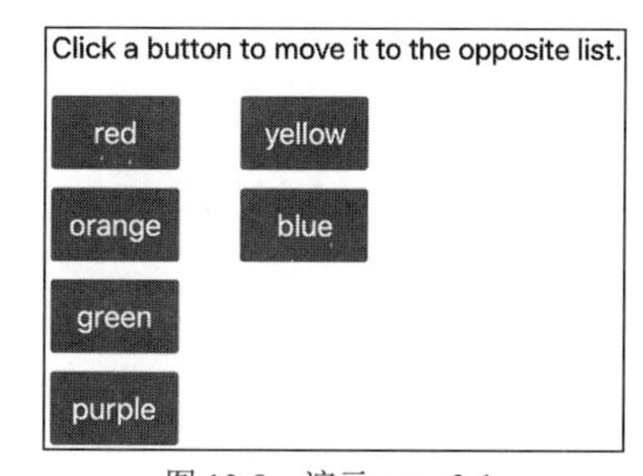

图 10-8　演示 crossfade

下面的代码清单展示了如何使用 crossfade 过渡效果。与之前的示例类似，这个示例同样使用了 flip 动画效果，这样当元素转移后，剩余的项目能填补空余的空间，并且整个填补过程也伴随着动画效果。

代码清单 10.8　crossfade 示例

```
<script>
  import {flip} from 'svelte/animate';
  import {crossfade} from 'svelte/transition';
```

```
  const [send, receive] = crossfade({});

  let left = ['red', 'orange', 'green', 'purple'];
  let right = ['yellow', 'blue'];

  function move(item, from, to) {
    to.push(item);
    return [from.filter(i => i !== item), to];
  }

  function moveLeft(item) {
    [right, left] = move(item, right, left);
  }

  function moveRight(item) {
    [left, right] = move(item, left, right);
  }
</script>

<main>
  <p>Click a button to move it to the opposite list.</p>
  <div class="list">
    {#each left as item (item)}
      <button
        animate:flip
        in:receive={{key: item}}
        out:send={{key: item}}
        on:click={() => moveRight(item)}
      >
        {item}
      </button>
    {/each}
  </div>

  <div class="list">
    {#each right as item (item)}
      <button
        animate:flip
        in:receive={{key: item}}
        out:send={{key: item}}
        on:click={() => moveLeft(item)}
      >
        {item}
      </button>
    {/each}
  </div>
</main>

<style>
  button {
    background-color: cornflowerblue;
    border: none;
    color: white;
    padding: 10px;
    margin-bottom: 10px;
    width: 100%;
```

crossfade 函数需要一个必填参数，用来配置 crossfade 过渡效果。如果使用默认配置，那么该参数应该设置为一个空对象

```
  }

  .list {
    display: inline-block;
    margin-right: 30px;
    vertical-align: top;
    width: 70px;
  }
</style>
```

将上面的代码复制到 REPL 中运行一下吧！

10.7　draw 过渡效果

draw 过渡效果将为 SVG 元素的绘制过程添加动画。代码清单 10.9 使用 SVG 绘制了一个房子，并在绘制过程中添加了 transition:draw 过渡效果，效果如图 10.9 所示。单击 Toggle 按钮可查看绘制/清除房子的动画效果。

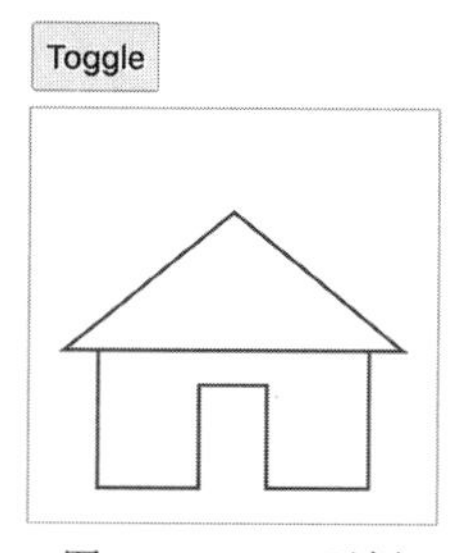

图 10.9　draw 示例

SVG 回顾

下面对 SVG 做一下快速回顾：

- M 命令会将画笔定位到指定的 x 和 y 坐标。
- h 命令根据指定的 dx 绘制一条水平的线。
- v 命令根据指定的 dy 绘制一条垂直的线。
- l 命令根据指定的 dx 和 dy 绘制一条线。

默认情况下，SVG 的坐标原点是画布的左上角。其中 scale 和 translate 函数能翻转 SVG 的坐标系，将坐标原点重新定位到画布的左下角。

代码清单 10.9　draw 示例

```
<script>
  import {draw} from 'svelte/transition';
  const commands =
    'M 2 5 v-4 h3 v3 h2 v-3 h3 v4 h-9 l 5 4 l 5 -4 h-1';
```

这是绘制房子的命令

```
  const max = 12;
  let show = true;
</script>

<div>
  <button on:click={() => show = !show}>
    Toggle
  </button>
</div>

{#if show}
  <svg width={200} height={200} viewBox="0 0 {max} {max}">
    <g transform="translate(0 {max}) scale(1 -1)">
      <path transition:draw={{duration: 1000}}
        d={commands}
        fill="none"
        stroke="red"
        stroke-width="0.1px"
      />
    </g>
  </svg>
{/if}

<style>
  svg {
    outline: solid lightgray 1px;
  }
</style>
```

规定了一个坐标系，坐标系的范围在 x 轴方向上是 0 到 max，在 y 轴方向上同样是 0 到 max

scale 函数用于翻转坐标系

在坐标系统，画笔的宽度设置为 0.1px 已经足够了

10.8 自定义过渡效果

在 Svelte 中实现自定义过渡效果非常简单，只需要按照一定的规则实现一个函数就够了。这个函数有两个参数，一个参数是施加过渡效果的 DOM 节点，另一个参数是过渡效果的配置。下面列出一些常用配置供参考：

- delay——执行过渡效果之前的延时，单位为毫秒。
- duration——过渡效果持续的时间，单位为毫秒。
- easing——缓动函数，参数为 0 到 1 的数字，执行后返回同样范围的数字。

不同过渡效果的配置有所不同，例如 fly 过渡效果有额外的 x 和 y 配置。

自定义过渡效果的函数必须返回一个对象，其中包括过渡效果的配置，以及一个名为 css 的方法。css 方法根据缓动函数的执行结果返回对应的 CSS 字符串。Svelte 会为开发人员处理 delay 和 duration 配置。

Svelte 已经为过渡效果预先设置了默认配置，当自定义过渡效果的函数没有设置配置时，这些默认值将会生效。例如，duration 和 easing 都有对应的默认值。

css 方法的参数为一个 0 到 1 的数字，表示动画执行的进度。而返回的则是动画在进行到该进度时应该为 DOM 节点添加的 CSS 样式；例如不透明度、大小、字体大小、位置、旋转和颜色等样式；这些样式随时间而变化，逐渐改变 DOM 的外观。

代码清单 10.10 为自定义过渡效果的示例。该示例的效果是，当从 DOM 树中移除一个元素时，该元素会一边旋转一边按照比例缩小，类似于水流旋转流入下水道的效果。如图 10.10 所示，我们会为 div 元素添加“Take me for a spin!”文本，并将文本分为两行展示。单击 Toggle 按钮可以显示或隐藏这个 div 元素。单击 Springy 复选框将 linear 缓动函数替换为 backInOut 缓动函数。

将上面的代码复制到 REPL 中运行一下吧！

图 10.10　自定义过渡效果示例

代码清单 10.10　自定义过渡效果示例

```
<script>
  import {backInOut, linear} from 'svelte/easing';

  let springy = false;
  $: duration = springy ? 2000 : 1000;
  $: easing = springy ? backInOut : linear;
  $: options = {duration, easing, times: 2};

  let show = true;
  const toggle = () => show = !show;

  function spin(node, options) {
    const {easing, times = 1} = options;
    return {
      ...options,
      css(t) {
        const eased = easing(t);
        const degrees = 360 * times;
        return `transform: scale(${eased}) rotate(${eased * degrees}deg);`;
      }
    };
  }
</script>

<label>
```

当触发 in 过渡效果时，css 方法的参数 t 逐渐从 0 递增到 1，而当触发 out 过渡效果时，css 方法的参数 t 逐渐从 1 递减到 0

调用 easing 函数，返回范围是 0 到 1(包括 0 和 1)之间的一个数字

degrees 变量用来设置整个过渡效果周期内元素旋转的总角度

```
  <input type="checkbox" bind:checked={springy} /> Springy
</label>
<div>duration = {duration}</div>
<button on:click={toggle}>Toggle</button>
{#if show}
  <div class="center" in:spin={options} out:spin={options}>
    <div class="content">Take me for a spin!</div>
  </div>
{/if}

<style>
  .center {
    position: absolute;
    left: 50%;
    top: 50%;
    transform: translate(-50%, -50%);
  }

  .content {

    position: absolute;
    transform: translate(-50%, -50%);

    font-size: 64px;
    text-align: center;
    width: 300px;
  }
</style>
```

下一节将解释为什么此处没有使用transition，而使用了 in 和 out

.center 样式将元素的高度和宽度设置为 0，且定位在页面的中心位置

.content 属性令元素可以围绕中心旋转

10.9 transition 与 in 和 out

上面曾经为大家介绍过，in 和 out 分别单独用于设置元素插入 DOM 树中以及从 DOM 树移除元素的过渡效果，而 transition 则同时设置上述两种动作的过渡效果。然而，即使我们将 in 和 out 配置为完全相同的过渡效果，与配置了相同过渡效果的 transition 之间还是有区别的。区别在于，使用 transition 时，当其中的 in 过渡效果执行结束后，如果改变 transition 的配置，对于 out 过渡效果来说，仍然使用改变之前的配置，也就是说新配置对于 out 过渡效果来说并未生效。如果在开发时需要在 in 过渡效果之后改变配置，那么不要使用 transition，而应该分别使用 in 和 out。

在前面的示例中，当操作 Springy 复选框时，会改变过渡效果，因此我们没有使用 transition: spin={options}，而采用了 in:spin={options} out:spin={options}。

10.10 过渡事件

在过渡效果执行的过程中，会派发一系列事件。当 in 过渡效果开始时，会派发 introstart 事件。当 in 过渡效果结束时，会派发 introend 事件。当 out 过渡效果开始时，会派发 outrostart 事件。当 out 过渡效果结束时会派发 outroend 事件。

与其他事件机制类似，可使用 on 指令注册事件的监听函数，当事件派发时执行相应的监听函数。例如，可使用 on:outroend={someFunction}监听元素从 DOM 树中完全移除的事件，当移除后执行 someFunction 函数。在事件监听函数中可访问并修改本组件或其他组件。例如，使用 on:introend 监听将元素插入 DOM 树的事件，插入后将焦点移动到指定的输入框中。

10.11 为 Travel Packing 应用程序添加动画效果

在本节中，将为 Travel Packing 添加动画效果。访问 http://mng.bz/rrlD 获得完整代码。

添加以下四个动画效果：

- 在分类中添加或者删除项目时，为项目出现和消失的过程添加滑动动画效果。
- 添加或者删除分类时，为分类出现和消失的过程添加滑动动画效果。
- 当添加分类时，为新分类出现的过程添加缩放动画效果，使其从小到大逐渐显示出来。
- 当删除分类时，为分类消失的过程添加旋转和缩放动画效果，使其一边旋转一边按照比例缩小直到消失，类似于水流旋转流入下水道的效果。

在 Category.svelte 文件中添加下面的代码。

(1) 引用 flip 过渡效果。

```
import {flip} from 'svelte/animate';
```

(2) 使用以下代码中的 div 包装 Item 组件。

```
<div animate:flip>
  ...
</div>
```

现在，我们完成了四个动画效果中的第一个动画：添加或者删除项目时的动画。

在 Checklist.svelte 文件中添加下面的代码。

(1) 引入 flip 过渡效果。

```
import {flip} from 'svelte/animate';
```

(2) 声明 options 常量。

```
const options = {duration: 700};
```

(3) 使用以下代码中的 div 包装 Category 组件。

```
<div class="wrapper" animate:flip={options}>
  ...
</div>
```

注意 在 Safari 浏览器中，使用 div 元素包装 Checklist.svelte 文件中的<Category>组件后，当移动项目时，项目会在页面中消失。如果去掉 div 元素，那么在移动时项目是可见的，但我们刚添加的动画效果也就不复存在了。

(4) 将下面的CSS样式添加到style元素中。

```
.animate {
  display: inline-block;
}

.wrapper {
  display: inline;
}
```

现在，我们完成了四个动画效果中的第二个动画：添加和删除分类时的动画。

在Category.svelte文件中添加下面的代码。

(1) 引入linear缓动函数以及scale过渡效果。

```
import {linear} from 'svelte/easing';
import {scale} from 'svelte/transition';
```

(2) 添加options常量。

```
const options = {duration: 700, easing: linear};
```

(3) 使用section元素作为分类的父元素，并向这个section元素添加下面的属性。

```
in:scale={options}
```

现在，我们完成了四个动画效果中的第三个动画：添加分类时从小到大逐渐显示的动画。

在Category.svelte文件中添加下面的代码。

(1) 声明options时增加times属性，指定旋转的次数。

```
const options = {duration: 700, easing: linear, times: 2};
```

(2) 添加自定义过渡函数spin，可以在动画执行过程中设置指定DOM节点的缩放比例和旋转角度。

```
function spin(node, options) {
  const {easing, times = 1} = options;
  return {
    ...options,
    css(t) {
      const eased = easing(t);
      const degrees = 360 * times;
      return 'transform-origin: 50% 50%; ' +
        `transform: scale(${eased}) ` +
        `rotate(${eased * degrees}deg);`;
    }
  };
}
```

这是在动画执行全程中，DOM元素旋转的总角度

(3) 使用section元素作为分类的父元素，并向这个section元素添加下面的属性。

```
out:spin={options}
```

现在，我们完成了四个动画效果中的第四个动画：删除分类时，使其一边旋转，一边按照

比例缩小直到消失，类似于水流旋转流入下水道的效果。

上面这四种动画实现起来非常简单，需要开发的代码也非常少！在下一章中，你将学会如何调试 Svelte 应用程序。

10.12　小结

- Svelte 内置了基于 CSS(而非基于 JavaScript)的动画，这意味着在 Svelte 中，动画并不会阻塞主线程。
- 缓动函数可控制动画在其执行过程中的速率。Svelte 中内置了很多缓动函数，开发人员也可以定义自己的缓动函数。
- svelte/easing、svelte/animate、svelte/transition 和 svelte/motion 包为开发人员提供了多种动画效果。
- 可以很容易地实现自定义过渡效果。

第 11 章

调　　试

本章内容：

- 利用@debug 标签调试应用程序
- 利用响应式语句调试应用程序
- 如何使用 Svelte 开发者工具

在 Svelte 中有三种常用的调试方法。最基本的调试方法是采用@debug 标签的方式，在代码中添加@debug 标签，可以暂停程序的执行并输出变量的值。

第二种方式是使用响应式语句，当 JavaScript 表达式中的变量发生变化时，输出表达式的执行结果。上面两个方法均是 Svelte 内置的功能。

最后一种方式是使用 Svelte 开发者工具，它是浏览器的一个插件，能够查看组件树的层级结构。当选中一个组件后，能够查看和修改该组件的属性和状态。

注意 与所有 Web 应用程序一样，JavaScript 代码中的 debugger 语句对于 Svelte 应用程序同样有效，当浏览器的开发者工具处于启用状态时，可在执行到 debugger 语句时暂停程序的运行。

11.1 @debug 标签

在@debug 标签后面添加变量，将会在变量发生改变时，暂停程序的运行，并在浏览器的开发者工具中输出变量的值，也可以使用浏览器的调试器查看当前上下文中的其他变量。注意，@debug 标签仅在开发者工具打开时才会生效。

注意 在 REPL 中也可以使用 debugger 和@debug 标签，但同样只有打开浏览器开发者工具时才会生效。

@debug 标签声明在 HTML 代码的顶部，而不是 script 元素中。下面的代码清单展示了一个 Svelte 组件，用户可以在这个组件中输入圆的半径，计算这个圆形的面积。我们希望能够在变量 radius 或者变量 area 改变时，暂停代码执行。

代码清单 11.1 使用@debug

```
<script>
  export let radius = 1;
  $: area = 2 * Math.PI * radius**2;
</script>

{@debug radius, area}
<main>
  <label>
    Circle Radius:
    <input type="number" bind:value={radius}>
  </label>
  <label>
    Circle Area: {area}
  </label>
</main>
```

如果没有打开浏览器的开发者工具，@debug 标签将不会有任何效果。如果打开开发者工具，代码将暂停运行(如图 11.1 所示)。此时我们可以查看源代码，以及上下文中变量的值。

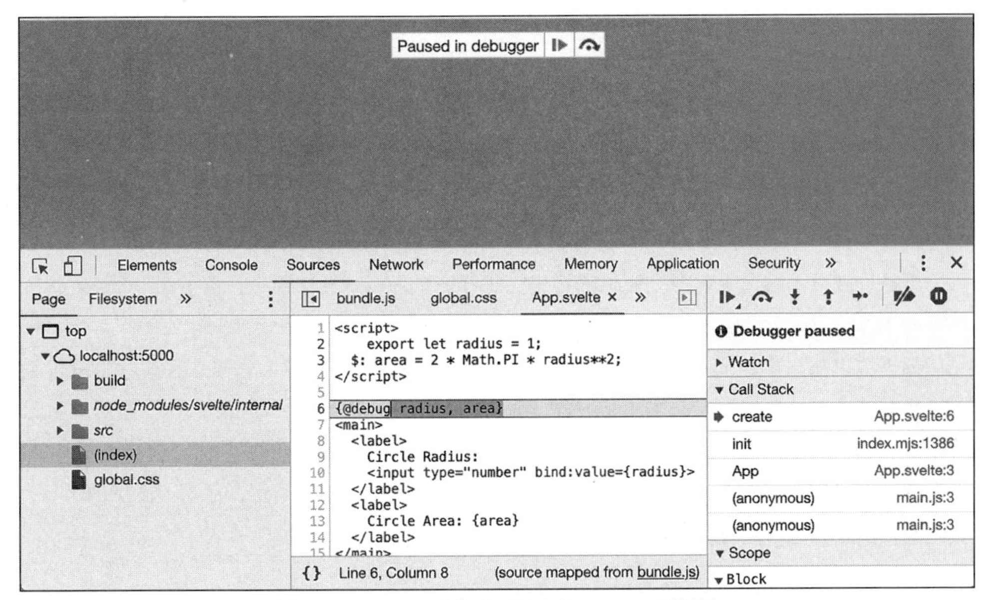

图 11.1 Chrome 开发者工具中的 Sources 标签页

单击 Console 标签页后如图 11.2 所示。单击 play 按钮(Chrome 中是一个蓝色按钮，Firefox 是一个空心按钮)可令代码继续执行下去。

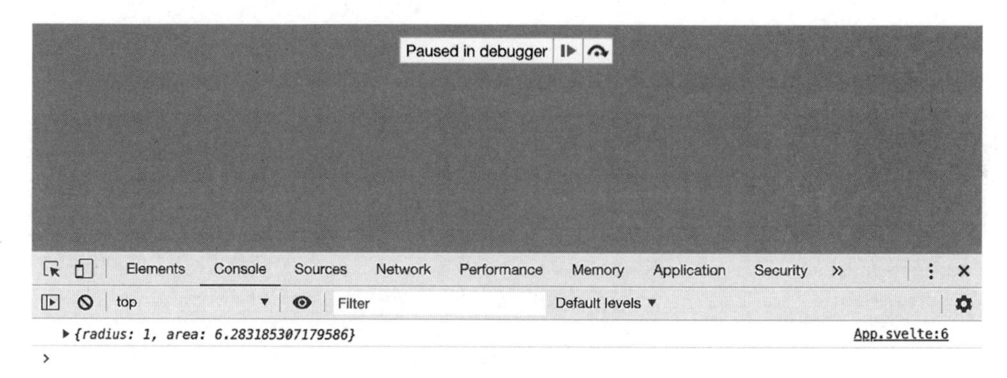

图 11.2 Chrome 开发者工具的 Console 标签页

接下来我们将修改圆的半径，这将令调试工具暂停代码执行，Console 标签页中将显示变量 radius 和变量 area 最新的值。@debug 标签可调试任何类型的变量，包括对象和数组。

如果在@debug 后面省略变量，那么可调试组件中的所有变量，代码如下所示：

```
{@debug}
```

让我们在 Travel Packing 应用程序中添加调试功能。将下面的代码添加到 Category.svelte 组件中 HTML 代码的顶部：

```
{@debug status}
```

执行 npm run dev 命令，启动应用程序，进入 Checklist 页面。

status 变量的类型是字符串，用来表示一个类别中尚未打包行李的数量以及该类别中包含的行李总数。一旦 status 变量发生改变，@debug 标签都将暂停代码的运行。具体例子有添加一个行李，删除一个行李，或单击行李前面的复选框。你可以尝试按照上面的步骤操作一下，看看代码是否暂停运行了，并在开发者工具的 Console 标签页中查看 status 变量最新的值。

需要注意一点，使用@debug 标签调试在暂停时并不会停留在引起变量变化的那一行代码。因为当执行被暂停时，引起变量变化的代码已执行完毕，调试器的断点会停留在@debug 标签声明的地方。

如果希望在指定的代码中断运行，可手动为代码添加断点。单击代码文件的行号就可设置一个断点，再次单击同一个地方则是取消断点。还可通过插入 debugger;语句在指定位置设置断点。

现在让我们回到上面计算圆形面积的例子，在代码第三行设置断点，之后改变圆的半径，代码会在第三行暂停运行，如图 11.3 所示。

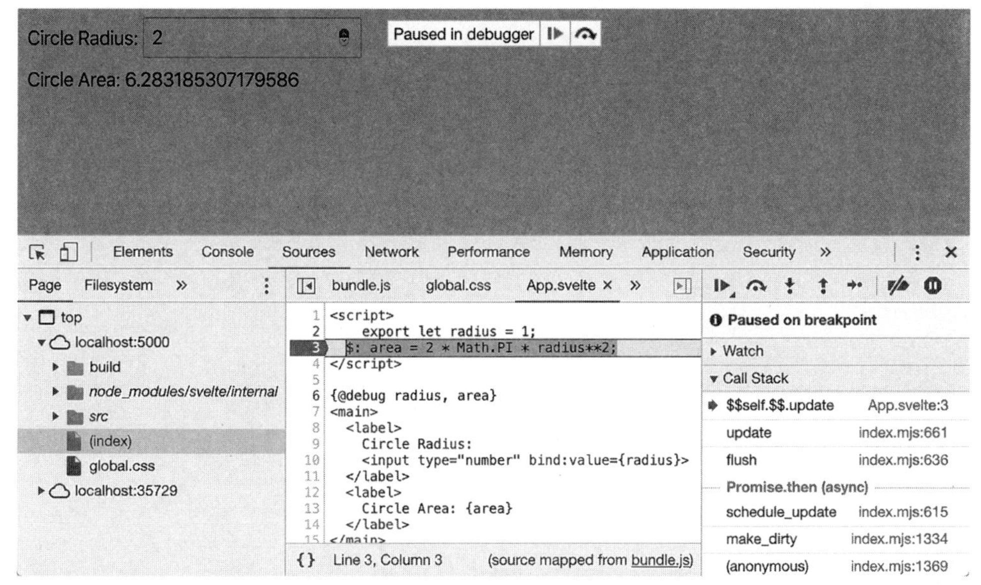

图 11.3 Chrome 开发者工具断点示例

11.2 响应式语句

当一组变量中的任何一个变量发生了改变，可使用$:语法重新输出这些变量的值。在 3.10 节中已经展示了$:语法的使用场景。例如，一个组件包含两个顶级域变量：date 和 count，下面的代码能够在这两个变量改变时打印它们的最新值：

```
$: console.log('count on date', date, 'is', count);
```

接下来让我们尝试在 Travel Packing 应用程序中使用$:语法。将下面的代码添加到 Item.svelte 文件中的 script 元素中：

```
$: if (editing) console.log('editing item', item.name);
```

执行 npm run dev 命令，启动应用程序。进入 Checklist 页面。打开浏览器的开发者工具，单击 Console 标签页。在页面中编辑行李的文本，上面的代码将执行，并在开发者工具的 Console 中输出相应的结果。

11.3 Svelte 开发者工具

Svelte 开发者工具是一款浏览器插件，支持 Chrome 浏览器和 Firfox 浏览器，可用来调试运行在开发模式下的 Svelte 应用程序(npm run dev)。Svelte 开发者工具的作者是 Timothy Johnson，源代码地址为 https://github.com/RedHatter/svelte-devtools。

在 Chrome 浏览器中，可通过 Chrome Web Store(https://chrome.google.com/webstore/category/extensions)安装 Svelte 开发者工具。在 Firefox 浏览器中，可以通过 Firefox Add-ons(https://addons.mozilla.org/en-US/firefox/)安装 Svelte 开发者工具。

安装 Svelte 开发者工具后，打开一个 Svelte 应用程序，启动浏览器开发者工具，单击 Svelte 标签页。在左侧的面板中会以树状结构呈现 Svelte 应用程序，其中包括 Svelte 组件、对应的 HTML 元素、Svelte 代码块(#if、#each 和#await)、插槽以及文本节点。

单击树中的开合三角可以展开或者收起对应的层级节点。选中一个 Svelte 组件，在右侧面板可以查看该组件的特性、属性和状态。组件的属性和状态可以被修改，并且修改会立刻反映到正在运行的应用程序上。

接下来让我们在 Travel Packing 应用程序中体验 Svelte 开发者工具。

(1) 执行 npm run dev 命令，启动应用程序。

(2) 进入 Checklist 页面。

(3) 创建 Clothes 和 Toiletries 类别。

(4) 在 Clothes 类别中增加 socks 和 shoes 项。

(5) 在 Toiletries 类别中增加 toothbrush 项。

(6) 打开浏览器开发者工具。

(7) 单击 Svelte 标签页。

(8) 单击左侧面板的开合三角展开应用程序的树状结构，可以查看其中某个节点。单击左侧面板中的任意组件能够在右侧查看其属性和状态。

例如，单击代表 Clothes 的 Category 组件，图 11.4、图 11.5 和图 11.6 展示了 Svelte 开发者工具是如何工作的。

```
▼ <App>
  ▼ <main class="svelte-1n0fmy6">
    ▶ <h1 class="hero svelte-1n0fmy6">…</h1>
    ▼ <Checklist on:login on:logout>
      ▼ <section class="svelte-rmek2h">
        ▶ <header>…</header>
        ▼ <div class="categories svelte-rmek2h">
          ▼ {#each categoryArray as category (category.id)}
            ↪
            ▼ <div class="animate svelte-rmek2h">
              ▼ <Category on:delete on:persist> == $s
                ▼ <section ondragover="return false" class="svelte-fin4p6" on:dragenter on:dragleave on:drop>
                  ▶ <h3 class="svelte-fin4p6">…</h3>
                  ▶ <form on:submit|preventDefault>…</form>
                  ▼ <ul class="svelte-fin4p6">
                    ▼ {#each itemsToShow as item (item.id)}
                      ↪
                      ▼ <div>
                        ▼ <Item on:delete>
                          ▼ <li draggable="true" class="svelte-ft3yg2" on:dragstart>
                            <input type="checkbox" class="svelte-ft3yg2" on:change />
                            ▼ {:else}
                              ▼ <span class="packed-false svelte-ft3yg2" on:click>
                                socks
                              </span>
                            {/else}
                            ▼ <button class="icon svelte-ft3yg2" on:click>
```

图 11.4 Svelte 开发者工具左侧面板的组件树

```
                      </button>
                    </li>
                  </Item>
                </div>
                ↪
                ▸ <div>…</div>
              {/each}
            </ul>
          </section>
          ▸ <Dialog>…</Dialog>
        </Category>
      </div>
      ↪
      ▾ <div class="animate svelte-rmek2h">
        ▾ <Category on:delete on:persist>
          ▸ <section ondragover="return false" class="svelte-fin4p6" on:dragenter on:dragleave on:drop>…</section>
          ▸ <Dialog>…</Dialog>
        </Category>
      </div>
    {/each}
  </div>
</section>
▸ <Dialog>…</Dialog>
</Checklist>
</main>
</App>
```

图 11.4　Svelte 开发者工具左侧面板的组件树(续)

```
Props
None
State
▾ 0: Object {…}
    id: "bc0c3460-2807-11ea-9586-69befcd5a720"
    name: "Clothes"
  ▾ items: Object {…}
    ▾ c20103f0-2807-11ea-9586-69befcd5a720: Object {…}
        id: "c20103f0-2807-11ea-9586-69befcd5a720"
        name: "socks"
        packed: false
    ▾ c34347f0-2807-11ea-9586-69befcd5a720: Object {…}
        id: "c34347f0-2807-11ea-9586-69befcd5a720"
        name: "shoes"
        packed: false
```

图 11.5　当选中 Clothes 类别时，Svelte 开发者工具右侧面板中展示的组件详情

```
Props
None
State
▾ 0: Object {…}
    id: "beb4e630-2807-11ea-9586-69befcd5a720"
    name: "Toiletries"
  ▾ items: Object {…}
    ▾ c65039d0-2807-11ea-9586-69befcd5a720: Object {…}
        id: "c65039d0-2807-11ea-9586-69befcd5a720"
        name: "toothbrush"
        packed: false
```

图 11.6　当选中 Toiletries 类别时，Svelte 开发者工具右侧面板中展示的组件详情

单击 Svelte 标签页上的眼睛图标，能够对左侧面板中的组件树进行筛选。比如，可以屏蔽树中的 HTML 元素、代码块、插槽、锚点以及文本节点，只显示组件(如图 11.7 所示)。上面提到的锚点是在 Svelte 中定义的一种特殊的注释节点，只在 Svelte 内部使用，对于开发人员来说几乎没有任何用处，所以组件树中默认不显示锚点。

在第 12 章中，将介绍如何测试 Svelte 应用程序。

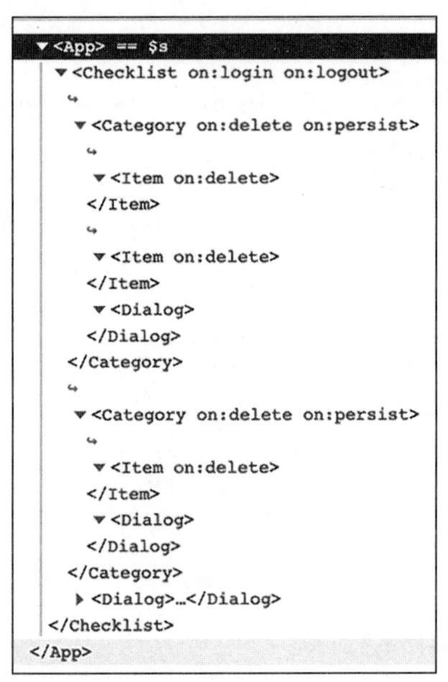

图 11.7 筛选 Svelte 开发者工具左侧面板的组件树，使其只显示组件

11.4 小结

- 我们使用@debug 标签对应用程序进行调试，当组件指定的状态发生变化时，可暂停运行应用程序。甚至可以设置为组件的任何状态发生变化时都暂停运行应用程序。
- 当组件指定的状态发生变化时，还可以使用响应式语句在开发者工具中输出状态的最新值。
- Chrome 浏览器和 Firefox 浏览器都有相应的 Svelte 开发者工具插件，能够令开发人员查看运行中 Svelte 应用程序的组件结构。

第 12 章 测试

本章内容：

- 使用 Jest 进行单元测试
- 使用 Cypress 进行端到端测试
- 使用 Svelte 编译器、Lighthouse、axe 和 WAVE 进行无障碍可访问性测试
- 使用 Storybook 展示和调试 Svelte 组件

本书前面章节已经介绍了 Svelte 的主要特性，下面重点介绍如何测试 Svelte。我们希望所开发的应用程序能够完美地实现所期望的功能，并且具备优秀的无障碍可访问性，以及持续更新的能力。接下来将介绍能够帮助我们实现上述期望的三种主要方法，分别是单元测试、端到端测试以及无障碍可访问性测试。

单元测试主要用于测试应用程序中独立的模块，适用于验证独立的函数和组件是否正常。我们将介绍如何使用 Jest 测试框架进行单元测试。

端到端测试通过模拟用户的操作来测试应用程序。端到端测试能够模拟的交互逻辑包括登录功能(如果应用程序需要登录的话)；在应用程序中切换不同的页面(如果应用程序不是只有一个页面)；预测用户可能遇到的各种场景，在应用程序中模拟这些场景，并进行验证。

无障碍可访问性测试能够验证特殊群体是否可以正常使用应用程序。大多数情况下，会更关注于视力障碍群体的体验，这些用户需要更多的色彩对比，可能还会需要使用屏幕阅读器。我们将介绍如何使用 Svelte 编译器、Lighthouse、axe 和 WAVE 进行无障碍可访问性测试。

Storybook 能够对应用程序所使用的独立组件进行分类和展示，支持多种 Web 框架，其中包括 Svelte。

本章介绍的功能能够帮助开发人员定位 Svelte 和 Sapper 应用程序中的问题，减少应用程序在正式发布后可能遇到的问题。

本章篇幅略长，因为其中包括大量的代码示例和图片。通过这些代码和图片能够帮助开发人员更好地开展测试工作，交付更完美的应用程序。

12.1 使用 Jest 进行单元测试

Jest 在其官网(https://jestjs.io)中称自己为“一款专注于易用性的，令人爱不释手的 JavaScript 测试框架”。开发人员可以使用 Jest 测试多种 Web 框架，其中包括 Svelte。

Jest 的默认运行环境为 jsdom(https://github.com/jsdom/jsdom)，jsdom 实现了无头浏览器环境，以便执行基于 DOM 操作的测试。这令开发人员可以在命令行或者持续集成(CI)环境中执行 Jest 测试。

Jest 能够监听源代码和测试源代码的变化，一旦上述文件发生变化，可以立刻执行测试。对于开发人员来说，在调试那些测试失败的用例时，这个功能非常方便。

Jset 支持快照测试。这种测试通常会要求测试用例中每一轮测试的输出结果保持一致，这种方式能够令开发人员更容易地实现大规模测试，但同时需要更细致地留意测试失败的情况。

我们可以使用一系列函数来定义 Jest 测试套件，这些函数会被传入 describe 函数中。这些函数可以：

- 声明测试套件中所有测试用例使用的常量和变量。
- 指定需要被调用的函数。
    - 在测试套件中所有测试用例执行之前运行(beforeAll)。
    - 在测试套件中所有测试用例执行之后运行(afterAll)。
    - 在测试套件中每个测试用例执行之前运行(beforeEach)。
    - 在测试套件中每个测试用例执行之后运行(afterEach)。
- 我们可将测试用例定义在一个函数中，并将这个函数传入 test 函数。执行测试套件便可调用定义在其中的 test 函数。注意，test 函数的别名为 it。

通常，我们将每个测试套件定义在一个单独的文件中，其后缀名为.spec.js。这些测试套件文件可与.js 或者.svelte 后缀的源代码放在一起，也可将所有测试套件文件集中放在__tests__目录下，__tests__目录与 src 目录平级。

注意 Svelte 打包后的文件仅包括应用程序运行所需的代码，因此测试代码并不会被打包进最终文件中。

在传入 test 函数的测试用例中，我们可以：

- 渲染 Svelte 组件，无论是否提供 prop。
- 在渲染结果中获得 DOM 节点。
- 触发一系列修改 DOM 的事件以模拟用户的交互行为。
- 利用 expect 函数对 DOM 进行断言检查。

在 Jest 官方文档的 Using Matchers(https://jestjs.io/docs/en/using-matchers)部分中能够找到对 expect 函数以及 matcher 的详细介绍和示例。

Svelte Testing Library(https://testing-library.com/docs/svelte-testing-library/intro)与 Jest 配合使用能够令开发人员测试 Svelte 组件更加简单。DOM Testing Library(https://testing-library.com/docs/dom-testing-library/intro)能够提供与框架无关的测试能力，而 Svelte Testing Library 是在 DOM Testing Library 的基础上开发的。

Svelte Testing Library 中最核心的函数是 render 和 fireEvent。

render 函数有两个参数，其中一个参数为 Svelte 组件，另一个参数则是这个组件所需的 prop 对象。render 函数返回一个对象，开发人员可使用其中的 container 属性配合 DOM 查询函数访问组件中的 DOM 节点。container 属性的值是组件的根节点对应的 DOM 元素。一旦确定了根节点，那么在测试用例中就可使用 querySelector 和 querySelectorAll 等函数查找组件中的其他 DOM 节点。

DOM Testing Library 官方文档中的 Queries 部分详细介绍了 render 函数返回的查询函数。最常用的查询函数包括 getByText、getByLabelText 和 getByTestId。

fireEvent 函数可以触发指定 DOM 节点的事件。利用 fireEvent 函数能够触发 Svelte 组件更新 DOM，接下来就使用 expect 函数验证 DOM 是否被正确更新了。

在测试 Svelte 组件之前需要安装一些额外的依赖，执行 cd 命令进入项目根目录，接着执行 npm install -D name 命令，其中 name 参数是下面这些依赖的名称：

- @babel/core
- @babel/preset-env
- @testing-library/svelte
- babel-jest
- jest
- svelte-jester

Babel 将具备高级语法的 JavaScript 代码编译成可运行在多种浏览器的并且向后兼容的 JavaScript 代码。我们可在项目的根目录下配置 Babel，配置文件如代码清单 12.1 所示。

代码清单 12.1 babel.config.js 中定义的 Babel 配置

```
module.exports = {
  presets: [
    [
      '@babel/preset-env',
      {
        targets: {
          node: 'current'
        }
      }
    ]
  ]
};
```

此处的设置可避免 regenerator-runtime not found 报错

可在项目的根目录下配置 Jest，配置文件如代码清单 12.2 所示。

代码清单 12.2 jest.config.js 中定义的 Jest 配置

```
module.exports = {
  bail: false,
  moduleFileExtensions: ['js', 'svelte'],
  transform: {
    '^.+\\.js$': 'babel-jest',
    '^.+\\.svelte$': 'svelte-jester'
  },
  verbose: true
};
```

将 bail 设置为 false 能够在遇到某一个测试用例验证失败时不退出整个测试套件，而是继续执行测试套件中剩余的测试用例，这样能让开发人员获得测试套件中所有测试用例的执行结果

将 verbose 设置为 true 能令 Jest 单独展示每一条测试用例的执行结果，而不是仅展示测试套件执行结果的摘要

在 package.json 的 scripts 属性中添加如下脚本：

```
"test": "jest src",
"test:watch": "npm run test -- --watch"
```

每执行一次 npm test 命令将会运行所有的单元测试。执行 npm run test:watch 命令，能够监听代码的变化，当代码发生改变时，会自动运行所有的单元测试。

12.1.1 为 Todo 应用程序添加单元测试

在第 2 章的结尾，我们创建了一个 Todo 组件，接下来为这个组件添加 Jest 单元测试。

代码清单 12.3 使用 Jest 测试 src/Todo.spec.js 中的 Todo 组件

```
import {cleanup, render} from '@testing-library/svelte';

import Todo from './Todo.svelte';

describe('Todo', () => {
  const text = 'buy milk';
  const todo = {text};
  afterEach(cleanup);

  test('should render', () => {
    const {getByText} = render(Todo, {props: {todo}});
    const checkbox = document.querySelector('input[type="checkbox"]');
    expect(checkbox).not.toBeNull(); // found checkbox
    expect(getByText(text)); // found todo text
    expect(getByText('Delete')); // found Delete button
  });
});
```

卸载在上一轮测试中挂载的组件

想要测试复选框的状态改变或者 Delete 按钮被单击时的事件是否被触发，并不是一件容易的事情，在 TodoList 组件的测试用例中，将展示如何测试事件是否被触发。

在第 2 章的结尾，我们创建了一个 TodoList 组件，代码清单 12.4 展示了 TodoList 组件的

Jest 测试套件。

代码清单 12.4　使用 Jest 测试 src/TodoList.spec.js 中的 TodoList 组件

```
import {cleanup, fireEvent, render, waitFor} from '@testing-library/svelte';

import TodoList from './TodoList.svelte';

describe('TodoList', () => {
  const PREDEFINED_TODOS = 2;        ← TodoList 组件中默认待办事项的个数

  afterEach(cleanup);

  function expectTodoCount(count) {  ← expectTodoCount 会在下面多个 test 函数中被调用
    return waitFor(() => {           ← 等待 DOM 更新
      const lis = document.querySelectorAll('li');  ← 每个 Todo 组件的根节点为 li 元素
      expect(lis.length).toBe(count);
    });
  }

  test('should render', async () => {
    const {getByText} = render(TodoList);
    expect(getByText('To Do List'));
    expect(getByText('1 of 2 remaining'));
    expect(getByText('Archive Completed')); // button
    await expectTodoCount(PREDEFINED_TODOS);
  });

  test('should add a todo', async () => {
    const {getByTestId, getByText} = render(TodoList);

    const input = getByTestId('todo-input');  ← 修改 src/TodoList.svelte 文件，为 input 元素添加属性：data-testid="todo-input"
    const value = 'buy milk';
    fireEvent.input(input, {target: {value}});
    fireEvent.click(getByText('Add'));

    await expectTodoCount(PREDEFINED_TODOS + 1);
    expect(getByText(value));
  });

  test('should archive completed', async () => {
    const {getByText} = render(TodoList);
    fireEvent.click(getByText('Archive Completed'));
    await expectTodoCount(PREDEFINED_TODOS - 1);
    expect(getByText('1 of 1 remaining'));
  });

  test('should delete a todo', async () => {
    const {getAllByText, getByText} = render(TodoList);
    const text = 'learn Svelte';     ← 第一条待办事项显示的文本
    expect(getByText(text));

    const deleteBtns = getAllByText('Delete');
```

```
    fireEvent.click(deleteBtns[0]);
    await expectTodoCount(PREDEFINED_TODOS - 1);
  });
```

删除第一条待办事项

```
  test('should toggle a todo', async () => {
    const {container, getByText} = render(TodoList);
    const checkboxes = container.querySelectorAll('input[type="checkbox"]');

    await fireEvent.click(checkboxes[1]);
    expect(getByText('0 of 2 remaining'));

    await fireEvent.click(checkboxes[0]);
    expect(getByText('1 of 2 remaining'));
  });
});
```

单击第二条待办事项的复选框

单击第一条待办事项的复选框

12.1.2 为 Travel Packing 应用程序增加单元测试

接下来让我们为 Travel Packing 应用程序增加单元测试。所有单元测试的代码都可在 http://mng.bz/QyNG 中找到。

修改 src/Item.svelte 文件中的 button 元素，为其添加 data-testid 属性，这是为了在测试的过程中能够很容易地通过 data-testid 属性找到这个按钮。

代码清单 12.5 修改 src/Item.svelte 文件中的 Item 组件

```
<button class="icon" data-testid="delete"
  on:click={() => dispatch('delete')}>
  &#x1F5D1;
</button>
```

Item 组件的 Jest 测试套件如代码清单 12.6 所示。

代码清单 12.6 在 Item.spec 文件中定义了 Item 组件的 Jest 测试

```
import {cleanup, render} from '@testing-library/svelte';

import Item from './Item.svelte';

describe('Item', () => {
  const categoryId = 1;
  const dnd = {};
  const item = {id: 2, name: 'socks', packed: false};

  afterEach(cleanup);

  test('should render', () => {
    const {getByTestId, getByText} = render(Item, {categoryId, dnd, item});
    const checkbox = document.querySelector('input[type="checkbox"]');
    expect(checkbox).not.toBeNull();
```

dnd 是 Item 组件不可缺少的一个 prop，但在测试过程中并不涉及 dnd 相关的功能，因此将 dnd 声明为空对象即可

测试复选框是否被渲染了

```
    expect(getByText(item.name));        ← 测试名称是否被渲染了
    expect(getByTestId('delete'));       ← 测试 Delete 按钮是否被渲染了
  });
});
```

上面的测试用例验证了 Item 组件是否被正确地渲染在页面上。我们也可通过快照测试来实现这种测试。快照测试首次运行时，会创建一个名为__snapshots__的目录。在__snapshots__目录下保存了快照测试过程中组件的渲染结果。在接下来的快照测试中，会将本次测试的渲染结果与__snapshots__目录下保存的渲染结果进行对比，如果两者不一致，则认为测试失败。

在执行快照测试时，需要我们格外留意测试细节。当首次运行快照测试时，开发人员需要确保组件能够被正确渲染。在之后的快照测试中，一旦测试失败，开发人员需要根据测试报告仔细检查渲染结果之间的差异，确定这些差异是否符合开发人员的预期。如果这些差异符合开发人员的预期，那么单击 U 键可将快照测试的渲染结果更新到最新。如果不符合预期，则需要根据测试报告修复错误，并重新运行快照测试。

Item 组件的快照测试如代码清单 12.7 所示。与前面介绍的 should render 测试相比，快照测试的代码非常简单。

代码清单 12.7　Item.spec 文件中定义的 Item 组件的快照测试

```
test('should match snapshot', () => {
  const {container} = render(Item, {categoryId, dnd, item});
  expect(container).toMatchSnapshot();
});
```

在测试 Category 组件时，我们需要验证组件中是否包含 input 元素，并且 input 元素绑定了变量 itemName。代码清单 12.8 为 input 元素添加了 data-testid 属性，这能简化测试步骤。

代码清单 12.8　修改 src/Category.svelte 文件，为 input 元素添加 data-testid 属性

```
<input data-testid="item-input" required bind:value={itemName} />
```

代码清单 12.9 展示了 Category 组件的 Jest 测试套件。

代码清单 12.9　Category.spec.js 文件中定义的 Category 组件的 Jest 测试

```
import {cleanup, fireEvent, render, waitFor} from '@testing-library/svelte';

import Category from './Category.svelte';

describe('Category', () => {
  let itemCount = 0;        ← itemCount 变量用来记录该类别中的物品数量，beforeEach 的回调函数被调用时会更新 itemCount

  const category = {id: 1, name: 'Clothes', items: {}};
  const categories = [category];
  const dnd = {};        ← dnd 是 Category 组件不可缺少的一个 props，但在测试过程中并不涉及 dnd 相关的功能，因此将 dnd 声明为空对象即可
  const props = {categories, category, dnd, show: 'all'};
```

```
beforeEach(() => {
  category.items = {
    1: {id: 1, name: 'socks', packed: true},
    2: {id: 2, name: 'shoes', packed: false}
  };
  itemCount = Object.keys(category.items).length;
});

afterEach(cleanup);

test('should match snapshot', () => {
  const {container} = render(Category, props);
  expect(container).toMatchSnapshot();
});

function expectItemCount(count) {
  return waitFor(() => {
    const lis = document.querySelectorAll('li');
    expect(lis.length).toBe(count);
  });
}

test('should render', async () => {
  const {getByText} = render(Category, props);
  expect(getByText('Clothes'));
  expect(getByText('1 of 2 remaining'));
  expect(getByText('New Item'));
  expect(getByText('Add Item'));
  await expectItemCount(itemCount);
});

test('should add an item', async () => {
  const {getByTestId, getByText} = render(Category, props);

  const input = getByTestId('item-input');
  const value = 't-shirts';
  fireEvent.input(input, {target: {value}});
  fireEvent.click(getByText('Add Item'));
  await expectItemCount(itemCount + 1);
  expect(getByText(value));
});

test('should delete an item', async () => {
  const {getAllByTestId} = render(Category, props);

  const deleteBtns = getAllByTestId('delete');
  fireEvent.click(deleteBtns[0]); // deletes first item
  await expectItemCount(itemCount - 1);
});

test('should toggle an item', async () => {
  const {container, getByText} = render(Category, props);

  const checkboxes = container.querySelectorAll('input[type="checkbox"]');
  expect(checkboxes.length).toBe(2);
```

每个 Item 组件的根节点为 li 元素

该类别中没有任何物品被打包

列表是按字母顺序排序的，因此 shoes 排在 socks 前面

```
    const [shoesCheckbox, socksCheckbox] = checkboxes;

    expect(socksCheckbox.nextElementSibling.textContent).toBe('socks');
    await fireEvent.click(socksCheckbox);
    expect(getByText('2 of 2 remaining'));

    expect(shoesCheckbox.nextElementSibling.textContent).toBe('shoes');
    await fireEvent.click(shoesCheckbox);
    expect(getByText('1 of 2 remaining'));
  });
});
```

该类别中只有一件物品被打包

当我们开始运行 Travel Packing 应用程序的 Jest 测试时，会遇到一个问题：Dialog 组件中的 dialogPolyfill 没有被定义。为此，请按代码清单 12.10 所示修改 src/Dialog.svelte 文件中的 onMount 函数。

代码清单 12.10 src/Dialog.svelte 文件中 Dialog 组件的 onMount 函数

```
onMount(() => {
  if (dialogPolyfill) dialogPolyfill.registerDialog(dialog);
});
```

你可能尝试提升 if 判断语句，将 onMount 语句整体转移到 if 判断条件中，而不是如代码清单 12.10 一样在 onMount 函数内部添加 if 判断语句。然而这种做法是不正确的，因为 onMount 函数是生命周期函数，不能根据 if 判断条件决定其是否被调用。

如果将测试套件的 describe 函数改为 describe.skip，那么可以临时跳过这个测试套件。同样，如果希望临时跳过测试套件中的某个测试用例，可以将该测试用例的 test 函数改为 test.skip。如果希望只执行测试套件中的某一个测试用例，可将该测试用例的 test 函数改为 test.only。

当测试执行失败时，运行测试的终端将展示测试的结果，如代码清单 12.11 所示，测试失败是因为使用 SOCKS 字符串与 socks 字符串并不匹配。

代码清单 12.11 Jest 测试失败

```
FAIL src/Item.spec.js
  Item
    ✕ should render (32ms)
    ✓ should match snapshot (4ms)

  ● Item › should render

    Unable to find an element with the text: SOCKS.
    This could be because the text is broken up by multiple elements.
    In this case, you can provide a function for your
    text matcher to make your matcher more flexible.

    <body>z
      <div>
```

```
      <li
        class="svelte-ft3yg2"
        draggable="true"
      >
        <input
          class="svelte-ft3yg2"
          type="checkbox"
        />

        <span
          class="packed-false svelte-ft3yg2"
        >
          socks
        </span>

        <button
          class="icon svelte-ft3yg2"
          data-testid="delete"
        >
          🗑
        </button>
      </li>
    </div>
  </body>

    15 |      const checkbox = document.querySelector('input[type="checkbox"]');
    16 |      expect(checkbox).not.toBeNull(); // found checkbox
  > 17 |      expect(getByText(item.name.toUpperCase())); // found item name
       |             ^
    18 |      expect(getByTestId('delete')); // found delete button
    19 |   });
    20 |

    at getElementError (node_modules/@testing-library/dom/dist/queryhelpers.
  js:22:10)
    at node_modules/@testing-library/dom/dist/query-helpers.js:76:13
    at getByText (node_modules/@testing-library/dom/dist/queryhelpers.
  js:59:17)
    at Object.<anonymous> (src/Item.spec.js:17:12)
Test Suites: 1 failed, 1 passed, 2 total
Tests:       1 failed, 6 passed, 7 total
Snapshots:   2 passed, 2 total
Time:        1.964s, estimated 2s
Ran all test suites matching /src/i.

Watch Usage: Press w to show more.
```

当测试执行成功时，运行测试的终端将展示测试的结果，如代码清单 12.12 所示。

代码清单 12.12 Jest 测试成功

```
PASS src/Item.spec.js
  Item
    ✓ should render (22ms)
    ✓ should match snapshot (5ms)
```

```
  PASS src/Category.spec.js
    Category
      ✓should match snapshot (48ms)
      ✓ should render (16ms)
      ✓ should add an item (14ms)
      ✓ should delete an item (32ms)
      ✓ should toggle an item (11ms)

Test Suites: 2 passed, 2 total
Tests:       7 passed, 7 total
Snapshots:   2 passed, 2 total
Time:        1.928s, estimated 2s
Ran all test suites matching /src/i.

Watch Usage: Press w to show more.
```

12.2 使用 Cypress 执行端到端测试

Cypress 在其官网(www.cypress.io/)中声称"为在浏览器中运行的任何程序编写快速、容易和可靠的测试"。Cypress 能够编写端到端测试，支持使用任何框架(包括 Svelte)或者非框架开发的应用程序。这意味着端到端测试不像单元测试那样用于测试特定的组件，而更偏重于测试 Web 应用程序的功能。

Cypress 会在全局公开一个变量 cy，Cypress 的所有函数和功能都可通过 cy 变量调用，例如通过文本或 CSS 选择器查询页面中的元素。需要注意，为了等待页面渲染完成，查询操作会默认延迟 4 秒执行。

假设页面上有一个 Press Me 按钮，单击后会在页面中渲染出 Success 这个单词。下面的代码会从页面中查找到这个按钮，模拟单击，并验证 Success 是否被正确渲染出来。

```
cy.get('button').contains('Press Me').click();
cy.contains('Success');
```

下面的代码会从页面中找到一个 input 元素，并模拟在其中输入一些文字。我们假设这个 input 元素有一个 data-testid 属性，这样在测试时能方便地从页面中找到这个元素。

```
cy.get('[data-testid=some-id]').type('some text');
```

在编写 Cypress 测试时，开发人员可利用 Cypress 提供的工具函数模拟应用程序内状态的迁移，执行断言判断等。以几乎所有 Web 应用程序都会有的登录功能为例，利用 Cypress，我们可以测试登录流程，包括访问 Login 页面，输入用户名和密码，单击登录按钮等用户操作。稍后将以 Travel Packing 应用程序为例，展示如何使用 Cypress。

在 Svelte 应用程序中安装 Cypress，首先执行 npm install-D Cypress 命令，之后在 package.json 中添加下面的 npm 脚本。

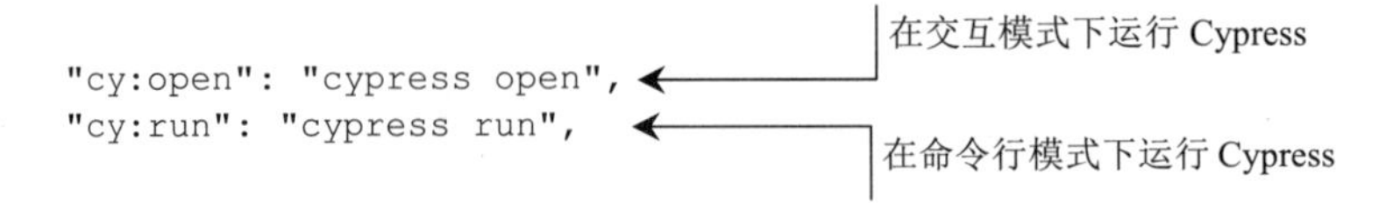
"cy:open": "cypress open",
"cy:run": "cypress run",
在交互模式下运行 Cypress
在命令行模式下运行 Cypress

执行 npm run cy:open 命令，将在交互模式下运行 Cypress。在交互模式下，如果改动业务代码或测试代码，Cypress 会重新运行测试。在交互模式下运行的 Cypress 会创建一个 Cypress 目录，其中包括以下子目录。

- fixtures——fixture 目录用来存放测试所使用的数据。为便于引用，通常将测试数据定义为 json 文件。Cypress 并不强制保留 fixtures 目录。
- integration——integration 目录用来存放测试文件(又称为 specs 文件)，integration 目录可根据实际情况包含多个子目录。
- plugins——Cypress 支持插件机制，如 cypress-svelte-unit-test 插件(https://github.com/bahmutov/cypress-svelte-unit-test)。Cypress 在执行每个测试文件之前均会扫描 plugins 目录，并执行其中的 index.js 文件。Cypress 并不强制保留 plugins 目录。
- screenshots——调用 cy.screenshot()会对当前屏幕进行截屏，所生成的屏幕截图会存放在 screenshots 目录中。在调试测试用例时，屏幕截图能提供很大的帮助。
- support——support 目录中的文件用来为 Cypress 添加自定义命令，在测试过程中可以调用这些自定义命令。Cypress 在执行每个测试文件之前均会扫描 support 目录，并执行其中的 index.js 文件。Cypress 并不强制保留 support 目录。

执行 npm run cy:open 命令后，创建的 Cypress 目录中已经包括上述子目录，并为开发人员在每个子目录下创建模板文件。这些模板文件连同其所在目录都可删除，开发人员只需要在 cypress/integration 子目录中创建测试文件(扩展名为.spec.js)即可。

12.2.1 对 Todo 应用程序执行端到端测试

在第 2 章中我们开发了一个 Todo 应用程序，接下来让我们对这个应用程序进行端到端测试。

代码清单 12.13 在 cypress/integration/TodoList.spec.js 文件中使用 Cypress 对 TodoList 组件进行测试

```
const baseUrl = 'http://localhost:5000/';

describe('Todo app', () => {
  it('should add todo', () => {
    cy.visit(baseUrl);
    cy.contains('1 of 2 remaining');
    cy.contains('Add')              ← 当没有输入任何文字时，Add 按钮不可用
      .as('addBtn')                 ← 将 Add 按钮标记为 addBtn，方便后续查找
      .should('be.disabled');
输入文字 →
    const todoText = 'buy milk';
    cy.get('[data-testid=todo-input]')
```

```
      .as('todoInput')
      .type(todoText);

    const addBtn = cy.get('@addBtn');
    addBtn.should('not.be.disabled');
    addBtn.click();

    cy.get('@todoInput').should('have.value', '');
    cy.get('@addBtn').should('be.disabled');
    cy.contains(todoText);
    cy.contains('2 of 3 remaining');
  });

  it('should toggle done', () => {
    cy.visit(baseUrl);
    cy.contains('1 of 2 remaining');

    cy.get('input[type=checkbox]')
      .first()
      .as('cb1')
      .click();
    cy.contains('2 of 2 remaining');

    cy.get('@cb1').check();
    cy.contains('1 of 2 remaining');
  });

  it('should delete todo', () => {
    cy.visit(baseUrl);
    cy.contains('1 of 2 remaining');

    const todoText = 'learn Svelte'; // first todo
    cy.contains('ul', todoText);

    cy.contains('Delete').click();
    cy.contains('ul', todoText).should('not.exist');
    cy.contains('1 of 1 remaining');
  });

  it('should archive completed', () => {
    cy.visit(baseUrl);

    const todoText = 'learn Svelte'; // first todo
    cy.contains('ul', todoText);

    cy.contains('Archive Completed').click();
    cy.contains('ul', todoText).should('not.exist');
    cy.contains('1 of 1 remaining');
  });
});
```

找到并选中页面中的第一个复选框

再次单击页面中的第一个复选框，并验证页面中的显示是否正确

单击页面中的第一个 Delete 按钮

单击页面中的 Archive Completed 按钮

按照以下步骤，我们可在交互模式下测试应用程序。首先执行 npm run dev 命令，启动本地服务器；接下来执行 npm run cy:open 命令打开 Cypress 工具，单击其右上角的 Run All Specs 按钮，Cypress 工具将显示测试运行的页面。所有测试结束后，关闭页面和 Cypress 工具。

在应用程序中使用 console.log 是一种很方便的调试方式。在代码中加入 console.log，可以帮助我们定位正在执行的源代码及函数。例如，可以在代码中添加这样的 console.log 语句：console.log('TodoList.svelte toggle-Done:todo=',todo);，并通过浏览器的开发者工具查看 console.log 的输出。

按照以下步骤，我们可以在命令行模式下测试应用程序。首先执行 npm run dev 命令，启动本地服务器；接下来打开另一个终端，执行 npm run cy:run 命令后会在后台运行所有的测试任务，并将结果显示在该终端上，测试过程会被记录到一个 MP4 视频文件，存放在 cypress/videos 子目录下。双击视频文件可以观看每个测试用例的执行过程。

12.2.2 对 Travle Packing 应用程序执行端到端测试

现在让我们对 Travel Packing 应用程序进行端到端测试，访问 http://mng.bz/eQqQ 可以查看全部代码。

(1) 执行 npm install -D Cypress 命令安装 Cypress。

(2) 添加与 Cypress 有关的 npm 脚本。

(3) 执行 npm run dev 命令启动应用程序。

(4) 打开一个新的终端，执行 npm run cy:open 命令，将在项目根目录下创建 Cypress 目录以及 Cypress 需要的所有代码文件。

(5) 将 cypress/integration/examples 目录迁移到 cypress/examples，这些例子对于我们来说并不是 Cypress 真实的测试用例，仅作参考使用，所以将其从 cypress/integration 目录迁移出来，避免与真正的测试用例混淆。

(6) 修改 src/Checklist.svelte 文件，找到绑定了 categoryName 变量的 input 元素，为其添加 data-testid 属性，以便我们能够很方便地找到这个 input 元素。

```
<input
  data-testid="category-name-input"
  required
  bind:value={categoryName}
/>
```

(7) 在 cypress/integraton 目录下创建 travel-packing.spec.js 文件，内容如代码清单 12.14 所示。

代码清单 12.14 cypress/integration/travel-packing.spec.js 文件中 Cypress 的测试代码

```
const baseUrl = 'http://localhost:5000/';

function login() {
  cy.visit(baseUrl);
  cy.contains('Username')
    .children('input')
    .type('username');
  cy.contains('Password')
    .children('input')
    .type('password');
```

```
  cy.get('button')
    .contains('Login')
    .click();
}

function addCategories() {
  login();                                   // 在添加类别之前，首先需要登录

  cy.get('[data-testid=category-name-input]')
    .as('nameInput')
    .type('Clothes');
  cy.get('button')
    .contains('Add Category')
    .click();

  cy.get('@nameInput').type('Toiletries{enter}');
}
function addItems() {
  addCategories();

  cy.get('[data-testid=item-input]')
    .first()
    .as('item-input-1')
    .type('socks');
  cy.get('button')
    .contains('Add Item')
    .first()
    .click();
  cy.get('@item-input-1').type('shoes{enter}');
  verifyStatus('Clothes', '2 of 2 remaining');

  cy.get('[data-testid=item-input]')
    .last()
    .type('razor{enter}');
  verifyStatus('Toiletries', '1 of 1 remaining');
}

function deleteCategory(categoryName) {
  cy.contains(new RegExp(`^${categoryName}$`))
    .siblings('button')
    .click();
}

function deleteItem(itemName) {
  cy.contains(new RegExp(`^${itemName}$`))
    .siblings('button')
    .click();
}

function togglePacked(itemName) {
  cy.contains(new RegExp(`^${itemName}$`))
    .siblings('input[type="checkbox"]')
    .click();
}

function verifyStatus(categoryName, expectedStatus) {
```

在添加类别之前，首先需要登录

type 方法接收到的参数如果是一个带有"{enter}"的字符串，那么 type 方法会模拟用户单击回车键的行为

在添加项目前，首先需要添加类别

在 Clothes 类别中查找 input 元素

在 Toiletries 类别中查找 input 元素

```
    cy.contains(new RegExp(`^${categoryName}$`))
      // This is useful to verify that the correct element is found.
      // It draws a red outline around all the matching elements.
      //.then(el => el.css('outline', 'solid red'))
      .siblings('span')
      .contains(expectedStatus);
  }

  describe('Travel Packing app', () => {
    it('should login', login);

    it('should add categories', addCategories);

    it('should add items', addItems);

    it('should toggle packed', () => {
      addItems();
      verifyStatus('Clothes', '2 of 2 remaining');

      togglePacked('shoes');
      verifyStatus('Clothes', '1 of 2 remaining');
      togglePacked('shoes');
      verifyStatus('Clothes', '2 of 2 remaining');
    });

    it('should delete item', () => {
      addItems();
      verifyStatus('Clothes', '2 of 2 remaining');

      deleteItem('shoes');
      verifyStatus('Clothes', '1 of 1 remaining');
    });

      it('should delete category', () => {
        addItems();
        verifyStatus('Toiletries', '1 of 1 remaining');

        deleteItem('razor');
        verifyStatus('Toiletries', '0 of 0 remaining');

        const categoryName = 'Toiletries';
        // Verify that the category exists.
        cy.get('.categories h2 > span').contains(categoryName);
        deleteCategory(categoryName);
        // Verify that the category no longer exists.
        cy.get('.categories h2 > span')
          .contains(categoryName)
          .should('not.exist');
    });

    it('should logout', () => {
      login();
      cy.get('button')
        .contains('Log Out')
        .click();
      cy.contains('Login');
```

在删除类别前，首先需要清空该类别中的所有项目

```
  });
});
```

执行 npm run cy:open 命令运行上面的端到端测试。测试结果如图 12.1 所示，绿色对勾表示该测试用例执行成功。

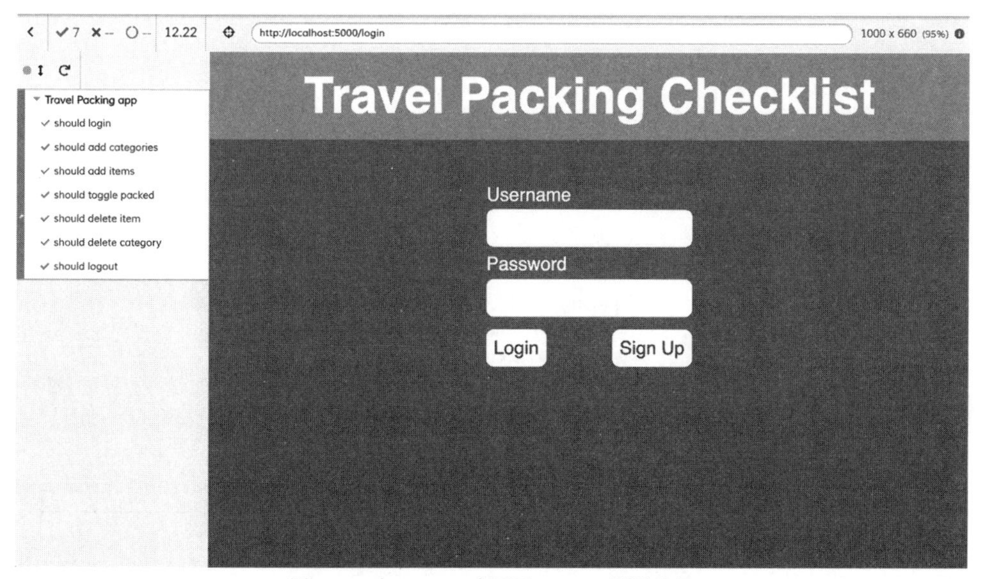

图 12.1　在 Chrome 中展示 Cypress 测试结果

执行 npm run cy:run 同样可运行上面的端到端测试，测试结果会以文本形式输出到终端，如代码清单 12.15 所示。

代码清单 12.15　在终端中展示 Cypress 测试结果

```
Run Starting)

 ┌──────────────────────────────────────────────────────────────────┐
 │ Cypress:      3.8.1                                              │
 │ Browser:      Electron 78 (headless)                             │
 │ Specs:        1 found (travel-packing.spec.js)                   │
 └──────────────────────────────────────────────────────────────────┘

────────────────────────────────────────────────────────────────────────
  Running: travel-packing.spec.js                              (1 of 1)

  Travel Packing app
    ✓ should login (888ms)
    ✓ should add categories (1196ms)
    ✓ should add items (1846ms)
    ✓ should toggle packed (2057ms)
    ✓ should delete item (1973ms)
    ✓ should delete category (2037ms)
    ✓ should logout (1938ms)

  7 passing (13s)
```

```
  (Results)

  ┌──────────────────────────────────────────────────────────────────────┐
  │ Tests:         7                                                     │
  │ Passing:       7                                                     │
  │ Failing:       0                                                     │
  │ Pending:       0                                                     │
  │ Skipped:       0                                                     │
  │ Screenshots:   0                                                     │
  │ Video:         true                                                  │
  │ Duration:      12 seconds                                            │
  │ Spec Ran:      travel-packing.spec.js                                │
  └──────────────────────────────────────────────────────────────────────┘

  (Video)

  • Started processing: Compressing to 32 CRF
  • Finished processing: /Users/mark/Documents/programming/languages/ (0 seconds)
                         javascript/svelte/book/svelte-and-sapper-in-action/
                         travel-packing-ch11/cypress/videos/
                         travel-packing.spec.js.mp4
======================================================================

  (Run Finished)

       Spec                              Tests  Passing  Failing  Pending  Skipped
  ┌────────────────────────────────────────────────────────────────────────────┐
  │ ✓  travel-packing.spec.js   00:12      7        7        -        -        - │
  └────────────────────────────────────────────────────────────────────────────┘
     ✓  All specs passed!        00:12      7        7        -        -        -
```

12.3 无障碍可访问性测试

现在有很多工具能够测试应用程序的无障碍可访问性，下面列举其中一些工具。

- Svelte compiler——Svelte compiler 可标记出应用程序在无障碍访问性方面的问题，本章后面将详细介绍。
- Lighthouse(https://developers.google.com/web/tools/lighthouse)——Lighthouse 是一款免费的站点评测工具。开发人员可在 Chrome 开发者工具中的 Audits 标签页使用 Lighthouse，在命令行或 Node 环境也可调用 Lighthouse。使用 Lighthouse 可从性能、渐进性 Web 应用、无障碍可访问性以及搜索引擎优化(SEO)等多个方面评估 Web 应用程序。
- axe(www.deque.com/axe/)——axe 是一款免费的 Chrome 扩展。axe PRO 是 axe 的企业版，能够测试问题的种类更丰富。
- WAVE(https://wave.webaim.org/)——WAVE 是一款免费的 Chrome 和 Firefox 扩展。Pope Tech(https://pope.tech/)是基于 WAVE 开发的企业级无障碍可访问性工具。

上面这些工具能从不同方面识别应用程序的无障碍访问性问题，因此建议同时使用这些工具。在后续章节中你会发现，有一些问题其实并不一定需要被解决。

12.3.1 Svelte compiler

Svelte compiler 能够检测无障碍可访问性问题，并在警告信息中以 a11y 作为前缀标识这些问题。如表 12.1 中展示的警告信息，其中的 code 均以 a11y 作为前缀。请注意，从表 12.1 可以看到，一些相同 code 所对应的 message 内容却有所不同。

表 12.1 Svelte 无障碍可访问性警告 code 和 message

code	message
a11y-distracting-elements	Avoid <{name}> elements
a11y-structure	<figcaption> must be an immediate child of <figure>
a11y-structure	<figcaption> must be first or last child of <figure>
a11y-aria-attributes	<{name}> should not have aria-* attributes
a11y-unknown-aria-attribute	Unknown aria attribute 'aria-{type}'
a11y-hidden	<{name}> element should not be hidden
a11y-misplaced-role	<{name}> should not have role attribute
a11y-unknown-role	Unknown role '{value}'
a11y-accesskey	Avoid using accesskey
a11y-autofocus	Avoid using autofocus
a11y-misplaced-scope	The scope attribute should only be used with <th> elements
a11y-positive-tabindex	Avoid tabindex values above zero
a11y-invalid-attribute	'{value}' is not a valid {attribute-name} attribute
a11y-missing-attribute	<a> element should have an href attribute
a11y-missing-content	<{name}> element should have child content
a11y-missing-attribute	<{name}> element should have {article} {sequence} attribute

某些情况下，开发人员有可能希望忽略一些警告，那么可以通过注释为指定的代码添加忽略选项。例如，下面的注释表示忽略“Avoid using autofocus”警告，将其添加到页面中所有 input 元素的上一行，这样在测试 input 元素会跳过相应的检测项目。

12.3.2 Lighthouse

在 Lighthouse 中按照以下步骤测试无障碍访问性问题

(1) 使用 Chrome 浏览器打开需要测试的站点。

(2) 打开开发者工具。

(3) 单击 Audits 标签页(如图 12.2 所示)。

(4) 勾选 Accessibility 复选框。

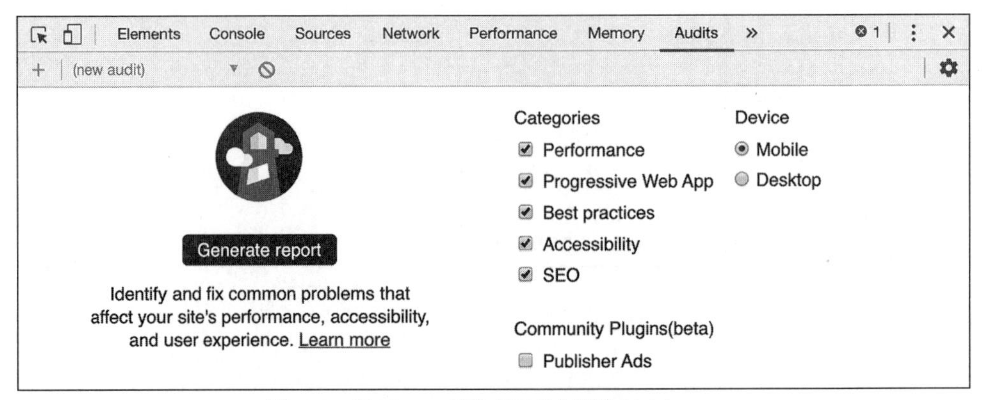

图 12.2　在 Chrome 开发者工具中设置 Lighthouse

(5) 单击 Generate Report 按钮。

(6) 如果想要保留当前测试结果，那么可以单击 Audits 标签页左上角的加号，打开一个新的 Lighthouse 页面，执行下一次测试。

(7) 浏览并操作站点，如切换页面等操作。

(8) 再次单击 Generate Report 按钮。

(9) 针对站点的所有页面重复执行第(6)～(8)步，观察是否测试出无障碍可用性访问。

注意　本章提供的代码示例已经修复了 Travel Packing 应用程序中的无障碍可访问性问题。如果希望了解无障碍可访问性问题的细节，可以使用 Lighthouse 测试第 11 章代码示例的 Travel Packing 应用程序。

如果希望代码变更后重新执行测试，请先单击 Clear All 图标(图标为一个圆形，内部有一条斜线)，之后单击 Run Audits 按钮。

Lighthouse 测试后发现 Login 页面有两个问题。Login 按钮和 Sign Up 按钮的颜色为灰色，而页面背景为白色，对比度较低。为解决这个问题，可修改 public/global.css 中定义的按钮颜色，从灰色改为黑色。

当添加一个类别和一个项目后，Lighthouse 仅测试出一个问题。如图 12.3 和图 12.4 所示，问题描述是“Background and foreground colors do not have a sufficient contrast ratio”。从无障碍可访问的角度看，白色文字与橙色和矢车菊蓝色混合的背景在颜色对比度方面不够友好。我们可以通过修改背景颜色来解决对比度的问题，首先修改 src/App.svelte 文件中定义的.hero 样式和 main 标签的样式，分别将橘色和矢车菊蓝色这两种背景色修改为其他颜色；接着修改 src/Dialog.svelte 文件中定义的 main 标签的样式，将矢车菊蓝修改为其他颜色。

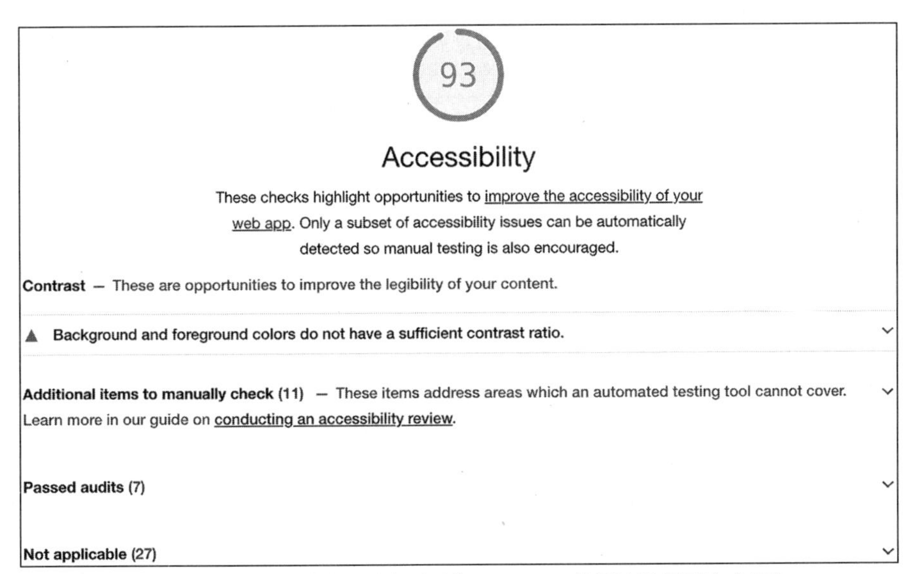

图 12.3　Chrome 开发者工具中展示的 Lighthouse 检测结果(页面上半部分)

Runtime Settings

URL	http://localhost:5000/checklist
Fetch time	Dec 30, 2019, 1:41 PM CST
Device	Emulated Desktop
Network throttling	150 ms TCP RTT, 1,638.4 Kbps throughput (Simulated)
CPU throttling	4x slowdown (Simulated)
User agent (host)	Mozilla/5.0 (Macintosh; Intel Mac OS X 10_15_1) AppleWebKit/537.36 (KHTML, like Gecko) Chrome/79.0.3945.79 Safari/537.36
User agent (network)	Mozilla/5.0 (Macintosh; Intel Mac OS X 10_13_6) AppleWebKit/537.36 (KHTML, like Gecko) Chrome/74.0.3694.0 Safari/537.36 Chrome-Lighthouse
CPU/Memory Power	1648

Generated by **Lighthouse** 5.5.0 | File an issue

图 12.4　Chrome 开发者工具中展示的 Lighthouse 检测结果(页面下半部分)

Contrast Checker 工具(https://webaim.org/resources/contrastchecker/)可以帮助开发人员挑选符合无障碍可访问性要求的颜色。输入正在使用的颜色，接着调整 Lightness 滑块，直到右侧展示的对比率达到 4.5。

我们将代码中所有的矢车菊蓝色(#6485ed)改为#3F6FDE，所有橘色(#ffa500)改为#A3660A，以便解决上面 Lighthouse 测试出的无障碍可访问性问题。为便于调整颜色值，可使用 CSS 变量。将新的色值赋给 CSS 变量，需要使用该色值的样式直接引用对应的 CSS 变量即可。如下面的代码所示，在 src/App.svelte 文件中使用 :root 前缀定义全局 CSS 变量。

```
:root {
  --heading-bg-color: #a3660a;
  --primary-color: #3f6fde;
  ...
}
```

下面的代码展示了如何使用上面的 CSS 变量。

```
background-color: var(--heading-bg-color);

background-color: var(--primary-color);
```

12.3.3　axe

首先需要在 Chrome 中安装 axe，安装步骤如下。

(1) 打开 https://www.deque.com/axe/。

(2) 单击 Download free Chrome extension 按钮。

(3) 单击 Add to Chrome 按钮。

安装完毕后，我们就可使用 axe 测试指定站点了，具体步骤如下：

(1) 打开待测试站点。

(2) 打开浏览器的开发者工具。

(3) 单击 axe 标签页。

(4) 单击 Analyze 按钮。

(5) 在左侧导航中列出所有测试出的问题，单击其中一个，可在右侧面板中看到该类问题的详细描述。

单击右上角的“<”和“>”按钮，可以在同类问题之间切换。单击 Highlight 按钮，将在页面中高亮显示出与该问题关联的渲染元素。单击“</> Inspect Node”按钮可以查看这些元素。修改代码后，单击 Run again 按钮会再次执行测试。

现在我们首先在 Travel Packing 应用程序中添加一个类别，之后在这个类别中添加一项。接下来使用 axe 测试 Checklist 页面，结果如图 12.5、图 12.6 和图 12.7 所示。

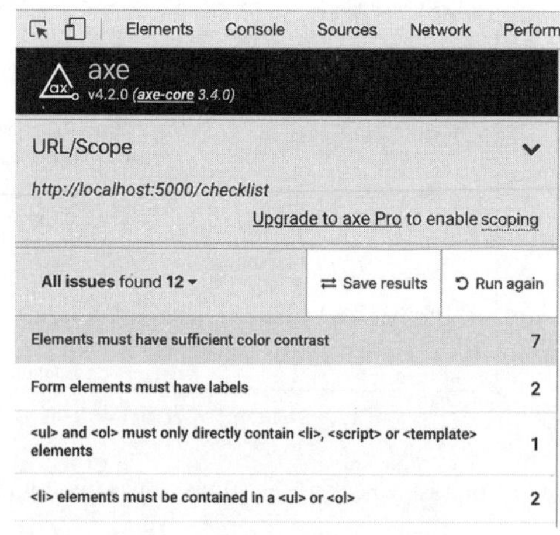

图 12.5　在 axe 中展示测试结果

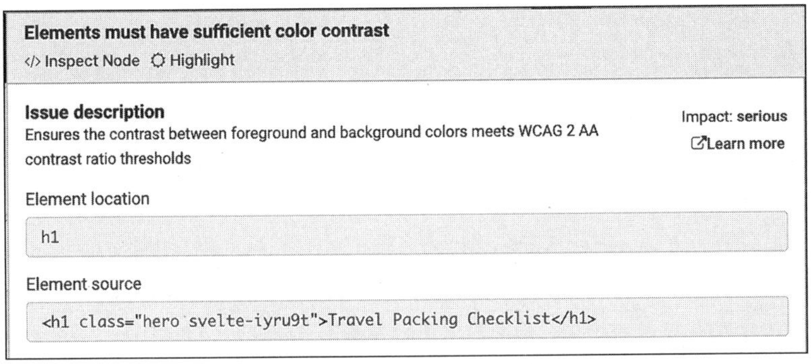

Elements must have sufficient color contrast

</> Inspect Node Highlight

Issue description

Ensures the contrast between foreground and background colors meets WCAG 2 AA contrast ratio thresholds

Impact: serious

Learn more

Element location

h1

Element source

<h1 class="hero svelte-iyru9t">Travel Packing Checklist</h1>

图 12.6　在 axe 中展示问题详情

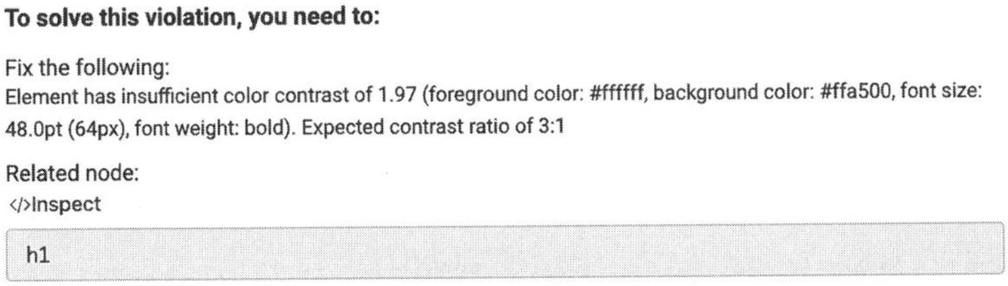

To solve this violation, you need to:

Fix the following:

Element has insufficient color contrast of 1.97 (foreground color: #ffffff, background color: #ffa500, font size: 48.0pt (64px), font weight: bold). Expected contrast ratio of 3:1

Related node:

</>Inspect

h1

图 12.7　在 axe 中展示问题修复建议

现在让我们深入了解 axe 测试出的问题。

- Elements must have sufficient color contrast——与 Lighthouse 中检测到的颜色对比度问题类似。
- Document must have one main landmark——App.svelte 和 Dialog.svelte 文件中都定义了 main 元素。需要删除其中一个 main 元素，如修改 Dialog.svelte 文件，将 main 元素修改为 section 元素。
- Form elements must have labels——这个问题是由 src/Item/svelte 中定义的两个 input 元素缺少 label 属性所引发的。第一个元素是列表中每个项目前面的复选框，第二个元素是当用户单击项目名称时，弹出的编辑项目名称的文本输入框。因为不希望在页面中显示出 label，所以这两个 input 元素都省略了 label 属性。为解决这个问题，可用 aria-label 属性替代 label 属性，如下面的代码所示。

```
<input
  aria-label="Toggle Packed"
  type="checkbox"
  bind:checked={item.packed}
/>
{#if editing}
  <input
    aria-label="Edit Name"
    autofocus
    bind:value={item.name}
    on:blur={() => (editing = false)}
    on:keydown={blurOnKey}
```

```
  type="text"
/>
```

- <ul> and <ol> must only directly contain <li>, <script> or <template> elements——这个问题是由 Category.svelte 文件中定义的 Item 组件引发的；Item 组件将 li 元素渲染到 div 元素，而由于该 div 元素带有 animate:flip 动画属性，我们无法直接删除 div 元素。如果删除 div 元素并将 animate:flip 动画属性转移到 li 元素上，Svelte 会提示错误："An element that use the animate directive must be the immediate child of a keyed each block."。目前看来，如果我们希望保留动画效果，那么只能暂时忽略这个问题。
- <li> elements must be contained in a <ul> or <ol>——与前一个问题类似。
- Heading levels should only increase by one——这个问题是由于在 h3 元素显示类别名称，其上级标题却使用了 h1 元素造成的。我们可将 Category.svelte 中定义的 h3 元素改为 h2，并通过 CSS 消除 h2 元素替换 h3 元素所造成的字号差异。

12.3.4 WAVE

首先需要在 Chrome 中安装 WAVE，安装步骤如下。

(1) 打开 https://wave.webaim.org/。

(2) 单击 Browser Extension 链接。

(3) 在页面中找到当前浏览器的 WAVE 插件，并单击插件链接。

(4) 单击 Add to Chrome 按钮。

安装完毕后，我们就可以为某一个站点执行 WAVE 测试，执行如下步骤。

(1) 单击浏览器地址栏右侧的 WAVE 图标。

(2) 页面左侧将打开当前站点的 WAVE 测试报告。

(3) 单击 View Details 按钮。

WAVE 除了能够测试出站点的问题外，还会标识出站点中符合无障碍访问性要求的内容(如为图片添加 alt 属性)。单击问题的图标，可在页面中查看该问题的详情。

现在我们首先在 Travel Packing 应用程序中添加一个类别，之后在这个类别中添加一项。接下来使用 WAVE 测试 Checklist 页面，结果如图 12.8 和图 12.9 所示。

现在让我们深入了解 WAVE 测试出的问题。

- Missing form label——这个问题与 axe 测试出的"Form elements must have labels"问题类似。
- Very low contrast——这个问题与 Lighthouse 测试出的颜色对比度问题类似。
- Orphaned form label——这个问题表示表单的 label 标签没有与表单控件相关联。具体指的是 Checklist.svelte 中用于显示 Show 的 label 标签。这个问题与下面的问题相关，后续会一并修复它们。
- Missing fieldset——这个问题表示一组复选框或一组单选按钮没有被放置在 fieldset 元素下。

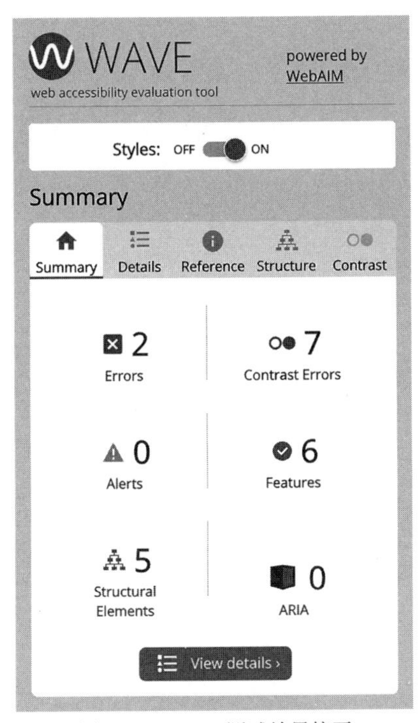

图 12.8　WAVE 测试结果摘要

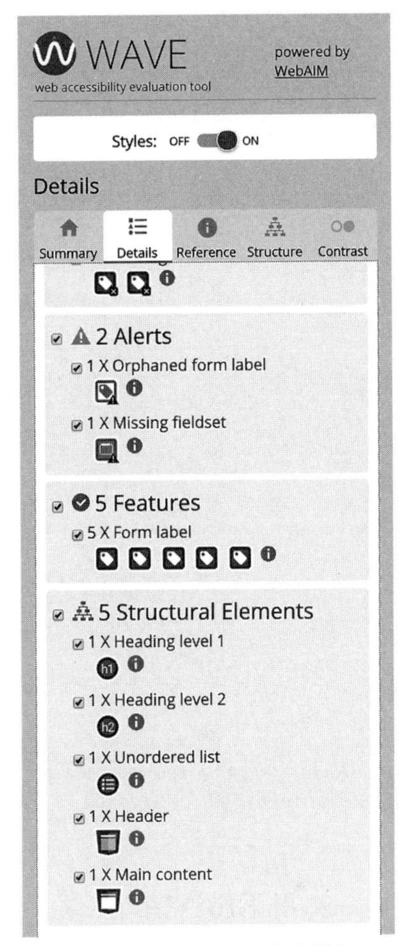

图 12.9　WAVE 测试结果详情

对于最后这两个问题，我们可以修改 Checklist.svelete 文件，为其中的单选按钮添加 fieldset 元素作为其父元素。但这样做有一个问题，由于浏览器的兼容性问题，flexbox 布局并不适用于 fieldset 元素，因此会造成无法在一行内水平排列一组单选按钮。

为解决这个问题，可为 fieldset 元素和其子元素之间添加一个 div 元素，并为这个 div 元素添加 flexbox 布局。为了修复无障碍可访问性问题，首先需要替换掉之前的<divclass="radios">元素，如下面的代码所示：

```
<fieldset>
  <div>
    <legend>Show</legend>
    <label>
      <input name="show" type="radio" value="all" bind:group={show} />
      All
    </label>
    <label>
      <input name="show" type="radio" value="packed" bind:group={show} />
```

```
      Packed
    </label>
    <label>
      <input name="show" type="radio" value="unpacked" bind:group={show} />
      Unpacked
    </label>
    <button class="clear" on:click={clearAllChecks}>Clear All Checks</button>
  </div>
</fieldset>
```

接下来使用下面的代码替换掉之前的.radios 样式。

```
fieldset {
  border: none;
  margin: 0;
  padding: 0;
}

fieldset > div {
  display: flex;
  align-items: center;
}

fieldset input {
  margin-left: 1.5rem;
}

fieldset legend {
  padding: 0;
}
```

12.4 使用 Storybook 展示并调试组件

Storybook 在其官网(https://storybook.js.org)中称自己为一款用于独立开发 UI 组件的开源工具，适用于包括 React、Vue、Angular、Svelte 在内的多种 Web 框架。

Storybook 左侧的导航中展示了一系列处于指定状态的组件(如图 12.10 所示)，单击其中的组件或者组件的某一个状态，会在页面中将其渲染出来。

例如，将 Travel Packing 应用程序中的 Category 组件添加到 Storybook 后，Storybook 会将其单独渲染在页面中，并可对其执行一系列操作，如重命名等，也可以向其中添加项目，重命名项目，标记或者删除其中的项目。

Storybook 能为开发人员提供很多帮助，开发人员可使用 Storybook 展示组件，还可将组件从应用程序中剥离出来，单独测试和调试它们。这比将组件与应用程序耦合在一起的方式更便捷。

https://storybook.js.org/docs/svelte/get-started/introduction 中详细介绍了如何将 Svelte 组件与 Storybook 整合。

为将 Svelte 应用程序添加到 Storybook，首先需要进入项目的根目录，之后执行下面的命令。

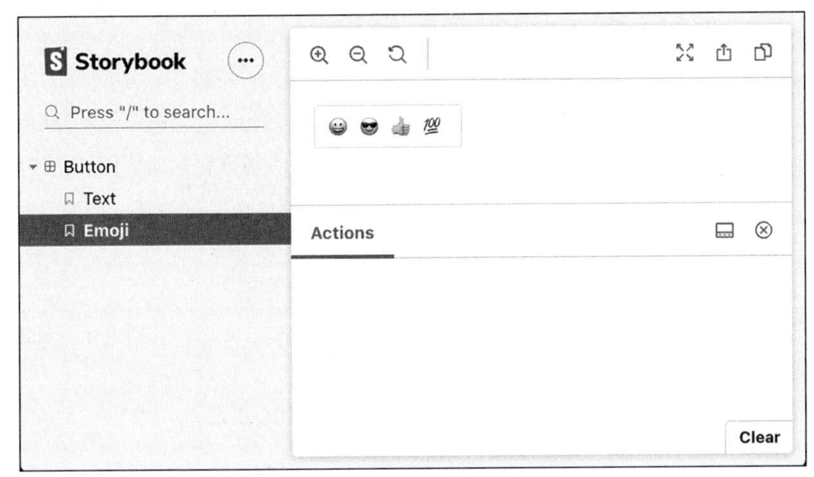

图 12.10　Storybook 初始化页面

```
npx -p @storybook/cli sb init --type svelte
```

上面的命令执行需要几分钟的时间，将对项目进行如下的改造。

- 在项目中安装 Storybook 所需要的开发依赖。
- 在 npm scripts 中增加下面两个命令：

```
"storybook": "start-storybook",
"build-storybook": "build-storybook"
```

- 在项目的根目录下创建.storybook 目录，其中的 addons.js 文件中列出了注册的 Storybook 动作和链接。其中动作能够模拟用户的交互，比如单击某一个按钮。而链接则指的是在组件中添加的跳转链接，单击后跳转到对应组件，类似于单击了左侧导航的跳转功能。Storybook 还在.storybook 目录下自动创建一个名为 config.js 的文件，其中配置了 Storybook 可以自动导入 stories 目录下所有以.sotries.js 为后缀的文件。
- 在项目的根目录下创建了 stories 目录，其中的 button.svelte 文件中定义了一个简单的 Svelte 组件。index.stories.js 文件将 Button 组件注册到 Storybook 中。这两个文件为开发人员提供了如何将组件注册到 Storybook 中的示例。在实际开发中，Storybook 中展示的组件通常定义在 src 目录(而不是 stories 目录)中。

当单击 Button 组件时，会对外派发一个事件。在 index.stories.js 文件中监听该事件，并在事件触发时执行从@storybook/addon-actions 引用的函数 action。action 函数接收到的事件会被打印在 Storybook 页面的下方，单击 Actions 区域右下角的 Clear 按钮可清除之前的打印记录。

执行 npm runStorybook 命令可在本地启动 Storybook。

在 stories 目录下为每个组件单独创建一个.stories.js 文件。每个文件可以参考 Storybook 默认生成的 index.stories.js 文件。

在 Storybook 中，每个“故事”表示了通过指定状态渲染的一个组件。通常可在一个.stories.js 文件中定义多个“故事”，以便使用不同的状态渲染同一个组件。在左侧导航中会在组件的下方列出为该组件定义的所有状态。例如，Storybook 默认为 Button 组件定义了两种状态，分别是 Text 和 Emoji。

创建一个新的.stories.js 后，刷新 Storybook 的页面，新的组件会出现在左侧导航中。当修改一个.stories.js 后，Storybook 能够自动检测到代码变更，并在左侧导航的最下方展示最新的“故事”。

将 Travel Packing 应用程序添加到 Storybook 中

接下来将 Travel Packing 应用程序中的组件添加到 Storybook 中。访问 http://mng.bz/pBqz 可以查看完整的代码。

图 12.11 展示了 Item 组件的 Storybook，如代码清单 12.16 所示。

代码清单 12.16 在 stories/Item.stories.js 中为 Item 组件定义的 Storybook

```
import {action} from '@storybook/addon-actions';
import Item from '../src/Item.svelte';
import '../public/global.css';

export default {title: 'Item'};

const getOptions = packed => ({
  Component: Item,
  props: {
    categoryId: 1,
    dnd: {},
    item: {id: 2, name: 'socks', packed}
  },
  on: {delete: action('item delete dispatched')}
});

export const unpacked = () => getOptions(false);
export const packed = () => getOptions(true);
```

引用 Travel Packing 应用程序的全局样式

根据 action 函数的参数，可在 Storybook 页面中的 Actions 区域找到相应的事件

“故事”被定义为一个对外公开的函数。这个函数返回一个对象，该对象中包括了需要被渲染的组件、组件所需要的数据以及事件的回调函数

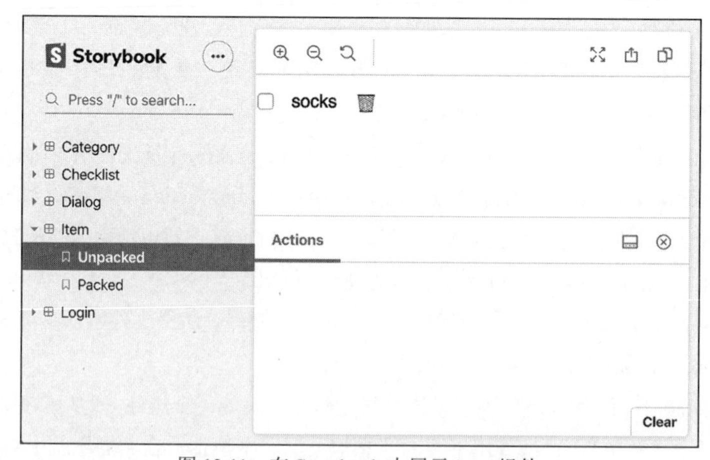

图 12.11 在 Storybook 中展示 Item 组件

现在我们已经开发完成了一个“故事”，不再需要 Storybook 默认为我们生成的示例代码，因此可将 button.svelte 和 index.stories.js 这两个文件删除。删除后 Storybook 中将不再展示 Button 组件。

图 12.12 展示了 Category 组件的 Storybook“故事”，如代码清单 12.17 所示。

代码清单 12.17　在 stories/Category.stories.js 中为 Category 组件定义的 Storybook“故事”

```
import {action} from '@storybook/addon-actions';
import Category from '../src/Category.svelte';
import '../public/global.css';

export default {title: 'Category'};

function getOptions(items) {
  const category = {id: 1, name: 'Clothes', items};
  return {
    Component: Category,
    props: {
      category,
      categories: {[category.id]: category},
      dnd: {},
      show: 'all'
    },
    on: {delete: action('category delete dispatched')}
  };
}
export const empty = () => getOptions({});
export const nonEmpty = () =>
  getOptions({
    1: {id: 1, name: 'socks', packed: true},
    2: {id: 2, name: 'shoes', packed: false}
});
```

根据 action 函数的参数，可在 Storybook 页面中的 Actions 区域找到相应的事件

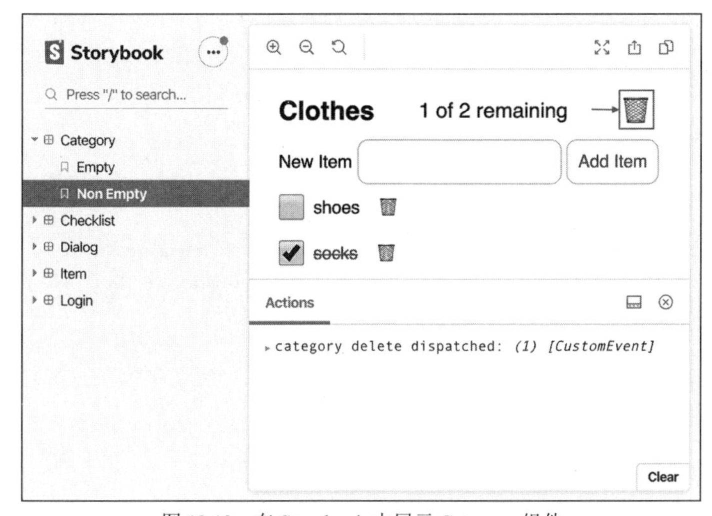

图 12.12　在 Storybook 中展示 Category 组件

在 Travel Packing 应用程序中，我们为 App 组件定义了一些样式，当组件直接在 Storybook 中被渲染，而不是嵌套在 App 组件中被渲染时，这些 App 组件中的样式就会被丢掉。为解决这个问题，可以定义一个 StyleWrapper 组件，在其内部为 App 组件增加一个 div 类型的父元素，并在这个 div 元素上添加相应的样式以模拟 App 组件。你会在后面看到 StyleWrapper 组件。

有些组件会向其父组件派发事件，而父组件则监听这些事件。回顾一下，这些事件在到达父组件后即停止传播。如果为组件添加 StyleWrapper 组件，将破坏父子组件之间的事件传递。为修复这问题，StyleWrapper 组件必须能够转发事件。在 TravelPacking 应用程序中，可能出现问题的事件是 login 和 logout，因此 StyleWrapper 组件中要对这两个事件进行转发。

代码清单 12.18　在 stories/StyleWrapper.svelte 中定义的 StyleWrapper 组件

```
<script>
  export let component;
  export let style;
</script>

<div style={style}>
  <svelte:component this={component} on:login on:logout />   ← 转发 login 和 logout 事件
</div>
```

图 12.13 展示了 Checklist 组件的 Storybook “故事”，如代码清单 12.19 所示。组件的每一个“故事”都是一个名称，每个“故事”的名称就是导出的函数名。建议这个名称尽可能具体一些。比如 Item 组件两个“故事”的名称分别是 unpacked 和 packed。Category 组件两个“故事”的名称分别是 empty 和 nonEmpty。然而有时也会出现没有恰当的名称能够描述“故事”的情况，那么建议使用一些通用词汇为“故事”命名，例如将“故事”命名为 basic，表示这个“故事”演示组件的基本用法。

代码清单 12.19　在 stories/Checklist.stories.js 中为 Checklist 组件定义的 Storybook“故事”

```
import {action} from '@storybook/addon-actions';
import Checklist from '../src/Checklist.svelte';
import StyleWrapper from './StyleWrapper.svelte';
import '../public/global.css';

export default {title: 'Checklist'};

export const basic = () => ({
  Component: StyleWrapper,   ← 使用 StyleWrapper 组件包装 Checklist 组件
  props: {
    component: Checklist,
    style: `
      background-color: cornflowerblue;
      color: white;
      height: 100vh;
      padding: 1rem
    `
  },
```

```
  on: {logout: action('logout dispatched')}
});
```

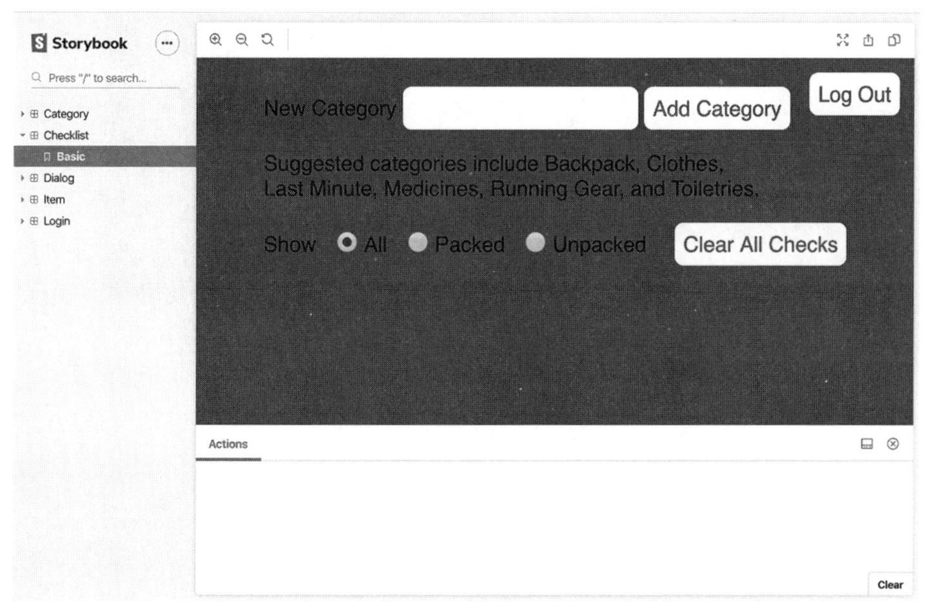

图 12.13　在 Storybook 中展示 Checklist 组件

图 12.14 展示了 Login 组件的 Storybook“故事”，如代码清单 12.20 所示。

代码清单 12.20　在 stories/Login.stories.js 中为 Login 组件定义的 Storybook“故事”

```
import {action} from '@storybook/addon-actions';
import StyleWrapper from './StyleWrapper.svelte';
import Login from '../src/Login.svelte';
import '../public/global.css';

export default {title: 'Login'};

export const basic = () => ({
  Component: StyleWrapper,
  props: {
    component: Login,
    style: `
      background-color: cornflowerblue;
      height: 100vh;
      padding: 1rem
    `
  },
  on: {login: action('login dispatched')}
});
```

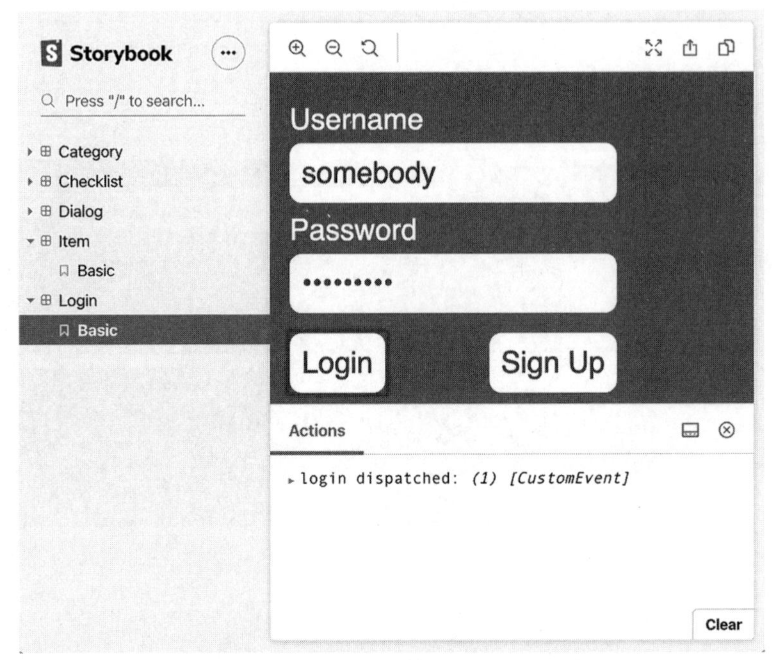

图 12.14　在 Storybook 中展示 Login 组件

现在我们希望在 Storybook 中能够配置 Dialog 组件的标题和内容，那么首先需要创建一个名为 DialogWrapper 的组件，并且支持用户从外部为其传入标题和内容。DialogWrapper 组件仅在 Storybook 中使用，与 Travel Packing 应用程序无关。

代码清单 12.21　stories/DialogWrapper.svelte 中定义的 DialogWrapper 组件

```
<script>
  import Dialog from '../src/Dialog.svelte';
  let content = 'This is some\\nlong content.';
  let dialog;
  let title = 'My Dialog Title';

  $: lines = content.split('\\n');
</script>

<section>
  <label>
    Title
    <input bind:value={title} />
  </label>

  <label>
    Content
    <textarea bind:value={content} />
    Insert \n to get multi-line content.
  </label>
```

根据换行符\n 对 content 变量中的内容进行分组，以便支持 content 中的内容换行

```
  <button on:click={() => dialog.showModal()}>Show Dialog</button>
  <Dialog {title} bind:dialog={dialog} on:close={() => dialog.close()}>
    {#each lines as line}
      <div>{line}</div>
    {/each}
  </Dialog>
</section>

<style>
  input, textarea {
    margin: 0 1rem 1rem 1rem;
  }

  label {
    color: white;
    display: flex;
    align-items: flex-start;
  }

  section {
    background-color: cornflowerblue;
    height: 100vh;
    padding: 1rem;
  }
</style>
```

图 12.15 展示了 Dialog 组件的 Storybook “故事”，如代码清单 12.22 所示。

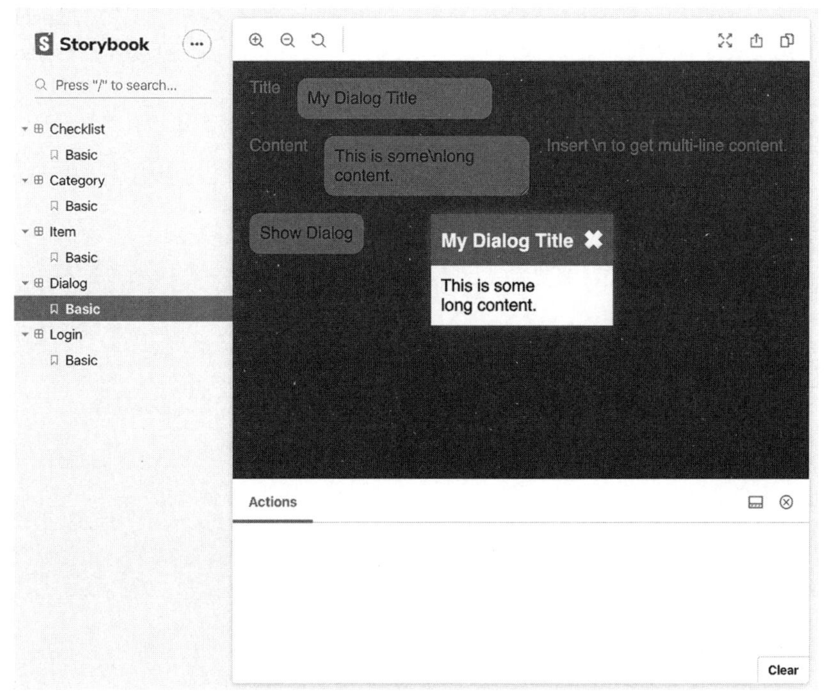

图 12.15　在 Storybook 中展示 Dialog 组件

代码清单 12.22 在 stories/Dialog.stories.js 中为 Dialog 组件定义的 Storybook"故事"

```
import DialogWrapper from './DialogWrapper.svelte';
import '../public/global.css';

export default {title: 'Dialog'};

export const basic = () => ({Component: DialogWrapper});
```

目前为止，我们已经将 Travel Packing 应用程序的所有组件都添加到 Storybook 中了。

接下来构建并部署 Storybook 静态网站，展示所有经过注册的组件。执行 npm run build-storybook 命令，构建 Storybook 静态网站。命令执行结束后，将创建一个名为 story-book-static 的目录，其中包括 Storybook 静态网站需要的所有 HTML 和 JavaScript 文件。而 Storybook 静态网站需要的样式会被编译到 JavaScript 文件中。构建完成后，我们将 story-book-static 目录拷贝到 Web 服务器中，之后使用浏览器打开其中的 index.html 文件就可在本地查看 Storybook 静态网站了。

Storybook 提供了一种非常便捷的方式展示应用程序中的组件，并可直接操作这些组件。如果开发人员发现了某个组件的 bug，可直接在 Storybook 的上下文中调试，这比在应用程序中调试要容易得多。

12.5 小结

- 对于 Svelte 应用程序来说，推荐使用 Jest 执行单元测试，Jest 与 Svelte Testing Library 配合使用能够令单元测试更加简单。
- 推荐使用 Cypress 对 Svelte 应用程序执行端到端测试。
- 对于 Svelte 应用程序来说，推荐使用 Lighthouse、axe 和 WAVE 执行无障碍可访问性测试。Svelte 编译器也能检测与无障碍可访问性相关的问题。
- Storybook 能帮助开发人员展示和调试 Svelte 组件。

第 13 章

部　署

本章内容：

- 使用 HTTP 服务器部署 Svelte 应用程序
- 使用 Netlify 部署 Svelte 应用程序
- 使用 Vercel(前身为 ZEIT)部署 Svelte 应用程序
- 使用 Docker 部署 Svelte 应用程序

开发 JavaScript 应用程序是一件让人身心愉悦的事情，并且我们还能很容易地在本地运行 JavaScript 应用程序。但是，最后你一定需要将应用程序部署到服务器中，以便其他用户能够访问这个应用程序。将应用程序部署到服务器的方案数不胜数，本章接下来将介绍几种主流的部署方案。

一些部署服务(如Netlify和Vercel)支持在其中注册代码仓库(如GitHub、GitLab或Bitbucket)。一旦将代码仓库注册到这些部署服务，你将可以在其中看到代码的变更。并且每次代码改变都将触发重新构建应用程序。

13.1 使用 HTTP 服务器部署 Sevlte 应用程序

我们可以很容易地将 Svelte 应用程序部署到任意一种 HTTP 服务器中。以基于 Node 的 Express 服务器为例，部署步骤如下所示：

(1) 执行 cd 命令，进入项目的根目录。

(2) 执行 npm run build 命令，将应用程序构建到 public/build 目录下。

(3) 在项目的根目录下创建一个名为 server 的目录。

(4) 执行 cd 命令，进入 server 目录。

(5) 执行 npm init 命令，按照命令行中的交互式提示完善所需的基本信息，创建 package.json 文件。也可以执行 npm init--yes 命令，同样会创建 package.json 文件，只不过会跳过交互式提问，使用默认信息完成初始化。

(6) 执行 npm install express 安装 Express 服务器。

(7) 创建 server.js 文件，内容如下所示：

```
const express = require('express');
const path = require('path');

const app = express();

app.use(express.static(path.resolve(__dirname + '/..', 'public')));

const PORT = 1234;
app.listen(PORT, () => console.log('listening on port', PORT));
```

此处与 server 目录同级的 public 目录作为服务器的根目录

也可使用其他端口号

(8) 在 package.json 中添加下面的脚本。

```
"start": "node server.js"
```

(9) 在 server 目录中，执行 npm start 命令启动服务器。

(10) 打开浏览器，输入 localhost:1234(或者你指定的其他端口号)访问应用程序。

如果使用的是云端服务器，那么需要将 public 目录上传到云端服务器指定的位置。

13.2 Netlify 使用

Netlify 在其官网(www.netlify.com)中将自己称为“为现代 Web 项目提供自动化服务的一站式平台”。

首先访问 https://www.netlify.com/，单击 Get Started 按钮，之后需要注册账户。Netlify 采用 HTTPS 来确保网站的安全性，HTTPS 的证书为 Let's Encrypt。

在 Netlify 中有两种方式创建并部署一个站点：第一种方式是在 Netlify 的页面中操作，另一种是通过命令行操作。

13.2.1 通过 Netlify 页面部署应用程序

如果使用 Netlify 页面部署网站，那么站点的代码必须托管到 GitHub、GitLab 或 Bitbucket 的代码仓库中。一旦将站点与代码仓库关联，代码任何的更改都将触发 Netlify 重新构建和部署站点。

开发人员可以按照下面的步骤，在 Netlify 中创建一个站点，对其进行构建并最终部署。

(1) 访问 https://www.netlify.com。

(2) 输入邮箱和密码，登录 Netlify。

(3) 单击右上角的 New Site From Git 按钮。

(4) 选择一个支持的代码仓库，并单击，随后页面中会弹出一个对话框。

(5) 单击对话框中的 Authorize 按钮，为 Netlify 赋予访问代码仓库的权限。

(6) 选择一个账户，并为 Netlify 授予该账户内代码仓库的访问权限。

(7) 选择 Netlify 访问权限的范围，共有两种范围可供选择：允许访问所有代码仓库，或者仅可以访问指定的代码仓库(推荐)。如果选择后者，需要为 Netlify 指定可以访问的代码仓库。

(8) 单击 Install 按钮。

(9) 输入代码仓库的密码。

(10) 单击代码仓库名称以配置 Netlify，包括配置需要部署的分支、执行构建的命令、设置含有构建结果的部署目录。对于 Svelte 和 Sapper 应用程序来说，构建命令应该设置为 npm install;npm run build。Svelte 应用程序的部署目录为 public 目录，Sapper 应用程序的部署目录为__sapper__/build。

(11) 如果需要在构建过程中设置环境变量，那么请单击 Show Advanced 按钮。之后单击 New Variable 按钮添加环境变量的变量名和对应值即可。

(12) 单击 Deploy Site 按钮，页面中会显示 Site deploy in progress 的提示，几秒后提示消失，随后将显示本次部署的应用程序的访问 URL。如果部署失败，那么会显示一条红色的提示，内容为 Site deploy failed。

(13) 用户能够很方便地使用部署成功后所提供的应用程序访问 URL 测试应用程序。如果希望自定义应用程序的访问 URL，那么单击 Site Settings 按钮和 Change Site Name 按钮，输入一个新的站点名称。注意新的站点名称在以.netlify.com 为结尾的域名中必须是唯一的。例如，你可以尝试将站点名称改为 travel-packing。

(14) 单击 Domain Settings 和 Add Custom Domain 按钮，可添加自定义域名。注意，添加的域名一定要是你所拥有的域名。

(15) 单击 URL 后即可进入已经部署好的应用程序。

一旦代码仓库中的代码发生改变，Netlify 将自动重新构建应用程序并部署站点。进入 Netlify 页面，单击 Deploys 标签页进入部署页面，在部署列表最上方能看到当前正在部署的站点。如果你之前已经进入部署页面，那么可以刷新浏览器查看最新的部署列表。如果希望能够实时监控部署进度，可以单击当前正在部署的站点，页面将展示该站点的部署日志。

如果希望手动触发部署过程，可单击页面顶部附近的 Deploys，之后单击 Trigger Deploy 下拉菜单，选择 Deploy Site 菜单项，即可触发一个新的部署过程。当更改了部署设置后，例如构建命令，可采用手动方式重新触发部署过程。

13.2.2　通过 Netlify 命令行部署应用程序

在使用 Netlify 命令行之前，请按照下面的步骤安装 Netlify CLI。

(1) 执行 npm install-g netlify-cli 命令。

(2) 执行 netlify login 命令，浏览器随后会打开一个新页面。

(3) 单击页面中的 Authorize 按钮，将在.netlify/config.json 目录下创建一个访问令牌，Netlify CLI 所有命令都将使用该令牌。

执行 netlify help 或 netlify 命令，可查看 netlify 命令的帮助文档。

在某一个目录下执行 netlify init 命令，按照命令行中的引导填写一系列信息后，即可在该目录中创建一个 Netlify 站点。如果选择的目录是一个本地的代码仓库，那么 Netlify 会将仓库与站点关联起来，之后该仓库中的代码任何更改都将触发部署站点。不过，Netlify 没有强制要求执行初始化的目录必须是一个代码仓库。

如果 Netlify 初始化时目录中还没有代码，过一段时间该目录被设置为代码仓库，那么可以执行 netlify link 命令，将代码仓库与 Netlify 站点关联起来。这个命令会自动触发部署流程，开发人员也可以选择在执行关联时不执行部署。

按照下面的步骤，我们可部署一个没有与 Netlify 站点关联的代码仓库，部署使用的是当前目录下最新的代码：

(1) 如果尚未安装依赖，那么首先执行 npm install 安装站点所需要的依赖。

(2) 执行 npm run build 命令在本地构建站点。

(3) 执行 netlify init 为应用程序创建一个 Netlify 站点。

(4) 选择 Yes, Create and Deploy Site Manually 选项。

(5) 选择一个团队。

(6) 输入站点名称，注意名称中间不允许有空格。也可以跳过此步。

(7) 执行 netlify deploy--dir build 命令。

(8) 选择 Create & Configure a New Site 选项。

(9) 选择团队名称，通常这个团队与你的账户相关联。

(10) 输入站点名称，也可以跳过此步。

执行完上面的步骤后，将得到一个 URL，单击即可访问刚才部署的站点，该站点是一个测试站点。

如果想要部署生产环境站点，可执行 netlify deploy--prod --dir build 命令。这将部署一个外部用户可以访问的真实站点。

执行 netlify open:admin 命令，将在浏览器中打开当前目录下站点的 Netlify 管理页面。执行 netlify open:site 命令，将在浏览器中打开当前目录下的站点。

按照下面的步骤，可以删除当前目录下的站点。

(1) 执行 netlify open 命令。

(2) 单击 Site Settings 按钮。

(3) 滚动到页面底部，单击红色的 Delete This Site 按钮。

(4) 在弹出的输入框中输入站点的名称。

(5) 单击红色的 Delete 按钮。

访问 https://docs.netlify.com/cli/get- started/ 可以了解更多关于 Netlify 的细节。

13.2.3 Netlify 收费计划

截止到本书编撰时为止，Netlify 有三种收费计划，访问 https://docs.netlify.com/pricing可以了解每种收费计划的细节。

- Starter——该计划为免费计划。仅支持一个团队成员。同一时间内仅支持执行一个构建过程。利用此计划，个人 Web 开发人员可以向其他人展示应用程序，并托管一些不需要高级功能或者大量带宽的应用程序。每月免费的流量为 100GB，超出部分需要额外收费。
- Pro——该计划能够支持三个团队成员共同使用，同一时间内支持并行执行三个构建过程，并为站点提供密码保护。如果想要添加额外的团队成员，那么需要另外支付费用。
- Business——该计划支持五个团队成员共同使用，同一时间内支持并行执行五个构建过程，如果想要添加额外的团队成员，那么需要另外支付费用。该计划支持单点登录(SSO)、基于角色的访问控制(RBAC)、完整的审核记录、365 天的 7×24 小时技术支持、CDN，并且 SLA 服务可用达到 99.99%。费用根据实际使用流量以及构建次数按月结算。

除了能够托管 Web 应用程序，Netlify 还可托管 serverless 服务以及 FaunaDB，但不提供数据库服务。

13.3 Vercel 使用

Vercel 在其官网(https://vercel.com)中将自己称为“前端团队的最佳工作流”。接下来让我们学习如何使用 Vercel。进入 https://vercel.com，单击页面中的 Start Deploying 按钮。从 GitHub、GitLab 或 Bitbucket 中选择一个代码托管服务，接着按照指引创建一个账户。

默认情况下，Vercel 项目与源代码仓库关联后，默认会构建并部署 master 分支。如果希望将其他分支作为默认选项，那么可修改代码仓库中的默认分支。如果希望部署非默认分支，那么需要开发人员自己配置额外的 CI/CD 工具，如 GitHub Actions(https://github.com/features/actions)。

在 Vercel 中有两种方式创建并部署一个项目：第一种方式是在 Vercel 的页面中操作，另一种是通过命令行操作。

13.3.1 通过 Vercel 页面部署应用程序

Vercel 为新站点提供了一系列模板代码，支持创建不同类型的站点，包括 Create-React-App、Next.js、Gatsby,、Vue.js、Nuxt.js、Svelte、Sapper 等。

此外，还可通过从 GitHub、GitLab 或者 BitBucket 导入代码仓库的方式创建新的站点。这样导入的代码仓库中的代码有任何改动时，都将触发新的构建和部署流程。

按照下面的步骤，我们可在 Vercel 中创建一个站点，对其进行构建并最终部署。

(1) 访问 https://vercel.com。

(2) 单击右上角的 Login 按钮，登录账户。

(3) 单击 Import Project 按钮。

(4) 如果是首次使用代码托管服务，那么首先需要安装 Now 集成服务。以 GitHub 为例，需要单击 Install Now for GitHub 按钮。

(5) 选定账户后，接下来可选择将该账户下的所有代码仓库都导入 Vercel 中，或者仅导入指定的仓库(推荐)。

(6) 单击 Install 按钮。

(7) 输入密码。

(8) 选中一个代码仓库，单击 Import 按钮。

(9) 等待项目初始化完成。

(10) 部署结束后，会给出应用程序的访问 URL，URL 格式类似于 project-name.username.now.sh，或者也可单击页面中的 Visit 按钮访问应用程序。

项目创建后，一旦其关联的代码仓库中发生了代码改动，Vercel 将自动构建和部署这个项目。如果需要自定义构建过程，可修改项目根目录下 package.json 文件中的 npm build 命令。

13.3.2 通过 Vercel 命令行部署应用程序

在使用 Vercel 命令行前，请按照下面的步骤为命令行安装 vercel 命令。

(1) 执行 npm install-g vercel 命令。

(2) 执行 vercel login 命令。

(3) 按照命令行中显示的提示输入邮箱地址。

(4) Vercel 随后会将一封验证邮件发送到你的邮箱，单击其中的 Verify 按钮。

执行 vercel help 命令可以查看更多关于 Vercel 命令行的使用细节。

执行 vercel 命令能够在当前目录中创建并部署一个 Vercel 项目。这个 Vercel 项目不需要强制与某一个源代码仓库关联，这可以算是目前部署 Web 应用程序最简单的方式了。

执行 vercells 命令，将列出你账户下所有的部署过程。

如果希望使用命令行删除某一个项目，首先在命令行中进入该项目的根目录，之后执行 vercel projects rm *project-name* 命令。

13.3.3 Vercel 收费计划

截止到本书编撰时为止，Vercel 有三种收费计划。访问 https://vercel.com/pricing 可以查看每种收费计划的细节。

- Free——该计划仅支持单一用户，支持 serverless 函数，同一时间内仅支持执行一个构建过程。
- Pro——该计划支持 10 名团队成员，支持同一时间内并行执行多个构建过程。如果需要添加额外的团队成员，那么需要另外支付费用。
- Enterprise——该计划提供企业应用级支持，承诺 SLA 服务可用率达到 99.99%，提供

完整的审核记录等服务

13.4 Docker 使用

Svelte 应用程序也可以使用 Docker 镜像部署。按照下面的步骤，我们可在本地创建并运行一个 Docker。

(1) 访问 https://docs.docker.com/get-docker/安装 Docker。

(2) 创建一个名为 Dockerfile 的文件，文件内容如下所示：

```
FROM node:12-alpine
WORKDIR /usr/src/app
COPY package*.json ./
RUN npm install
COPY . .
EXPOSE 5000
ENV HOST=0.0.0.0
CMD ["npm", "start"]
```

(3) 在 package.json 文件中添加如下内容：

```
"docker:build": "docker build -t svelte/app-name .",
"docker:run": "docker run -p 5000:5000 svelte/app-name",
```

(4) 执行 npm run docker:build 命令。

(5) 执行 npm run docker:run 命令。

如果希望将 Docker 镜像部署到云端，则需要开发人员按照每个云服务商(如 Amazon Web Services(AWS)、Google Cloud Platform(GCP)以及 Microsoft Azure)提供的部署流程操作。

在下一章中，我们将介绍 Svelte 的更多高级特性。

13.5 小结

- 开发人员可便捷地部署 Svelte 应用程序。
- Netlify 或者 Vercel 等部署服务令部署更加轻松。
- Vercel 为开发人员提供了非常简单的命令行工具，只需要输入 vercel 命令就可以创建并部署一个新项目。

第 14 章

Svelte高级特性

本章内容：

- 表单校验
- 使用 CSS 框架
- 特殊元素
- 引用 JSON 文件
- 搭建组件库
- Web Components

本章是 Svelte 相关介绍的最后一章，将介绍一些与 Svelte 关系不大的内容。在 Svelte 的基础使用中并不需要用到这些功能。

如果一个 Web 应用程序包括了用户输入的功能，那么通常需要校验这些信息的有效性。尽管 HTML 原生的表单校验已经提供了相当多的校验能力且易于使用，仍然有很多第三方库为 Web 应用程序单独提供了表单校验功能。稍后将讨论如何在 Svelte 应用程序中使用表单校验。

CSS 框架通常提供了三种功能。第一，提供一套通用的样式，能够令开发人员很方便地制作出精美的页面；第二，帮助开发人员设置页面布局，以便让页面适应不同尺寸的屏幕；第三，为开发人员提供一套可复用的 UI 组件。常用的 CSS 框架包括 Bootstrap、Foundation 以及 Material UI。稍后将介绍如何在 Svelte 中使用 Bootstrap。

Svelte 支持一系列以 svelte:作为前缀的元素。这些元素主要应用在一些特殊场景中，例如利用表达式渲染组件，监听 DOM 事件，将变量与 DOM 属性绑定，在 head 元素中添加子元素，以及配置 Svelte 编译器等。

有些开发语言可以很方便地引用 JSON 文件，而 Svelte 默认并不支持引用 JSON 文件。我们可以通过配置模块加载器的方式，实现在 Svelte 中引用 JSON 文件。后续章节中将介绍如何在 Svelte 中引用 JSON 文件。

对于开发人员而言，通常都希望只开发一整套组件，并将其在不同 Svelte 应用程序之间复用。搭建一个 Svelte 组件库与创建一个 Svelte 应用程序的过程类似，只有少许不同。稍后你将学习如何搭建一个 Svelte 组件库。

Svelte 编译器可将 Svelte 组件转换成 Web Components。如果你对 Web Components 不是很了解，可以访问 www.webcomponents.org/查看相关内容，或者阅读由 Ben Farrell 编写的 Manning 于 2019 年出版的 *Web Components in Action*。Web Components 适用于采用框架(如 React、Vue 和 Angular 等)开发的应用程序。对于没有采用任何框架开发的应用程序，同样可以使用 Web Components。我们可将 Svelte 组件转换成 Web Components，并将其应用到 React 应用程序中。

基于本章的内容，我们将对 Travel Packing 应用程序进行改造，访问 http://mng.bz/YrlA 可以了解具体的改造细节。

14.1　表单校验

Svelte 组件可以使用 HTML 原生的校验器来校验用户输入，一旦用户输入没有通过校验，浏览器将展示友好的错误提示。

一个 form 元素由一系列表单控件组成，包括 input、textarea 以及 select。如果希望用户必须输入某一个值或者选择某一个选项，可为表单控件添加 required 属性。对于 input 元素来说，针对其 type 属性不同的值(如 email 和 url 等)，可以执行特定的校验规则。

对于 input 元素而言，如果用户的输入没有通过校验，将会触发该元素的 CSS 伪类: :invalid。利用:invalid 伪类，可为 input 元素添加只在校验没有通过时才显示的样式，例如为其添加红色边框。

图 14.1 展示了一个表单校验的示例，用户可以在表单中输入姓名、年龄、邮箱地址、主页 URL 以及邮编。并可根据用户处于美国还是加拿大动态调整邮编的校验规则。

图 14.2 到图 14.8 展示了用户没有输入必填项，或者输入的内容没有通过校验时页面是如何显示错误信息的。

图 14.1　表单中的数据项均通过校验

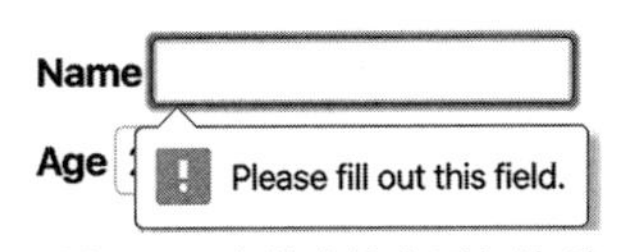

图 14.2　表单中缺失了必填项

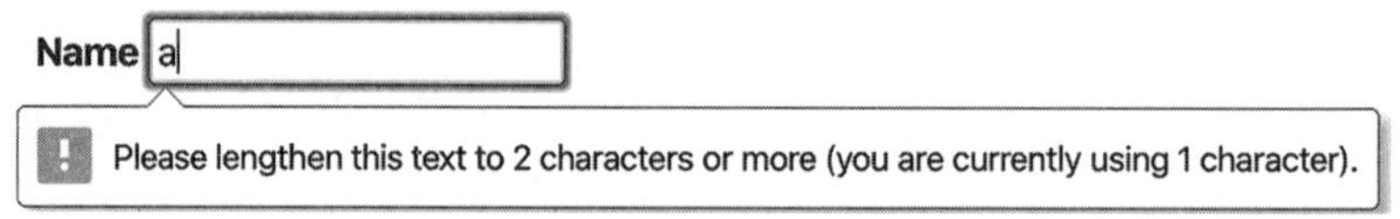

图 14.3 表单中的姓名没有通过校验

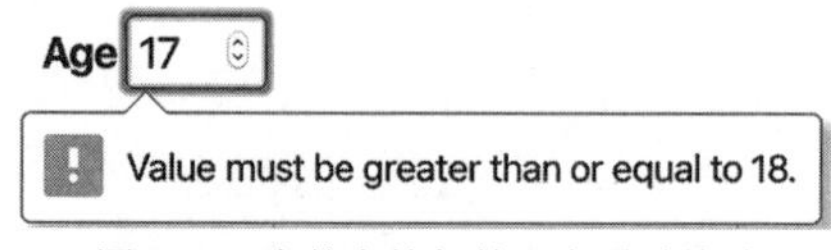

图 14.4 表单中的年龄没有通过校验

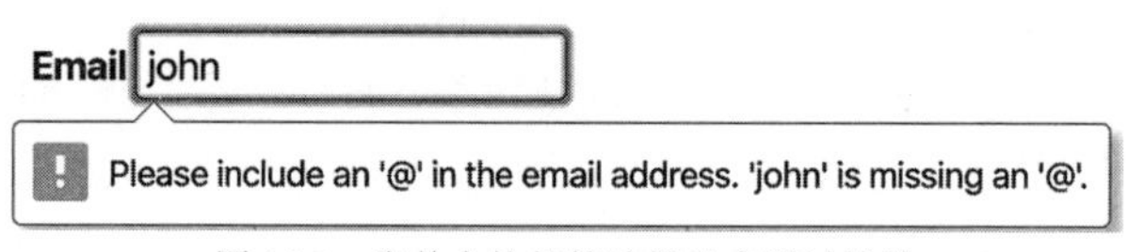

图 14.5 表单中的邮箱地址没有通过校验

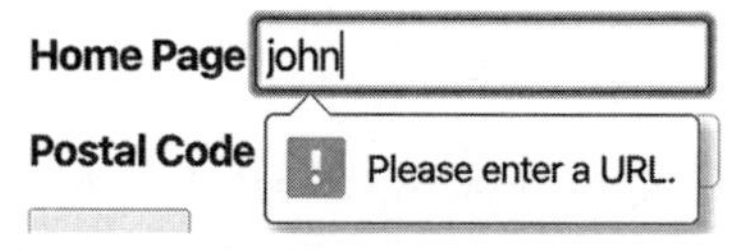

图 14.6 表单中的主页 URL 没有通过校验

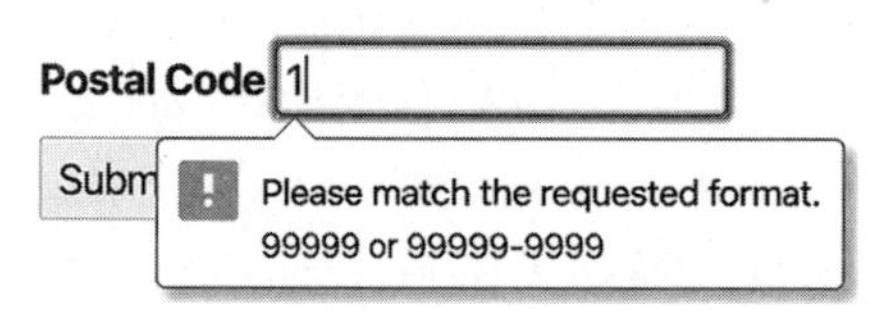

图 14.7 表单中的邮编没有通过美国邮编规则的校验

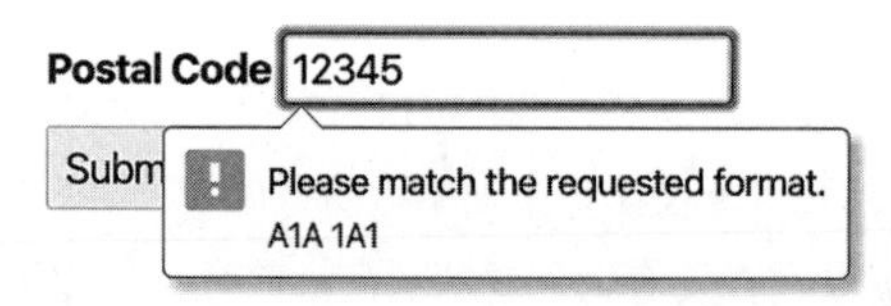

图 14.8 表单中的邮编没有通过加拿大邮编规则的校验

代码清单 14.1 展示了实现上述表单校验功能的 Svelte 组件。

代码清单 14.1 表单校验示例

```
<script>
  // The input pattern attribute does not recognize character classes like \d.
  const canadaRegExp = '[A-Z][0-9][A-Z] [0-9][A-Z][0-9]';
  const usRegExp = '[0-9]{5}(-[0-9]{4})?';
  const countries = ['Canada', 'United States'];

  let age = 18;
  let email = '';
  let homePage = '';
```

邮编的校验规则为 5 位数字或者 5 数字+ 4 位数字形式

input 的 pattern 属性并不支持正则表达式中的字符组，例如\d 等

```
  let name = '';
  let postalCode = '';
  let postalCodeType = countries[1];

  $: isCanada = postalCodeType === countries[0];
  $: postalCodeExample = isCanada ? 'A1A 1A1' : '99999 or 99999-9999';
  $: postalCodeRegExp = isCanada ? canadaRegExp : usRegExp;

  function submit() {
    alert(`You submitted
      name = ${name}
      age = ${age}
      email = ${email}
      home page = ${homePage}
      postal code = ${postalCode}
    `);
  }
</script>

<form on:submit|preventDefault={submit}>
  <fieldset>
    <legend>Country</legend>
    <div>
      {#each countries as country}
      <label>
        <input
          type="radio"
          name="postalCodeType"
          value={country}
          bind:group={postalCodeType}
        />
        {country}
      </label>
      {/each}
    </div>
  </fieldset>
  <label>
    Name
    <input
      required
      minlength={2}
      maxlength={40}
      placeholder=" "
      bind:value={name}
    />
  </label>
  <label>
    Age
    <input required type="number" min={18} max={105} bind:value={age} />
  </label>
  <label>
    Email
    <input required placeholder=" " type="email" bind:value={email} />
  </label>
  <label>
    Home Page
```

与复选框和单选按钮相关的文本，通常被定义在 input 元素的后面

```
    <input
      required
      placeholder="http(s)://something"
      type="url"
      bind:value={homePage}
    />
  </label>
  <label>
    Postal Code
    <input
      required
      pattern={postalCodeRegExp}
      placeholder={postalCodeExample}
      title={postalCodeExample}    ◄── 此处显示正确邮编格式的示例
      bind:value={postalCode}
    />
  </label>
  <button>Submit</button>
</form>

<style>
  fieldset {
    display: inline-block;
    margin-bottom: 1rem;
  }

  input {
    border-color: lightgray;
    border-radius: 4px;
    padding: 4px;
  }

  input:not(:placeholder-shown) {    ◄── 如果一个支持用户输入的 input 元素没有设置 placeholder，该样式将为 input 元素增加一个红色边框。不过也可将 placeholder 设置为一个空格来避免校验失败的情况
    border-color: red;
  }

  input:valid {    ◄── 当 input 元素中的内容通过校验，该样式会为 input 元素添加一个浅灰色边框，以替代校验失败的红色边框
    border-color: lightgray;
  }

  label {
    font-weight: bold;
  }
</style>
```

当校验失败时为 input 元素添加一个红色边框，这种做法对于开发这来说比较麻烦。上面的代码展示了一个更优雅的方式：为 input 元素添加一个 placeholder 提示用户应该如何正确地输入。

14.2 使用 CSS 框架

本节将以 Bootstrap 为例，展示如何在 Svelte 中使用 CSS 框架。如果你更喜欢 Material UI 的风格，可以访问 Svelte Material UI(https://sveltematerialui.com)详细了解如何在 Svelte 中使用

Material UI。

Bootstrap 能够帮助开发人员设置页面的布局，并自动适应不同的屏幕尺寸。然而有些开发人员认为这一特性已经没那么重要了。Bootstrap 支持 CSS flexbox 和 grid 布局，并利用 CSS 媒体查询实现布局响应。例如，为元素添加 flexbox 样式，并将 flex-direction 样式指定为 row 或 column，可将元素设置为水平方向布局或垂直方向布局。Bootstrap 提供的所有 CSS 类(包括 grid 布局在内)都可应用到 Svelte 中。

Svelte 应用程序中也可使用 Bootstrap 组件，但这些 Bootstrap 组件很多都依赖 jQuery，这将使应用程序的大小有所增加。为解决这个问题，可使用 sveltestrap(https://bestguy.github.io/sevltestrap/)。sveltestrap 使用 Svelte 将几乎所有的 Bootstrap 组件都重新实现了一遍。需要注意，这些被重新实现的组件仍然采用 Bootstrap 样式，但 sveltestrap 中并没有引用 Bootstrap 的 CSS，这就需要开发人员自行添加一个 link 元素来引用 Bootstrap 的 CSS 文件。

由于 Bootstrap 采用了一些特殊的 CSS 样式，因此不得不要求开发人员在使用 Bootstrap 组件时额外添加 HTML 元素，以形成符合要求的 DOM 层级。相对来说，sveltestrap 组件需要额外嵌套的 DOM 层级要少得多，更易于使用。

按照下面的步骤即可在 Svelte 中使用 sveltestrap：

(1) 执行 npm install bootstrap sveltestrap 命令。

(2) 从 node_modules/bootstrap/dist/css 目录中将 bootstrap.min.css 和 bootstrap.min.css.map 这两个文件复制到 public 目录下。

(3) 在 public/index.html 文件中所有 link 元素的最后插入以下代码：

```
<link rel='stylesheet' href='/bootstrap.min.css'>
```

注意　如果想要在 REPL 环境中使用 Bootstrap 样式，那么需要从 CDN 引用所有需要的文件。

从图 14.9 到图 14.12 展示了在 Svelte 中使用 Bootstrap 的效果。代码清单 14.2 中列出了所有相关的代码。

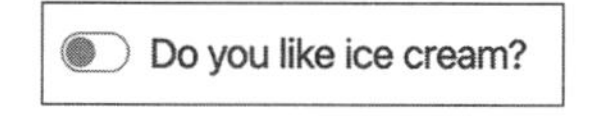

图 14.9　开关组件未选中时页面展示的样式

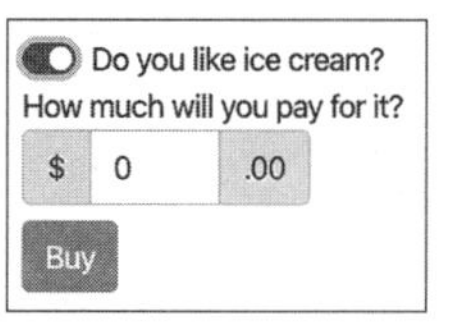

图 14.10　开关组件选中后页面展示的样式

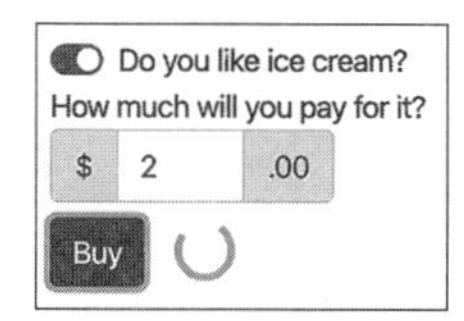

图 14.11　输入金额并单击 Buy 按钮后页面展示的样式(显示加载中的图标)

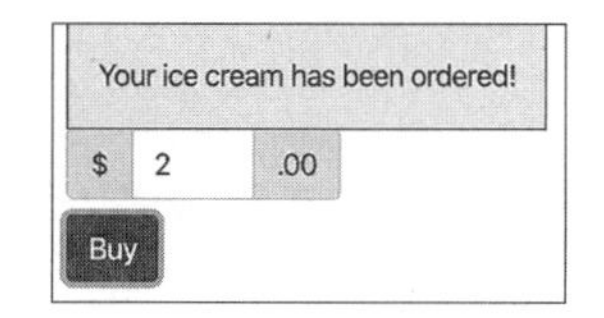

图 14.12　订单提交后的弹窗提示

代码清单 14.2 sveltestrap 示例应用程序

```
<script>
  import {CustomInput, Spinner} from 'sveltestrap';
  import Toast from './Toast.svelte';

  let amount = 0;
  let like = false;
  let status = '';

  function buy() {
    status = 'buying';
    // Show the toast after 1 second.
    setTimeout(
      () => {
        status = 'bought';
        // Hide the toast after 3 seconds.
        setTimeout(() => status = '', 3000);
      },
      1000);
  }
</script>
<main>

  <CustomInput
    type="switch"
    id="like"
    label="Do you like ice cream?"
    bind:checked={like} />
  {#if like}
    <label>
      How much will you pay for it?
      <div class="input-group">
        <div class="input-group-prepend">
          <span class="input-group-text">$</span>
        </div>
        <input type="number" class="form-control" min="0" bind:value={amount}>
        <div class="input-group-append">
          <span class="input-group-text">.00</span>
        </div>
      </div>
    </label>
    <div class="btn-row">
      <button class="btn btn-success" disabled={!amount} on:click={buy}>
        Buy
      </button>
      {#if status === 'buying'}
        <div class="spinner-container">
          <Spinner color="warning" />
        </div>
      {/if}
    </div>
  {/if}

  {#if status === 'bought'}
```

使用 Svelte 重新实现的 Bootstrap 组件

代码清单 14.3 列出了该组件的代码

这是一个 Bootstrap 开关组件

Bootstrap 风格的 input 元素

使用了 Bootstrap 样式的按钮

Bootstrap 中表示加载状态的组件

```
    <Toast>Your ice cream has been ordered!</Toast>
  {/if}
</main>

<style>
  .btn-row {
    display: flex;
    align-items: center;
  }

  button {
    border: none;
  }

  .input-group {
    width: 150px;
  }

  .row > div {
    outline: solid red 1px;
  }

  .spinner-container {
    display: inline-block;
    margin-left: 1rem;
  }
</style>
```

代码清单 14.3 实现了一个 Toast 组件。Toast 组件进入屏幕以及离开屏幕时的动画采用了 fly 过渡效果。

代码清单 14.3 src/Toast.svelte 文件中的 Toast 组件

```
<script>
  import {fly} from 'svelte/transition';
  let height = 0;    ← height 变量的默认值为 0，并与 div 的高度绑定
</script>

<div
  class="my-toast"
  bind:clientHeight={height}    ← 获得 div 元素的高度
  transition:fly={{duration: 1000, opacity: 1, y: -height}}
>
  <slot />
</div>

<style>
  .my-toast {    ← Bootstrap 中定义了一个名为 toast 的类；为防止冲突，我们将样式命名为 my-toast
    display: inline-flex;
    align-items: center;

    background-color: linen;
    border: solid black 1px;
```

```
    border-top: none;
    box-sizing: border-box;
    padding: 1rem;
    position: absolute;
    top: 0;
  }
</style>
```

14.3 特殊元素

Svelte 支持多种特殊元素，其形式为<svelte:nameprops>。我们可在.svelte 文件的 HTML 代码中使用这些特殊元素。

- `<svelte:component this={expression} optionalProps/>`

  <svelte:component this={expression}optionalProps/>可使用 expression 渲染组件。如果 expression 是 false，将不会渲染任何组件。optionalProps 是一组可选的 prop，将传递给渲染出来的组件。

  我们在第 9 章中曾经使用这种特殊组件实现了手动路由、哈希路由以及 page 库。例如，当我们实现哈希路由时，pageMap 变量是一个对象，保存了页面名称与页面对应组件的映射。可采用下面的代码渲染当前页面：

  ```
  <svelte:component this={pageMap[pageName]} />
  ```

  在 Travel Packing 应用程序的 App.svelte 文件中，同样使用这种特殊元素实现了手动路由功能。

- `<svelte:self props/>`

  <svelte:self props/>允许组件渲染自身的实例，支持递归组件。由于组件无法引用自身，因此这个特殊元素有其存在的必要。

  使用此特殊元素的场景并不多见，一般用于树组件。例如，在一个展示家族谱系的应用程序中，定义了一个 Person 组件，用来表示谱系中的节点，而这些节点的子节点，即后代节点，同样需要使用 Person 组件渲染。

- `<svelte:window on:eventName={handler}/>`

  <svelte:window on:eventName={handler}/>可令组件监听 window 的事件，例如 resize 事件。监听 resize 事件后，当浏览器窗口的大小发生变化时，应用程序能够及时响应，并调整组件布局。利用这个特殊元素，我们甚至可在响应事件中删除/添加组件，如当窗口缩小时删除一些组件，当窗口恢复时，重新添加这些组件。

  在第 9 章中，我们利用该特殊元素监听 hashchange 事件，实现基于哈希的路由。

注意 如有可能，更推荐利用 CSS 媒体查询响应窗口大小的变化，改变页面布局。访问 MDN 的文档(http://mng.bz/GVMO)可了解更多关于媒体查询的内容。

- `<svelte:window bind:propertyName={variable} />`

  <svelte:window bind:propertyName={variable} />可为组件绑定一个 window 实例上的属性，目前支持的属性包括 innerHeight、innerWidth、outerHeight、outerWidth、scrollX、scrollY 以及 online。

  例如，下面的代码展示了如何为一个组件绑定 innerWidth 属性，当 innerWidth 发生变化时调整组件自身的布局。

  ```
  <svelte:window bind:innerWidth={windowWidth} />
  ```

  当修改 window 中与滚动行为的相关属性时，页面会根据对应的值发生滚动行为。window 的滚动属性中只有 scrollX 和 scrollY 是可修改的，其他属性都是只读的。下面是一个修改滚动属性的例子：

  ```
  <script>
    const rows = 100;
    const columns = 150;
    let scrollX;
    let scrollY;
  </script>

  <svelte:window bind:scrollX={scrollX} bind:scrollY={scrollY} />

  <button on:click={() => scrollX += 100}>Right</button>
  <button on:click={() => scrollY += 100}>Down</button>

  <!-- This just creates content that can be scrolled. -->
  {#each Array(rows) as _, index}
    <div>{index + 1}{'#'.repeat(columns)}</div>
  {/each}
  ```

  此处只需要根据 rows 的值遍历即可，并不需要遍历某个指定的数组

注意　一个组件中只能包含一个 svelte:window 元素，但可在这个唯一的 svelte:window 元素中监听任意数量的事件，绑定任意数量的属性。

- `<svelte:body on:eventName={handler}/>`

  <svelte:body on:eventName={handler}/>可令组件监听 body 元素的事件，例如 mouseenter 事件和 mouseleave 事件。一个组件中只能包含一个 svelte:body 元素，但是可在这个唯一的 svelte:body 元素中监听任意数量的事件。

  例如，下面的代码展示了如何在鼠标进入和离开浏览器窗口时，修改应用程序的背景色：

  ```
  <script>
    let bgColor = 'white';
  </script>

  <svelte:body
    on:mouseenter={() => bgColor = 'white'}
    on:mouseleave={() => bgColor = 'gray'}
  />
  ```

```
<main style="background-color: {bgColor}">
  ...
</main>
```

- `<svelte:head>elements</svelte:head>`

  <svelte:head>elements</svelte:head>能向 DOM 文档中的 head 元素中插入新元素，如 link 元素、script 元素以及 title 元素。当插入 title 元素时，浏览器页面的标题以及书签中的标题会随之变化。

  例如，可按下面的方式改造 TravelPacking 应用程序，首先修改 src/Login.svelte 文件的 HTML，添加如下代码：

```
<svelte:head>
  <title>Login</title>
</svelte:head>
```

  接下来修改 src/Checklist.svelte 文件的 HTML 代码，添加以下代码：

```
<svelte:head>
  <title>Checklist</title>
</svelte:head>
```

  title 元素中的内容也可通过计算获得，修改 src/App.svelte 文件，如下面的代码所示：

```
<script>
  const days = [
    'Sunday', 'Monday', 'Tuesday', 'Wednesday',
    'Thursday', 'Friday', 'Saturday'
  ];
  const dayName = days[new Date().getDay()];
</script>
<svelte:head>
  <title>Today is {dayName}</title>
</svelte:head>
<!-- More page content goes here. -->
```

  如果使用该特殊元素向 head 元素中插入了多个类型相同又不允许重复声明的元素，例如 title 元素，那么只有最后一个元素会生效。

注意 *在 REPL 中使用<svelte:head>没有任何效果。*

- `<svelte:options option={value} />`

  <svelte:options option={value} />用于设置 Svelte 编译器。大多数情况下，都不需要我们额外配置 Svelte 编译器。此处单独列出，主要是希望开发人员在遇到这个特殊元素时了解其作用。

  这个元素应该位于.svelte 文件的顶部，比其他任何元素都先声明(不要将其放到 script 元素中)。

  以下列出了编译器的配置项。

- immutable——表示组件的props可以被视为是不可变的，这是一种优化性能的手段。默认值为 false。

  将对象标记为不可变，意味着父组件将为对象类型的 props 创建一个新对象，而不是修改现有对象。这样，Svelte 不需要判断对象中的内容来确定 props 是否改变，而只需要对比对象的引用地址即可判断 props 是否发生了变化。

  将 immutable 设置为 true 后，即使父组件修改了子组件中某一个对象类型的 props，这个子组件也不会重新渲染。

  在Travel Packing应用程序中，可在Dialog组件的代码中添加<svelte:options immutable={true} />(或者简写为<svelte:options immutable/>)。但不能按这种方式修改 Category 组件，因为 Category 组件的父组件 Checklist 会修改其对象类型的属性 categories。也不能按照这种方式修改 Item 组件，因为复选框在被勾选或者取消勾选时，Item 组件的对象类型属性 item 中的 packed 属性会随之改变。对于 Login 组件和 CheckList 组件来说，添加<svelte:options immutable={true} />是没有意义的，因为这两个组件并不接收任何 props。

- accessors——accessors 将为组件的 props 添加 getter 和 setter 方法。默认值为 false。对于仅在 Svelte 框架中使用组件来说，并不需要设置 accessors，因为 Svelte 提供了 bind 指令用于绑定变量。如果将 Svelte 组件编译成自定义元素，并在非 Svelte 框架中使用这些组件，那么 accessors 非常有帮助。我们将在 14.6 节中介绍具体细节。

  对于非 Svelte 框架中运行的组件来说，使用 setter 方法能够在组件渲染后改变组件的 props，而通过 getter 方法能够在组件渲染后获得组件的 props。

- namespace="value"——为组件指定了一个命名空间。例如，对于仅用来渲染 SVG 的 Svelte 组件来说，其 namespace 可被设置为 svg。

- tag="value"——指定了当 Svelte 组件被编译成自定义组件时的名称。适用于在非 Svelte 框架中以自定义元素的方式使用 Svelte 组件的场景。我们将在 14.6 节中介绍具体的使用示例。

14.4　引用 JSON 文件

Svelte 应用程序默认的模块编译工具是 Rollup，如果希望能够支持 JSON 文件，那么需要额外配置 Rollup。具体配置步骤如下所示：

(1) 执行 npm install-D @rollup/plugin- json，安装 Rollup 插件。

(2) 编辑 roll.config.js 文件。

(3) 在其他引用之前添加对插件的引用：import json from '@rollup/plugin-json';。

(4) 在 plugins 数组中添加 json()。plugins 中已经包括了大量插件，如 commonjs()。

重启 Svelte 服务器后，可在 Svelte 中引用 JSON 文件了，如下面的代码所示：

```
import myData from './myData.json';
```

14.5 创建组件库

我们可在多个 Svelte 应用程序之间复用同一个 Svelte 组件。例如，我们已经在一个应用程序中实现了一个柱状的组件，希望在其他的应用程序中使用这个组件，以便按照季度展示公司的利润，或者按月展示水电费账单的变化幅度。

为能复用 Svelte 组件，可以 npm 包的形式将多个 Svelte 组件封装成一个组件库，在需要使用这些组件的应用程序中安装这个 npm 包，并在需要的地方引用这些组件。

按照下面的步骤，为 Svelte 组件库创建 npm 包。

(1) 为组件库确定一个名称，以便在 npm 中注册该组件库。注意，这个名称在 npm 仓库中不能是已经被注册的。

(2) 执行下面的命令创建一个 Svelte 项目：

```
npx degit sveltejs/component-template library-name
```

(3) 执行 cd *library-name* 命令。

(4) 在 src 目录下，为每个组件分别创建一个.svelte 文件。

(5) 删除默认的示例文件 src/Component.svelte。

(6) 删除 src/index.js 文件中的内容，之后添加下面的代码：

```
export {default as MyComponentName} from './MyComponentName.svelte';
```

(7) 编辑 package.json 文件。

- 将 name 字段修改为组件库的名称。
- 添加 version 字段，例如"version": "0.1.0"。

(8) 执行 npm run build 命令可构建组件库。构建过程将创建一个 dist 目录，其中包含一个 index.js 和一个 index.mjs 文件，这两个文件中囊括了 Svelte 框架的代码以及所有组件的代码。其中 index.js 文件是以 CommonJS 规范定义的组件库，而 index.mjs 则是包含 ES 模块定义的组件库。Svelte 应用程序可以使用其中任意一种规范的组件库。

(9) 为组件库创建一个 GitHub 仓库。

(10) 将这个项目推送到 GitHub 仓库中。

(11) 执行 npm login，登录 npm。

(12) 修改组件库的代码，并准备发布之前，需要升级 package.json 中的版本号，并在 GitHub 仓库中生成一个 tag。具体命令如下：

```
npm version patch|minor|major
git push --tags
git push
```

根据组件本次的变更内容，选择升级版本的类型

(13) 执行 npm pub 命令，发布组件库。

按照下面的步骤，即可在 Svelte 应用程序中引用在 npm 包中定义的 Svelte 组件。

(1) 执行 npm install *library-name* 命令安装组件库。例如，npm install rmv-svelte-components。

(2) 引用需要的组件，如 import {LabeledInput, Select} from rmv-svelte-components;。

(3) 与其他 Svelte 组件一样使用这些组件。例如，代码清单 14.4 中展示了如何使用 rmv-svelte-component 组件库中的 LabeledInput 组件和 Select 组件(如图 14.13 所示)。

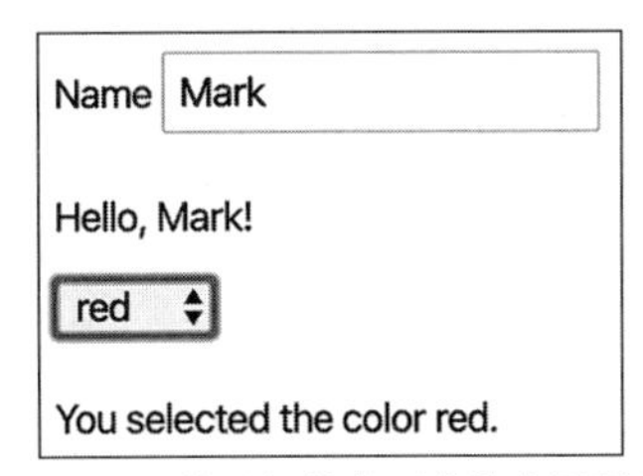

图 14.13　使用组件库开发的应用程序

代码清单 14.4　使用组件库开发的应用程序

```
<script>
  import {LabeledInput, Select} from 'rmv-svelte-components';
  let color = '';
  let name = 'Mark';
let options = ['', 'red', 'green', 'blue'];
</script>

<main>
  <LabeledInput label="Name" bind:value={name} />
  <p>Hello, {name}!</p>
  <Select options={options} on:select={event => color = event.detail} />
  <p>You selected the color {color}.</p>
</main>
```

14.6　Web Components

Web Components 标准能够令开发人员实现自定义元素。这些自定义 HTML 元素能够在多种 Web 框架(React、Vue 以及 Angular)或者原生 JavaScript 环境(仅包括 JavaScript 和 DOM)中使用。

Svelte 组件能够被编译为自定义元素，但会有一些限制，如下所示。

- 编译后组件的样式成为自定义元素的内联样式。这也意味着不能通过外部的 CSS 规则来覆盖这些样式。因此，对于要被编译成自定义元素的 Svelte 组件，尽可能不要为其定义样式，这样使用这些自定义元素的应用程序才可以为它们添加自定义样式。
- 如果在 Svelte 组件中使用了 slot 渲染子元素，那么 slot 上的{#if}和{#each}语句会被忽略。
- slot 指令:let 会被忽略。不过，这个指令很少被用到。
- 如果希望在低版本浏览器中使用基于 Svelte 的自定义元素，那么需要添加额外的 polyfill。

按照如下步骤，可将 Svelte 组件编译为自定义元素。

(1) 执行 npx degit sveltejs/template *project-name* 命令，创建一个全新的 Svelte 项目。

(2) 执行 cd *project-name* 命令。

(3) 执行 npm install 命令。

(4) 在 src 目录下，为每个组件单独定义一个.svelte 文件。

下面是一个非常简单的组件示例，在 src 目录的 Greet.svelte 文件中定义了一个名为 Greet 的组件。

```
<script>
  export let name = 'World';
</script>

<div>Hello, {name}!</div>
```

下面是另一个名为 Counter 的组件，定义在 src/Counter.svelte 文件中。

```
<script>
  export let count = 0;
</script>

<div class="counter">
  <button on:click={() => count--}>-</button>
  <span>{count}</span>
  <button on:click={() => count++}>+</button>
</div>

<style>
  button {
    border: solid lightgray 1px;
    border-radius: 4px;
    padding: 10px;
  }

  .counter {
    font-size: 24px;
  }
</style>
```

(5) 在每个组件的.svelte 文件顶部声明一个标签。标签的命名必须包含至少一个短横杠。通常情况下，标签是由一个通用的前缀、一个短横杠以及一个元素名称组成的。我们选择使用 svelte 作为前缀。

例如，可在 src/Greet.svelte 中添加如下代码：

```
<svelte:options tag="svelte-greet" />
```

接下来，修改 src/Counter.svelte 文件，添加如下代码：

```
<svelte:options tag="svelte-counter" />
```

如果 tag 不是一个字符串，而被定义为{null}，那么意味着使用这个自定义元素的应用程序可以自定义名称。这将改变应用程序配置自定义元素的方式，稍后将详细解释其中的细节。

(6) 接下来让我们验证在 App.svelte 中是否可以正常渲染这些自定义元素，如下面的代码所示：

```
<script>
  import Counter from './Counter.svelte';
  import Greet from './Greet.svelte';
</script>

<Greet name="Mark" />
<Counter />
```

(7) 执行 npm run dev 命令，之后在浏览器中打开 localhost:5000，验证组件是否被正常渲染在页面中。

(8) 创建一个名为 custom-element.js 的文件，引用上面定义好的自定义组件。例如，我们之前已经定义了 Counter 和 Greet 两个组件，那么 custom-elemet.js 文件的内容如下所示：

```
import Counter from './Counter.svelte';
import Greet from './Greet.svelte';
export {Counter, Greet};
```

(9) 将 rolup.config.js 文件中的内容复制到 rollup.ce-config.js 文件中。

- ce 表示该文件专门用于编译自定义组件，也可以由开发人员自行决定配置文件的名称。

(10) 修改 rollup.ce-config.js。

- 将 input 属性的值从'src/main.js' 改为'src/custom-element.js'。
- 将 output 中 format 属性的值从 iife 改为 es。
- 修改 plugins 数组中 svelte 函数的参数，添加 customElement: true。

(11) 在 package.json 中添加如下的 npm 脚本。

```
"custom-elements": "rollup -c rollup.ce-config.js"
```

(12) 执行 npm run custom-elements 命令，组件的自定义元素将被编译到 public/build 目录下。

下面将介绍如何在一个 React 应用程序中使用这些自定义组件

(1) 执行 npx create-react-app *app-name* 命令创建一个新的 React 应用程序。

(2) 执行 cd *app-name* 命令。

(3) 将 Svelte 项目中的 public/build/bundle.js 文件复制到 React 应用程序的 src 目录下，并将其重命名为 svelte-elements.js。

(4) 如果项目中使用了 ESLint(推荐使用)，那么请修改 svelte-elements.js 文件，添加下面的代码，使其跳过部分 ESLint 的校验规则：

```
/* eslint-disable eqeqeq, no-self-compare, no-sequences, no-unused-expressions */
```

(5) 编辑 src/index.js。

如果在定义自定义元素时，tag 被定义为{null}，那么在 import 语句下面添加下面的代码，引用自定义元素，并为其命名。

```
import {Counter, Greet} from './svelte-elements';
customElements.define('svelte-greet', Greet);
customElements.define('svelte-counter', Counter);
```

如果在定义自定义元素时声明了tag，那么上面为自定义元素命名的工作已经在svelte-elements.js文件中完成了。如果希望使用这些自定义元素，只需要在import语句下面添加下面的代码，直接引用自定义元素即可。

```
import './svelte-elements';
```

注意 推荐将自定义元素的tag声明为{null}。这种方式更贴近Svelte中组件的工作方式。在Svelte中，实现组件的源代码中并不会指定组件的名称。一旦为Web Components的元素命名后，可能出现两个元素命名冲突的问题。而同一个应用程序中很难使用同名的两个元素。

(1) 在React组件中渲染自定义元素。例如，在src/App.js的JSX中添加如下代码：

```
<svelte-greet name="Mark" />
<svelte-counter />
```

没有子元素的自定义元素

对于自定义元素而言，只能在JSX中使用自闭合写法。在非JSX中，没有子元素的自定义元素需要按照下面的写法实现：

```
<svelte-greet name="Mark"></svelte-greet>
<svelte-counter></svelte-counter>
```

(2) 执行npm start命令，启动React应用程序。

(3) 验证自定义元素是否正常渲染。

注意 对于React应用程序中的自定义元素，仅支持接受基本类型的变量作为props，并不支持对象类型和数组类型的props。访问https://custom-elements-everywhere.com/查看更多关于React的内容。此外还有一个非常严重的缺陷。在React中使用了特有的合成事件替代DOM的原生事件，因此在React中不能监听自定义元素触发的DOM事件。

在其他框架(如Vue和Angular)中，也可采用相同的方法使用自定义元素。

访问http://mng.bz/zjqQ，查看其中的How to create a web component in sveltejs视频，能学习如何使用其他方法将Svelte组件转换为自定义元素。

位于https://github.com/philter87/publish-svelte的仓库为我们提供了一个命令行工具publish-svelte，简称为pelte。能自动执行上述步骤，并将一组Svelte组件批量转换为自定义元素。

pelte能够编译单个Svelte组件并将其打包为一个自定义元素，之后将这个自定义组件发布到npm仓库中。目前仅支持单个Svelte组件发布为一个npm包，pelte作者计划开发将多个Svelte组件发布到一个npm包的功能。

在第15章中，我们将深入了解Sapper。Sapper是以Svelte为基础，封装了更多高级功能的框架。

14.7　小结

- 在 Svelte 应用程序中使用 HTML 原生的表单校验功能。
- 在 Svelte 应用程序中应用 CSS 库，如 Bootstrap、Foundation 以及 Material UI。
- Svelte 提供了一系列特殊元素，以便在 Svelte 应用程序中完成普通 HTML 元素无法实现的功能。
- 通过配置模块加载器，Svelte 可引用 JSON 文件。
- 开发人员可创建 Svelte 组件库，以便在多个应用程序中复用组件。
- Svelte 组件可被转换成自定义元素，无论采用何种框架的应用程序，甚至是没有采用任何框架的应用程序，都可使用这些自定义元素。

第Ⅲ部分　深入探讨Sapper

本部分将深入探讨 Sapper，它是构建在 Svelte 上的工具，并为 Svelte 添加了更多功能。我们将构建第一个 Sapper 应用程序，重新创建本书前面开发的购物应用程序，进一步介绍 Sapper 独特的功能，如页面路由、页面布局、预加载、预请求和代码分割。还将介绍服务端路由，它能实现 API 服务，并与客户端应用程序放置在同一项目中维护。Sapper 应用程序还可以使用“导出”功能来生成静态站点。当你想在构建期间为应用程序的所有页面生成 HTML 时，这是一个令人期待的功能。本部分将介绍这些主题，并列举构建在此基础上的应用程序示例，以及 service worker 缓存策略和事件。最后，还将学习支持离线使用的技术，验证一下 Sapper 应用程序的离线功能。

第 15 章

你的第一个Sapper应用程序

本章内容：

- 为什么使用 Sapper
- 创建一个全新的 Sapper 应用程序
- 使用 Sapper 重新开发购物应用程序

本章将介绍使用 Sapper 的好处，并讲解如何开发 Sapper 应用程序。

如第 1 章中所述，Sapper(https://sapper.svelte.dev/)是一个构建在 Svelte 上的框架，用来创建更高级的 Web 应用程序，以使用更多特性，这些特性包括：

- Sapper 提供了页面路由。它将 URL 与应用程序的“页面”联系起来，并定义了如何用标记描述页面间的导航。每个页面有了这个唯一的 URL，就可将这些页面保存为书签，这样用户就可在不同页面上启动后续会话。
- Sapper 支持页面布局模板。它定义了应用程序中一组页面的通用布局。这类通用布局可以是一些页面的公共区域，例如页眉、页脚和导航。
- Sapper 提供了服务端渲染(Server-Side Rendering，SSR)。它允许在服务端(而不是浏览器端)生成 HTML 页面。这可在渲染初始页面时，带来更好的用户体验，因为在服务器端生成HTML往往比在浏览器端下载所需的JavaScript再进行渲染的过程要快。在用户离开初始页面前，后台已经可以下载用于渲染后续页面的 JavaScript 了。
- Sapper 支持服务端路由。它提供了一种简单的方式，与前端 Web 应用程序在同一个项目中实现基于 node 的 API 服务。这使得 API 服务可以和用户界面一样，用同一种编程语言来实现，避免了语言切换带来的负担。前端和后端代码放在同一项目中，自然会保存在同一代码库中，这会给需要维护这两种代码的开发人员带来便利。

- Sapper 支持代码分割。这使得每个页面所需的 JavaScript 只在第一次访问时才被下载。由于不再需要在启动时下载应用程序的所有代码，因此减少了页面初始加载的时间。同样，这也避免了下载不必访问的页面代码。
- Sapper 支持预取。根据鼠标的悬停位置预测用户下一个要访问的页面，从而提供更快的页面加载速度。页面链接是可配置的，如果用户鼠标在链接上悬停，Sapper 会在用户单击链接之前就开始下载渲染页面所需的代码。这将减少下一个页面渲染的时间，带来更好的用户体验。
- Sapper 支持生成静态网站。它会在 Svelte 应用程序构建的时候抓取网站内容并为每个页面生成 HTML。这样用户访问的页面都是已经渲染完成的 HTML 文件。它提供了更好的用户体验，因为用户访问页面时，不再需要服务端或浏览器端生成 HTML。
- Sapper 支持应用程序离线功能。利用 service worker 技术，即使网络丢失，也能保证应用程序的部分功能可用。这包括互联网运营商和手机连接的问题。
- Sapper 支持端到端的测试。使用 Cypress，你可编写全面的测试用例来模拟用户的操作。这些可模拟的操作包括在输入框中输入文本，从下拉菜单中选择项目以及单击按钮等。实现和运行 Cypress 测试所需的一切工作都已在 Sapper 项目生成的模板代码中预先配置。

在本章中，我们将使用 Sapper 提供的页面路由、页面布局模板、服务端渲染以及代码分割功能重新开发第 9 章的购物应用程序，从而展示如何轻松地使用 Sapper 的这些功能。

15.1　创建一个全新的 Sapper 应用程序

下面逐步创建并运行一个 Sapper 应用程序。这个应用程序将包含一个 Home、About 和 Blog 页面，并且页面间能够相互切换。建议你从这个 Sapper 应用程序的主页开始，然后定制页面和导航，以符合所要创建的应用程序的需求。

(1) 如果你还没有 Node.js，请先从官网安装它，网址为 https://nodejs.org。

(2) 为新的应用程序创建初始的目录结构和文件。你可以选择 Rollup 或者 Webpack 作为构建工具，如果使用的是 Rollup，则执行命令 npx degit sveltejs/sapper-template#rollup *app-name*，如果使用的是 Webpack，则执行命令 npx degit sveltejs/sapper-template#webpack *app-name*。

(3) 执行命令 cd *app-name*。

(4) 执行命令 npm install。

(5) 执行命令 npm run dev。这会在本机启动一个支持热更新的 HTTP 服务，如果执行的是命令 npm start，则不会带有热更新的功能。打开浏览器，输入地址 localhost:3000。初始的 Sapper 应用程序会在页面顶部包含三个页面链接，分别是 Home、About 和 Blog，单击 Blog 链接会打开展示博客内容的子页面。这些页面如图 15.1、图 15.2、图 15.3 所示。

home about blog

GREAT SUCCESS!

Have fun with Sapper!

Try editing this file (src/routes/index.svelte) to test live reloading.

图 15.1 主页

home about blog

About this site

This is the 'about' page. There's not much here.

图 15.2 关于页面

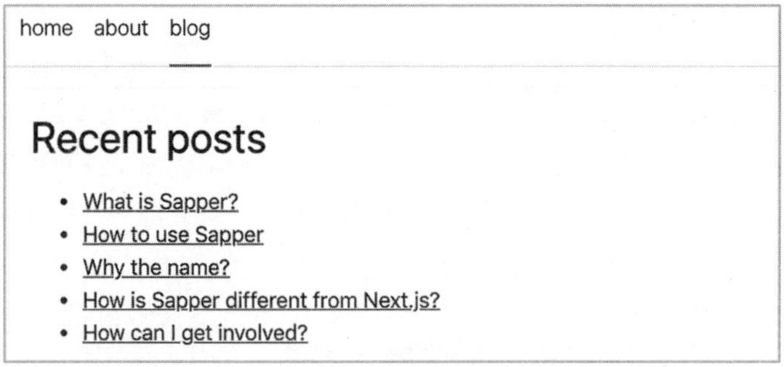

home about blog

Recent posts

- What is Sapper?
- How to use Sapper
- Why the name?
- How is Sapper different from Next.js?
- How can I get involved?

图 15.3 博客页面

对于图 15.4 中的页面，只有当用户初次单击时才会被渲染。

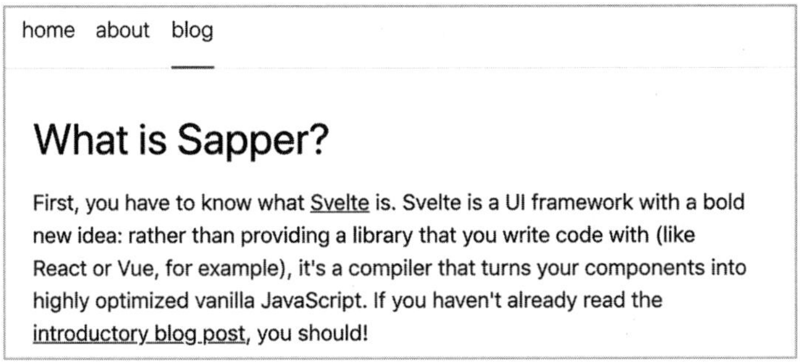

图 15.4　博客页面

现在我们可以开始修改该应用程序了。

15.2　使用 Sapper 重新开发购物应用程序

下面使用 Sapper 重新开发第 9 章的购物应用程序。这个应用程序的代码可在 http://mng.bz/NKG1 上找到。

相对于 Travel Packing 应用程序，购物应用程序的创建会更简单一些。我们将在第 16 章讲解如何创建 Travel Packing 应用程序的 Sapper 版本。

将页面顶部的链接修改为 Shop、Cart 和 Ship。为此，需要修改 Nav.svelte 中的 li 元素，如代码清单 15.1 所示。

代码清单 15.1　src/components/Nav.svelte 中的 Nav 组件

```
<li>
  <a aria-current={segment === undefined ? 'page' : undefined}
    href=".">Shop</a>
</li>
<li>
  <a aria-current={segment === "cart" ? 'page' : undefined}
    href="cart">Cart</a>
</li>
<li>
  <a aria-current={segment === "ship"? 'page' : undefined}
    href="ship">Ship</a>
</li>
```

注意　关于 aria-current 属性的详细内容，可以参阅 W3C 文档(www.w3.org/TR/wai-aria-1.1/#aria-current)。该属性表示在一个容器或一组相关元素中的当前元素。

注意　也许你不希望链接显示在页面的顶部，或者想使用不同的样式来显示它们，可通过学习本书第 16.2 节中的相关内容来实现自己的想法。

src/routers 目录下的文件是应用程序中的页面。这些文件定义了 Svelte 组件，但文件名都是小写的。这是因为这些文件名会成为访问页面 URL 的一部分，而 URL 通常都是小写的。

对 src/routers 目录下的文件进行如下修改。

(1) 将 about.svelte 重命名为 cart.svelte。

(2) 修改 cart.svelte，如下所示。

```
<svelte:head>
  <title>Cart</title>
</svelte:head>

<h1>Cart</h1>

<p>This is the 'cart' page.</p>
```

(3) 将 cart.svelte 复制到 ship.svelte。

(4) 修改 ship.svelte，如下所示。

```
<svelte:head>
  <title>Ship</title>
</svelte:head>
<h1>Ship</h1>

<p>This is the 'ship' page.</p>+
```

(5) 删除 src/routes 下的 blog 目录。

(6) 找到应用程序的首页文件 index.svelte，修改该文件底部的代码，如下所示。

```
<svelte:head>
  <title>Shop</title>
</svelte:head>

<h1>Shop</h1>
```

(7) 删除 src/routes/_layout.svelte 中的以下一行：

```
max-width: 56em;
```

删除这行代码会使所有页面的内容都靠左对齐。第 16 章将讨论如何进行页面布局。

现在我们有了购物应用程序所需的三个页面。如果应用程序还在运行，请单击顶部的链接，验证页面间的导航功能是否仍然正常。

另一种导航到页面的方法是手动更改浏览器地址栏中的 URL。将其改为以/cart 或/ship 结尾，以切换到这些页面。去掉末尾的路径可以切换到 Shop 页面，因为它是主页。

下面复制第 9 章的代码，实现这三个页面：

(1) 将第 9 章购物应用程序中的 public/global.css 复制到 static 目录下，覆盖现有文件。该文件中包括表格的样式。

(2) 将第 9 章的 src/items.js 复制到 src 目录下。该文件定义了可供出售的商品。

(3) 将第 9 章中的 src/stores.js 复制到 src 目录下。该文件定义了一个可写入的 store 对象，用来保存购物车中的商品数据。

(4) 将第 9 章的 src/Shop.svelte 中的代码复制到现有的 src/routes/index.svelte 文件中。原 index.svelte 中唯一应该保留的代码是<svelte:head>元素，它应该是 script 标签之后的第一个元素。将 script 标签顶部的 import 路径改为以…开头，因为这些文件在 routes 目录的父目录中。

(5) 像修改 src/Shop.svelte 那样，将第 9 章 src/Cart.svelte 中的代码复制到 src/routes/Cart.svelte 中，并将第 9 章 src/Ship.svelte 中的代码复制到 src/routes/Ship.svelte 中。

现在应用程序应该可以运行了。图 15.5、图 15.6 和图 15.7 展示了带有数据的三个页面的截图。

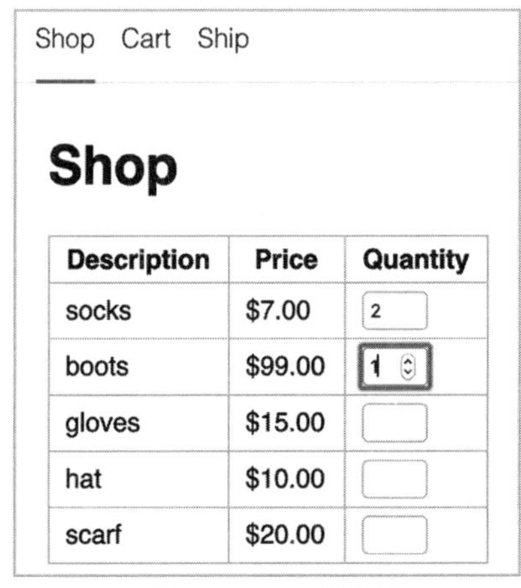

图 15.5　Shop 页面

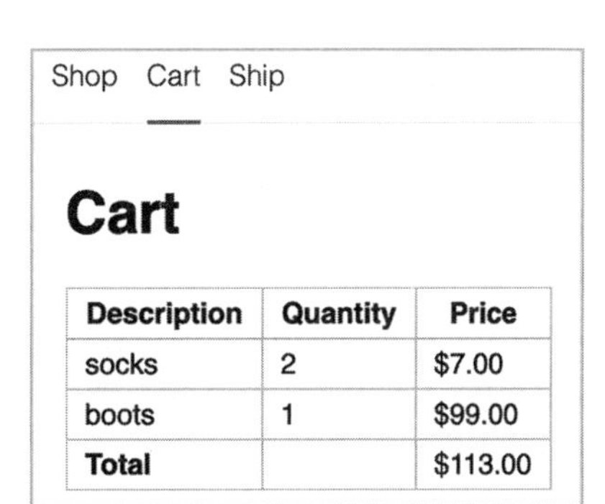

图 15.6　Cart 页面

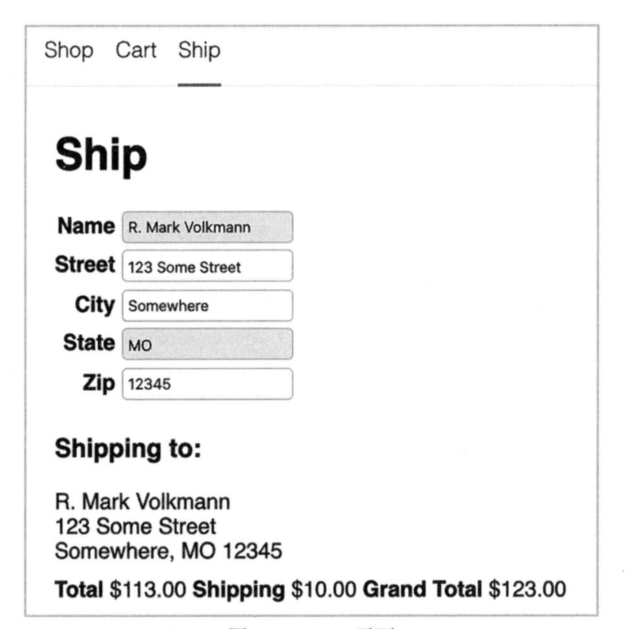

图 15.7　Ship 页面

对于该应用程序，我们使用的是 Sapper 而不是 Svelte，我们获得了什么？应用程序现在具有了简单的页面路由、服务器端渲染和代码分割功能。

要查看服务端渲染的操作，请在当前应用程序的浏览器窗口中打开 DevTools，单击 Network 选项卡，并刷新浏览器。你会看到有一个到 http://localhost:3000/的 GET 请求，该请求返回的是主页(也就是 Shop 页面)的 HTML。而其余页面是通过下载 JavaScript 代码创建的。

要在 DevTools Network 选项卡中查看代码分割操作，请单击页面顶部的 Cart 或 Ship 链接。每个页面第一次渲染时，都会下载一些新文件，这些新文件的文件名类似于 cart.hash.js、ship.hash.js 和 ship.hash.css 等。Cart 页面不包含 style 元素，所以没有下载 cart.hash.css。

下一章将深入介绍 Sapper 项目，了解其目录结构和路由、页面布局、预加载、预取、代码分割等功能。

15.3　小结

- Sapper 在 Svelte 的基础上增加了许多功能。
- 创建一个新的 Sapper 应用程序和运行 npm degit 一样简单。
- Sapper 应用程序中的页面由 src/routes 目录下的文件定义。
- 页面的导航是通过 HTML 的锚元素(<a>)来实现的。
- Sapper 自动提供了许多好处。

第16章

Sapper应用程序

本章内容：

- Sapper 项目的文件结构
- 页面路由
- 页面布局
- 错误处理
- 在服务端和客户端运行代码
- Fetch API 包装器
- 预加载页面数据
- 代码分割

上一章我们初步了解了 Sapper，本章将深入探索 Sapper 中的一系列常用功能。

- 文件结构——虽然从技术角度看，了解 Sapper 项目中每个目录和文件的意义并不是必需的，但这些信息可以让你更好地了解 Sapper 以及各部分如何一起工作。当你完成本章的学习后，你将可以轻松地驾驭 Sapper 项目。
- 页面路由——Sapper 的路由功能能极大地简化应用程序多页面导航功能的实现，例如第 15 章中 Shopping 应用程序的三个页面。
- 页面布局——页面布局是 Svelte 组件，可为一组页面提供共同的布局。当一个应用程序中的多个页面包含共同的布局部分(如页眉、页脚或左侧导航栏)时，可以使用页面布局功能。我们将探索如何实现自定义的页面布局。
- 错误处理——当 Web 应用程序调用服务端 API 时，可能会出现错误。这些错误可能是因为服务地址改变、服务器瘫痪、传入无效的数据、数据库发生错误或者是服务端代码出现逻辑错误造成的。这类错误通常应该交由一个专门的、格式良好的错误信息页面来展示。Sapper 能够配置这样的错误页面，你将看到 Sapper 如何做到这一点。

- 客户端和服务端代码——编写 Sapper 应用程序时，你需要考虑每段代码会在什么环境下运行，这是至关重要的。一段代码可能仅在浏览器端运行，可能仅在服务端运行，还可能在两端运行。你将学习如何确定代码的运行环境，为何这如此重要以及如何避免代码在错误环境中运行时产生的错误。
- 预加载和预请求——Sapper 的预加载和预请求可以配合使用来优化数据的加载，从而提高页面的性能。我们将探索如何使用它们。
- 代码分割——最后，我们会深入探索代码分割功能，了解它的优点以及它与预请求的关系。

本章将介绍很多令人兴奋的概念和示例，让我们开始吧！

注意 本章在指代从 Web 应用程序的客户端将请求发送到任何种类的远程服务时，都使用术语“API 服务”，这也包括 REST 服务。

16.1 Sapper 项目的文件结构

本节我们开始学习通过 sveltejs/sapper-template 创建的 Sapper 项目的目录结构。通常情况下，这里提到的大多数文件都不需要修改，需要修改的文件会在其描述中注明。

下面全局浏览一下项目结构。

- __sapper__目录——该目录包含以下子目录。
  - build 子目录——该目录是生成打包文件的目录。如果这个目录及其文件不存在，则可输入命令 npm run build 来创建。你可以执行命令 npm start 并在浏览器中打开 localhost:3000 来轻松地在本地创建应用程序的托管服务。
  - dev 子目录——该目录是开发环境下生成打包文件的目录。如果这个目录及其文件不存在，则可以通过命令 npm run dev 来创建。
  - export 子目录——该目录是运行 npm run export 命令后生成的目录，这个命令会生成一个静态的站点。以这种方式使用 Sapper 类似于使用 Gatsby 从 React 组件生成静态站点。第 18 章对此会进行详细介绍。
- cypress 目录——该目录包含了运行端到端测试所需的目录及其文件。Cypress 测试工具已在第 12 章介绍过。在 Sapper 应用程序中使用 Cypress 与在 Svelte 应用程序中使用它的方式基本相同。
- node_modules 目录——该目录中包含通过运行命令 npm install 安装的依赖包文件。所有项目依赖都在 package.json 中描述。
- src 目录——该目录包含了应用程序的源代码，是需要修改最多的地方。
  - components 子目录——该目录包含应用程序页面中用到的 Svelte 组件。
    - Nav.svelte——该文件定义了导航栏链接，用于导航到应用程序中的某个页面。

你可以修改它来改变页面导航功能。

- routes 子目录——该目录包含了表示应用程序页面的 Svelte 组件。
- client.js——该文件是客户端 Sapper 应用程序的入口文件，通常不需要修改。
- server.js——该文件配置了服务器用到的服务端路由(API 服务)。它默认会使用 Polka(https://github.com/lukeed/polka)，但如果需要的话，你可很容易地修改为其他库，如 Express(https://expressjs.com/)。第 17 章将介绍如何进行修改。修改它的另一个原因是配置并使用额外的服务器中间件来满足特殊的需求，例如 body 解析和记录请求日志。

  环境变量 PORT 可设置服务器监听请求的端口。默认的监听端口是 3000。

  如果设置环境变量 NODE_ENV 为 development，服务器将在开发模式下运行，这会产生一些影响，包括：

  - 它使 Sapper 错误页面包含可用于追踪错误的堆栈信息。
  - 用来为静态文件提供 Web 服务的 sirv 中间件会禁用文件缓存并忽略 sirv 的配置选项 etag、immutable、maxAge 和 setHeaders。这样，任何代码的改动都会立即生效。
  - 在 rollup.config.js 里，它会将 dev 选项传递给 Rollup Svelte 插件。虽然 Rollup Svelte 插件本身不使用这个选项，但是任何不受支持的选项都会传给 Svelte 编译器。启用 dev 选项的 Svelte 编译器会生成额外的代码用来执行运行时检查并输出调试信息。
  - service-worker.js——该文件定义了 service worker 使用的缓存策略。这将在第 19 章中介绍。
  - template.html——该文件包含的是应用程序使用的 HTML 模板。模板里定义了 ID 为 sapper 的 DOM 节点，client.js 中的代码会使用到这个节点。该文件还引入一些 static 目录下的文件，稍后会进行介绍。

- static 目录——该目录存放了图片等静态资源文件。你可以在这里添加应用程序需要的图片，删除任何不再需要的图片。static 目录还包含以下一些文件，这些文件会被 template.html 引入。
  - static/global.css 定义了全局样式。修改或添加全局样式会影响到所有组件。
  - static/manifest.json 对于渐进式网络应用程序(PWA)来说很重要，这将在第 19 章介绍。
  - static/favicon.png 是应用程序的浏览器标签显示的图标。
- cypress.json——该文件包含 Cypress 端到端测试的配置细节。
- package.json——该文件列出项目的包依赖清单。它还定义了 npm 脚本 dev、build、export、start、cy:run、cy:open 和 test。
- README.md——该文件包含使用 Sapper 的基础文档。修改它来提供有关应用程序的信息。
- rollup.config.js——该文件包含Rollup模块打包的配置细节。你可以修改它来使用 Sass、Typescript 之类的预处理器。

src 目录下还有一个名为 node_modules 的目录。运行命令 npm run dev、npm run build 和 npm run export 时，Sapper 会生成该目录和文件。放置在此处的文件可以通过 node 依赖解析的规则进行导入。否则，需要通过相对路径导入这些文件。

以下是 src/node_modules 目录下的内容。

- @sapper 目录——该目录及其子目录包含了 Sapper 内置的或生成的文件，它们不应该被修改。
    - app.mjs——该文件导出了 Sapper 的如下 API 函数。
        - goto 函数，用于编程式的导航。
        - start 函数，为页面导航配置事件处理。它会被 client.js 调用，client.js 已在前面介绍过。
    - server.mjs——该文件导出了 Sapper 的中间件函数，用来处理发送给应用程序的 HTTP 请求。它会被 server.js 调用，server.js 已在前面介绍过。
    - service-worker.js——该文件导出了以下常量，这些常量被 src/service-worker.js 使用，service-worker.js 已在前面介绍过。
        - files 常量是一个数组，包含了需要被 service worker 缓存的静态文件。
        - shell 常量是一个数组，包含了由 Sapper 自动生成的并需要被 service worker 缓存的文件。
    - internal 目录——该目录包含了以下文件。
        - App.svelte——该文件用来显示当前的页面。如果发生错误，则会显示错误页面。
        - error.svelte——如果 src/routes/_error.svelte 不存在，该文件会作为默认的错误页面组件。它会展示状态码和错误信息，如果 NODE_ENV 环境变量设置为 development，它还会展示堆栈信息。
        - layout.svelte——如果 src/ routes/_layout.svelte 不存在，该文件会作为默认的布局组件。它仅包含一个<slot>标签，用来渲染当前的页面组件。
        - manifest-client.mjs——该文件提供组件和路由页面的数据。该数据会被前面介绍过的 app.mjs 文件使用。
        - manifest-server.mjs——该文件提供了关于服务端路由(参考第 17 章)和页面的数据。该数据会被 server.mjs 文件使用。
        - shared.mjs——目前来看该文件没有提供任何有用的信息。它在将来也许会有一些用途。

好了！现在你应该对 sveltejs/sapper-template 提供的每个目录和文件都有了全面的了解。

16.2 页面路由

你可将路由看作一个页面的路径，就像第 15 章中 Shopping 应用程序的页面一样。Sapper

应用程序中的每个页面都定义在 src/routes 下，每个页面实际上是一个 Svelte 组件。

路由的名称由.svelte 文件的名称及其文件所在的目录衍生而来。

默认的 Sapper 应用程序会在每个页面的顶部渲染一个导航组件。导航组件会为每个页面渲染一个导航链接。

在页面导航中使用锚元素(<a>)作为导航元素(不要使用 button 等其他元素)是至关重要的。因为 Sapper 页面导航需要更改 URL，而单击锚元素的效果正是如此。另外，在第 18 章你将看到，导出 Sapper 应用程序的功能需要从应用的第一个页面开始，爬取锚元素指向的可访问的页面来生成一个静态版本的站点。

我们可以通过修改 src/components/Nav.svelte 来添加或删除页面导航的锚元素。

在默认的 Sapper 应用程序中，Nav 组件会使用以下代码来渲染每个锚元素。

```
<li>
  <a aria-current={segment === 'about' ? 'page' : undefined} href="about">
    about
  </a>
</li>
```

href 属性为相应页面的 URL 路径。对于应用程序的主页 src/routes/index.svelte，href 属性可以设置为"."或"/"。

Sapper 会向所有的布局组件传入一个 segment 的 props。定义在 route/layout.svelte 的布局组件将此 props 传给 Nav 组件。segment 的值代表了当前显示的页面，你可以利用此 props 来为当前显示的页面的锚元素设置与其他锚元素不同的样式。这就是为什么当前显示的页面的锚元素会赋予 aria-current 属性的原因。默认的 Nav 组件中，选中的导航项会有一条红色的下画线，它是在 CSS 样式表的[aria-current]::after 规则中定义的。

通过在 src/routes 目录下创建页面组件，我们可以定义其他页面。若要为新的页面添加导航链接，需要在 src/components/Nav.svelte 中为每个新页面添加与其他锚元素相同的标签。

举个例子，一个名为 dogs 的路由的页面组件的源文件路径可以是 src/routes/dogs.svelte 或 src/routes/dogs/index.svelte。当一个页面关联多个服务端路由时，后者会更好一些(见第 17 章)。因为 dogs 目录的创建，可以为其相关文件提供一个共同的地址。

在 routes 目录下的嵌套目录中创建的页面，其访问页面的 URL 上会附带其文件的路径。例如，文件 src/routes/baseball/cardinals/roster.svelte 定义的一个页面组件，其访问的 URL 地址为/baseball/cardinals/roster。这对于将相关的页面进行分组很有帮助。

路由目录中名称以下画线开头的文件会被视为帮助文件(不会被视为路由页面)。这些文件通常定义和导出了一些 JavaScript 函数，供其他路由页面使用。

注意　这些命名的约定会导致在一个应用程序中，可能有许多源文件的名称本身没有任何意义(如 index.svelte 和_layout.svelte)。一些编辑器可支持在每个打开的文件标签中显示文件名和目录名。在 VS Code 中，可通过将 workbench.editor.labelFormat 选项设置为 short 之类的值来启用该功能。

16.3　页面布局

页面布局是一个 Svelte 组件，它可以为一组页面提供共同的布局。例如，一个页面布局组件可用来为每个渲染页面附加共同的页眉、页脚和左侧导航栏。

顶层的页面布局定义在 src/routes/_layout.svelte 中。它是一个特殊文件，Sapper 会查找它，因为它定义了所有页面共同的布局。

布局组件可以根据当前应用程序的状态使用条件判断来改变布局。举个例子，假设应用程序有一个登录页面，它会和所有其他的页面有不同的布局，因为一般情况下，登录页面不会有导航到其他页面的链接。

当前要渲染的页面路径可以由 Sapper 提供的 store 来确定。@sapper/app 包提供了一个 stores 函数，该函数会返回一个包含三个 store 的对象，它们分别是 page、preloading 和 session。

page store 保存着一个包含 host、path、query 和 params 属性的对象。host 和 path 是字符串类型。query 和 params 是对象类型，分别保存着 URL 的查询参数和路径参数。store 里的这些数据用来确定页面会渲染什么。

preloading store 保存着一个布尔型变量，用来表明组件当前是否正在预加载数据。一个预加载数据的例子是页面通过调用 API 服务来获取需要渲染的数据。预加载在第 16.7 节会有更详细的介绍。

session store 保存着会话数据。它是一个可写入的 store，默认值为 undefined，表示当前没有会话数据。数据保存在此处是应用程序页面之间共享数据的一种方式。

在以下代码中，当页面路径是"/"时，仅会渲染页面组件本身，登录页面适用于这种情况。对于其他的页面路径，则渲染一个 Nav 组件和一个包含 section 的 main 元素，而 section 元素中包含对应的页面组件。

代码清单 16.1　顶层页面布局文件 src/routes/_layout.svelte

```
<script>
  import {stores} from '@sapper/app';
  import Nav from '../components/Nav.svelte';

  export let segment;        ← 这个 props 会自动传给所有布局组件

  const {page} = stores();
</script>

{#if $page.path === '/'}
  <slot />
{:else}
  <Nav {segment} />
  <main>
    <section>
      <slot />
    </section>
```

```
  </main>
{/if}

<style>
  main {
    display: flex;
    justify-content: center;

    background-color: linen;
    box-sizing: border-box;
    height: calc(100vh - var(--nav-height));
    padding: 2em;
    width: 100vw;
  }
</style>
```

可在 static/global.css 中定义 CSS 变量--nav-height 的值

页面布局是支持嵌套的。定义在 src/routes/_layout.svelte 顶层的页面布局会应用到所有页面上。每个路由的子目录也能定义自己的_layout.svelte 文件，该文件指定了该子目录下的所有页面的布局，页面的内容由 slot 元素提供。

在 Sapper 应用程序的示例中，我们可在 src/routes/blog 添加以下文件，把每篇博客的内容插入一个浅蓝色的 div 中(见图 16.1)。

代码清单 16.2　blog 页面布局文件 src/routes/blog/_layout.svelte

```
<div>
  <p>It's blog time!</p>
  <slot />
</div>

<style>
  div {
    background-color: lightblue;
    padding: 0.2rem 1rem;
  }
</style>
```

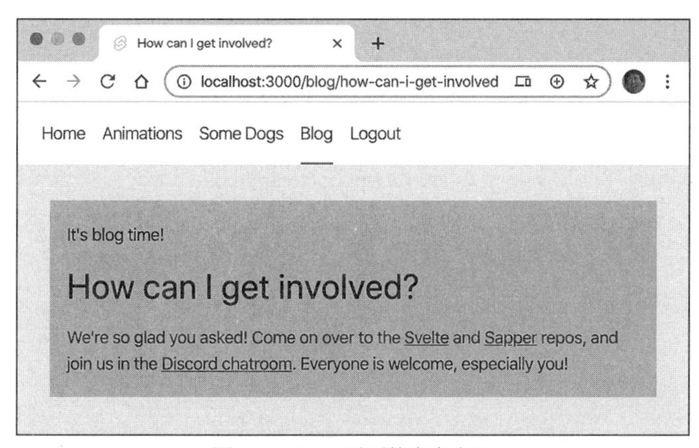

图 16.1　blog 页面的嵌套布局

16.4 错误处理

当发生某些类型的错误时，定义在 src/routes/_error.svelte 的组件会被渲染出来。这些错误包括页面导航错误和服务端错误。例如，如果试图导航到未定义的路由上，这个组件就会被渲染。我们可以修改这个文件来定制化错误页面。

例如，以下的错误页面处理 404 错误与处理其他错误的方式不同。你可以在提供的 store 中确定产生错误的页面路径。

代码清单 16.3 错误页面 src/routes/_error.svelte

```
<script>
  import {stores} from '@sapper/app';
  const {page, preloading, session} = stores();

  export let status;
  export let error;

  const dev = process.env.NODE_ENV === 'development';
</script>

{#if status === 404}
  There is no page mapped to {$page.path}.
{:else}
  <h1>Error: {error.message}</h1>
  <p>status: {status}</p>
  {#if dev && error.stack}
    <pre>{error.stack}</pre>
  {/if}
{/if}
```

一个 Sapper 应用程序只能定义一个错误页面。这和页面布局组件有所不同，src/routes 的嵌套目录中不能定义不同的、仅应用于子路由的错误页面。

16.5 在服务端和客户端运行代码

当 Sapper 应用程序的服务器启动后，<script context="module">元素中的代码及其导入的所有路由和组件都会执行。这提供了一种执行一些必要的设置任务的途径，例如建立 WebSocket 连接。一个模块上下文通常只会定义一个 preload 函数，并且不会包含任何立即执行的代码。

Sapper 应用程序第一个被访问的页面会在服务端渲染。第一个页面的 script 元素中的 JavaScript 代码会运行两次：一次在服务端，一次在浏览器端。随后页面的 script 元素中的 JavaScript 代码只会在浏览器端运行。

如果 script 元素中的代码访问的对象只有浏览器端支持，如 window 对象、sessionStorage、localStorage，则必须避免这些代码在服务端运行。一种方法是将该代码封装在函数中，并在生命周期函数 onMount、beforeUpdate 或者 afterUpdate 中执行这些函数。因为这些生命周期函数只会在浏览器端执行。另一种方法是检查 process.browser 的值，当其为 true 时，表明代码正在浏览器端运行。

16.6　Fetch API 包装器

Fetch API(http://mng.bz/xWqe)定义了全局的 fetch 函数以及处理 Body、Headers、Request 和 Response 对象的接口。fetch 函数通常用来调用 API 服务，它仅内置于浏览器环境中，不支持 Node.js 环境。

这里回顾一下模块上下文，它定义了与模块相关的变量和函数，而不是与组件实例相关的变量和函数。它的所有代码都定义在<script context="module">元素中。

在普通的 script 元素中，浏览器端提供了 fetch 函数，用来调用 API 服务。而<script context="module">元素中，我们需要使用 this.fetch 来代替 fetch 函数。这是为了保证 fetch 函数在服务器端运行时，仍然可用，因为这些都发生在服务端渲染时。下一节我们会看看使用 this.fetch 的例子。

16.7　预加载

要想在页面渲染之前就从 API 服务获取数据，可以通过 preload 函数实现。preload 函数必须定义在页面组件的模块上下文中。它有两个参数，名称通常为 page 和 session。它们在 16.3 节已经介绍过。

preload 函数可以调用任意多个 API 服务来获取数据。它也能通过其他途径来获取数据，如 GraphQL 查询、WebSocket 连接等。preload 函数需要返回一个对象，其包含的属性名是页面组件接受的 props，于是此对象中的属性值会成为页面组件对应 props 的值。

非路由组件中定义的 preload 函数是没有意义的，因为它永远不会被执行。

让我们为默认的 Sapper 应用程序添加一个 Employees 页面来演示预加载功能(见图 16.2)。

home　about　employees　blog

Employees

Name	Age	Salary
Yuri Berry	40	$675,000
Paul Byrd	64	$725,000
Jenette Caldwell	30	$345,000
Herrod Chandler	59	$137,500

图 16.2　Employees 页面

在 routes 目录中创建 employees.svelte 文件并添加以下内容。

代码清单 16.4 Employees 页面文件 src/routes/employees.svelte

这是一个免费的公共 API 服务，用于返回模拟的员工数据

注意使用 this.fetch 替代 fetch

此 API 服务返回一个包含 data 属性的 JSON 对象，data 的值是一个包含 employees 对象的数组

返回对象的属性作为 props 提供给组件

注意这里处理错误的方法

这行代码会将数字格式化为美元格式，精确到分

```
<script context="module">
  export async function preload(page, session) {
    try {
      const url = 'http://dummy.restapiexample.com/api/v1/employees';
      const res = await this.fetch(url);
      if (res.ok) {
        const result = await res.json();
        const employees = result.data;

        // Sort the employees on their last name, then first name.
        employees.sort((emp1, emp2) => {
          const [first1, last1] = emp1.employee_name.split(' ');
          const [first2, last2] = emp2.employee_name.split(' ');
          const compare = last1.localeCompare(last2);
          return compare ? compare : first1.localeCompare(first2);
        });

        return {employees};
      } else {
        const msg = await res.text();
        this.error(res.statusCode, 'employees preload error: ' + msg);
      }
    } catch (e) {
      this.error(500, 'employees preload error: ' + e.message);
    }
  }
</script>

<script>
  export let employees;

  const formatter = new Intl.NumberFormat('en-US', {
    style: 'currency',
    currency: 'USD',
    minimumFractionDigits: 0
  });
</script>

<svelte:head>
  <title>Employees</title>
</svelte:head>

<table>
  <caption>Employees</caption>
  <tr>
    <th>Name</th>
    <th>Age</th>
    <th>Salary</th>
  </tr>
```

```
  {#each employees as employee}
    <tr>
      <td>{employee.employee_name}</td>
      <td class="right">{employee.employee_age}</td>
      <td class="right">{formatter.format(employee.employee_salary)}</td>
    <tr>
  {/each}
</table>

<style>
  caption {
    font-size: 2rem;
    font-weight: bold;
  }

  table {
    border-collapse: collapse;
  }

  td, th {
    border: solid lightgray 1px;
    padding: 0.5rem;
  }

  .right {
    text-align: right;
  }
</style>
```

编辑 routes/_layout.svelte 文件，移除其在 CSS 规则 main 中的 position、max-width 和 margin 属性，这样一来表格会在页面靠左对齐。

编辑 components/Nav.svelte，在 About 页面的 li 元素后添加以下内容，为新的 Employees 页面添加一个链接。

```
<li>
  <a [aria-current]={segment === 'employees' ? 'page' : undefined}
    href="employees">
    employees
  </a>
</li>
```

好了！我们现在完成了一个渲染前就能从 API 服务获取数据的页面组件。

需要注意的是，由于路由地址决定了组件文件.svelte 的路径，因此不可能做到多个路由地址注册同一组件。

思考一下 onMount 生命周期函数和 preload 函数的区别。onMount 函数能直接修改顶层组件代表组件状态的变量。preload 函数则返回一个对象，其属性作为组件的 props 提供给组件，它不能访问组件的状态变量。

16.8 预请求

路由可以配置预请求功能，只需要用户将鼠标悬停在在锚元素上，所需的数据便会开始下载。鼠标悬停的行为预示着用户即将单击这个锚元素，因此提高了页面的加载速度。

你可以通过在页面组件的锚元素上添加 rel="prefetch "属性来配置预请求功能。这个属性和值正被考虑加入 HTML 锚元素属性的标准中(见 http://mng.bz/AAnK)。

预请求和代码分割功能是协同工作的。当用户鼠标第一次悬停在使用预请求功能的锚元素上时(或使用移动设备单击它时)，页面所需的 JavaScript 就会被下载，如果此路由还配置了 preload 函数，则 preload 函数也会被调用。这些都发生在组件渲染之前。

我们应该优化每一个页面链接使其都使用预请求功能吗？这有益于提高性能！但是，你也需要考虑是否会带来其他负面影响，那些调用 API 服务预请求的页面可能实际上并没有被访问过，因为用户可能只悬停在链接上而没有单击它。这会导致不必要的服务器资源消耗或者没有发生的活动被日志记录下来。因此，页面上每个链接采取不同的策略也是可接受的。

当锚元素未配置预请求功能，用户每次单击锚元素且锚元素指向的不是当前路由时，preload 函数都会被调用。

当锚元素配置了预请求功能，用户悬停在某个指向路由的锚元素上时，preload 函数会被调用。但是 preload 函数不会因为悬停的行为再次被调用，除非用户首次导航到另一个路由或者悬停在另一个具有 preload 函数的路由上。

要为 Employees 页面启用预请求功能，需要编辑 components/Nav.svelte 文件，将 rel="prefetch"添加到 Employees 锚元素上，如代码清单 16.5 所示。

代码清单 16.5 Nav 组件 src/components/Nav.svelte 的修改

```
<li>
  <a
    aria-current={segment === 'employees' ? 'page' : ''}
    href="employees"
    rel="prefetch">
    employees
  </a>
</li>
```

要验证改动是否符合预期，可在 employees.svelte 中的 preload 函数中添加 console.log 调用，这样在调用它时就可以进行检测了。

代码清单 16.6 Employees 页面 src/routes/employees.svelte 的修改

```
<script context="module">
  export async function preload(page, session) {
    console.log('employees.svelte preload: entered');
    ...
```

```
  }
</script>
```

现在按照以下步骤进行验证：

(1) 在应用程序运行的浏览器标签页打开 DevTools，单击 console 标签，然后刷新页面。

(2) 鼠标悬停至 Employees 链接，注意 preload 函数被调用了。

(3) 鼠标悬停到另一链接然后回到 Employees 链接。注意 preload 函数没有被再次调用。

(4) 单击另一链接，如 About。

(5) 鼠标悬停到 Employees 链接。注意 preload 函数再次被调用。

虽然 rel="prefetch"属性无法应用到 button 元素上，但你可改变锚元素的样式，使其看起来像一个 button，如代码清单 16.7 所示。

代码清单 16.7　Nav 组件 src/components/Nav.svelte 的样式修改

```
<style>
  a {
    border: solid gray 1px;
    border-radius: 4px;
    padding: 4px;
    text-decoration: none;
  }
</style>
```

16.9　代码分割

虽然 Svelte 生成的打包文件比其他框架生成的要小得多。但通过代码分割，可进一步减少初始下载的代码大小。它可以避免在首个页面渲染时就下载所有的 JavaScript 代码。代码分割功能对于那些运行在慢速网络或者移动设备的应用程序来说有显著的性能改善。Sapper 自动提供了这项功能。

当浏览器首次加载 Sapper 应用程序时，只有渲染首页/路由所需的 JavaScript 代码会被下载。剩下的其他路由所需的 JavaScript 代码只在页面渲染时才会被下载。这通常发生在用户单击一个锚元素而触发路由地址改变的时候。

对于那些锚元素包含 rel="prefetch"的路由，当用户悬停其锚元素上时，它们的 JavaScript 代码就会开始下载。在 Sapper 的 starter 应用程序中，src/components/Nav.svelte 中的锚元素指定了 rel="prefetch"属性值。Blog 页面路由使用了预请求功能，在前面，我们已将其添加到 Employees 路由中。

以我们的应用程序 Employees 路由为例，跟随以下的步骤，来看看代码分割实际是如何工作的。

(1) 打开 DevTools 并单击 Network 选项卡。

(2) 单击 Home 链接回到首页。

(3) 刷新浏览器页面。

(4) 注意有三个文件被下载了：

- client.some-hash.js 包含了对应于 src/client.js 的代码，这些代码用来引导 Sapper 应用程序。它不包含页面相关的代码。
- sapper-dev-client.some-hash.js 仅当应用程序运行在 development 模式时，才会被下载。它提供了少量附加的调试信息。
- index.some-hash.js 包含了 home 页面的代码。

(5) 单击 DevTools 中的 index.some-hash.js 文件，查看其内容。注意它包含来自于 Home 页面的"Great success!"，但不包含来自于 About 页面的"About this site "。

(6) 单击应用程序中的 About 链接。注意这会下载一个名为 about.some-hash.js 的文件。

(7) 单击 DevTools 中的这个文件，查看其内容。注意它包含来自于 About 页面的"About this site"，但不包含来自于 Home 页面的"Great success!"

(8) 将鼠标悬停在应用程序的 Employees 链接上，注意在你没单击这个链接之前，一个名为 employees.some-hash.js 的文件就已经被下载了，这是因为锚元素使用了 rel="prefetch"。

(9) 单击应用程序的 Employees 链接，注意没有新的文件被下载，这是因为这个页面的 JavaScript 已经被下载过了。

代码分割是一项出色的功能，它能改善网络应用程序的加载性能，Sapper 自动提供了这项功能。

16.10　构建 Sapper 版本的 Travel Packing 应用程序

让我们来创建一个 Sapper 版本的 Travel Packing 应用程序。它将有两个页面路由，会使用页面布局和代码分割的功能。完成的代码可在 http://mng.bz/Z2BO 找到。

这里的代码不会使用预加载和预请求的功能，因为我们还没有在此应用程序中使用 API 服务。这些功能会在第 17 章被加进来。

首先，创建新的 Sapper 应用程序：

(1) 进入想要放置应用程序的目录。

(2) 执行命令 npx degit sveltejs/sapper-template#rollup sapper-travel-packing。

(3) 执行命令 cd sapper-travel-packing。

(4) 执行命令 npm install。

(5) 执行命令 npm install name 用于安装任何不在 sveltejs/sapper-template 中但需要的依赖包。对于 Travel Packing 应用程序，这些依赖包括 dialog-polyfill 和 uuid。

现在将 Svelte 版本的应用程序的一些文件复制到 Sapper 版本的项目中。这看起来会有很多工作量，因为我们需要修改几个文件让它能在 Sapper 中运行。当然，通过 Sapper 来初始化应用程序是更自然的途径。

(1) 将文件 public/global.css 复制到 static/global.css，以覆盖已有的版本。

(2) 删除图片 static/great-success.png，因为它不再被使用了。

(3) 删除 src/routes 目录下已有的页面组件，包括 index.svelte、about.svelte 和 blog 目录。

(4) 将 src 目录下现有的页面复制到 src/routes 目录下。这些页面包括 Login.svelte 和 Checklist.svelte。

(5) 采用蛇形方式(snake-case)命名这些.svelte文件。例如，文件名 TwoWords.svelte 应重命名为 two-words.svelte。这样做的好处是因为这些文件名会作为 URL 的一部分出现在页面地址栏。另外，重命名 Home 页面的源文件为 index.svelte。对于这个项目，需要将 Login.svelte 重命名为 index.svelte 并将 Checklist.svelte 重命名为 checklist.svelte。

(6) 将非页面组件从 src 复制到 src/components。这些组件包括 Category.svelte、Dialog.svelte、Item.svelte 和 NotFound.svelte。

(7) 将.js 文件复制到新项目的同一目录下。对于这个项目，需要将 util.js 从 Svelte 应用程序的 src 目录复制到 Sapper 应用程序的 src 目录。

(8) 调整复制到 src/routes 目录下.svelte 文件的导入路径。对于这个项目，修改 checklist.svelte 中的以下内容。

```
import Category from '../components/Category.svelte';
import Dialog from '../components/Dialog.svelte';
import {getGuid, sortOnName} from '../util';
```

将导入路径由.修改为..

并修改 Item.svelte 文件中的以下内容：

```
import {blurOnKey} from '../util';
```

(9) 调整复制到 src/components 目录下.svelte 文件的导入路径。对于这个项目，所有的修改都在 Category.svelte 文件中：

```
import {getGuid, sortOnName} from '../util';
```

(10) 修改 src/routes/_layout.svelte 文件：

- 删除 script 元素及其内容，因为已不再使用它。
- 删除 Nav 组件。
- 在 slot 元素前添加如下代码。

```
<h1 class="hero">Travel Packing Checklist</h1>
```

- 将 style 元素及其内容替换为 Svelte 版本 src/App.svelte 中 style 元素的内容。

(11) 删除 src/components/Nav.svelte，因为已不再使用它。

(12) 修改 src/routes/index.svelte 来处理不同的 Login 按钮逻辑。

- 添加导入 goto 函数的代码。

```
import {goto} from '@sapper/app';
```

- 删除导入 createEventDispatcher 函数的代码。

- 删除 dispatch 变量。
- 修改 login 函数，如下所示：

```
const login = () => goto('/checklist');
```

(13) 修改 src/routes/checklist.svelte：

- 在文件顶部位置，添加 import {onMount} from 'svelte';。
- 将调用 restore()的地方修改为 onMount(restore)，这样 restore 函数只会在浏览器端执行。
- 删除导入 createEventDispatcher 函数的代码。
- 删除 dispatch 变量。
- 在 script 元素中变量声明附近，添加变量声明 let restored = false;。
- 修改代码，确保所有调用 localStorage 相关方法的代码只会在浏览器端运行，因为服务端没有定义 localStorage 对象。回顾一下，那些传给生命周期函数的函数只会在浏览器端执行。对于这个项目，需要修改 persist 和 restore 函数，如下所示。

```
function persist() {
    if (process.browser && restored) {
      localStorage.setItem('travel-packing',
        JSON.stringify(categories));
    }
  }

  function restore() {
    const text = localStorage.getItem('travel-packing');
    if (text && text !== '{}') categories = JSON.parse(text);
    restored = true;
  }
```

- 替换 Log Out 按钮，如下所示：

```
<a class="button logout-btn" href="/">Log Out</a>
```

(14) 为了让锚元素看起来像按钮，在 static/global.css 中添加如下的 CSS 规则来设置它的样式：

```
.button {
  background-color: white;
  border-radius: 10px;
  color: gray;
  padding: 1rem;
  text-decoration: none;
}
```

(15) 修改 src/components/Dialog.svelte，如下所示：

- 删除代码 import dialogPolyfill from 'dialog-polyfill';，因为此代码会访问全局变量 window，当其在服务端运行时，window 变量不可用。
- onMount 函数的调用仅会运行在浏览器端，将它修改为如下形式：

```
onMount(async () => {
```

```
      const {default: dialogPolyfill} = await import('dialog-polyfill');
      dialogPolyfill.registerDialog(dialog);
    });
```

这里使用了异步导入方式

现在运行命令 npm run dev 来启动应用程序。

好了，大功告成！虽然完成这个应用程序的工作量很大，但是想想我们学到了什么。现在添加一个新页面对我们来说变得更容易了，我们学会了使用代码分割和预加载功能，还了解了公共的页面布局。Sapper 提供的这些功能给大型应用程序的开发带来了极大优势。

在第 17 章中，你将学习在 Sapper 应用程序中如何实现基于 Node 的 API 服务。

16.11 小结

- Sapper 应用程序有清晰的文件结构。
- src/routes 下的文件和目录定义了 Sapper 应用程序中的页面。
- Sapper 应用程序有一个顶层的页面布局组件，它可以应用到所有页面。
- 嵌套的路由能够定义它们自己的布局，页面组件通过在其父级的布局文件中提供 slot 内容来实现此功能。
- 一个 Sapper 应用程序有且仅有一个错误页面。
- Sapper 应用程序需要避免某些 JavaScript 代码在服务端运行，这实现起来并不难。
- Fetch API 包装器支持在服务端使用 Fetch API，如 preload 函数。
- 预加载功能允许页面在渲染之前预先加载所需的数据。
- 预请求功能可实现在页面导航之前，预先下载页面所需的代码和数据。
- Sapper 提供了代码分割功能，这使得只有当用户导航到某一页面或者悬停在页面链接上时(需要开启预请求功能)，页面所需的代码才会被下载。

第 17 章

Sapper服务端路由

本章内容：

- 服务端路由
- 服务端路由的源文件
- 服务端路由函数
- 一个创建、检索、更新、删除(CRUD)的例子
- 切换至 Express

服务端路由是基于 Node 的 API/REST 服务。Sapper 能够实现这些服务，使得客户端代码可将请求发送给这些 Sapper 托管的服务。Sapper 使服务端和客户端的代码能够放在同一个项目中，从而给全栈开发人员带来了很大的便利，因为这可避免创建多个仓库来维护客户端和服务端代码。同时它的另一个好处是所有代码都使用同一种编程语言——JavaScript。

注意 不使用 Sapper，将 Svelte 应用和基于 Node 的 API 服务托管在同一个仓库(monorepo)中也是可能的。但这种情况下，前端和后端代码通常在它们单独的源码树中，它们有自己的 package.json 文件。使用 Sapper 后，前端和后端代码会在同一个源码树中，同一个 HTTP 服务器被用来托管前端静态资源和响应 API 请求。

服务器路源文件中定义了服务端代码的函数，它是 Sapper 应用程序的一部分。这些代码可用来执行一些任务，比如使用关系数据库 PostgreSQL 或 NoSQL 数据库 MongoDB 来执行数据持久化操作。例如，一个管理员工数据的应用程序可以使用 API 服务来创建、查询、更新、删除这些数据。

通过服务端路由实现服务端的功能是可选的。Sapper 应用程序并不限制只能调用服务端路由的服务。这些在 Sapper 中使用的服务能够使用其他的编程语言和框架在 Sapper 应用程序外实现。

接下来将探讨如何实现 Sapper 服务端路由，包括在哪里放置源文件，如何命名以及这些文件实现了什么功能。

17.1　服务端路由的源文件

定义服务端路由的源文件放置在 src/routes 目录下。如前面章节所述，这也是应用程序定义页面相关 Svelte 组件的地方。

API 服务定义在以.js 为扩展名的 JavaScript 代码中。这里有一个约定，如果文件是以.json.js 为扩展名，表明其请求响应的数据是 JSON 数据。

在 src/routes 下的每个目录可以包含一个页面文件.svelte 和一个服务端路由文件.js。如果服务端路由文件只被同一目录下的页面文件使用，这会非常有用。如果一个页面文件不使用只针对它的服务端路由，那么这个目录下可以只包含页面文件.svelte。如果特定的服务端路由文件不打算只被一个页面使用，那么这个目录下可以只包含服务端路由文件。页面文件和服务端路由的定义非常灵活，只需要保证它们都定义在 src/routes 目录下。

在 Sapper 中，定义服务端路由的源文件会有命名约定。本章的示例代码中假设要描述的资源是小狗，页面路由将使用的服务名是 dogs。一个特定的小狗资源可能会以如下 JSON 进行描述：

```
{
  "id": "5e4984b33c9533dfdf102ac8",
  "breed" : "Whippet",
  "name" : "Dasher"
}
```

某些情况下，服务端路由的 URL 不需要路径参数，例如查询所有资源或创建一个新的资源，这通常会定义在 src/routes/dogs/index.json.js 中。

另外一些情况下，服务端路由的 URL 需要路径参数，例如更新或删除一个存在的资源，这通常会定义在 src/routes/dogs/[id].json.js。这里的[id]表示一个路径参数，它是资源的唯一标识符。

服务端路由的每个路径片段只能包含一个路径参数。当你的数据存在层次结构时，拥有多个路径片段会很有用。例如，如果我们想根据小狗所属的家庭来区分这些小狗，我们可能会创建一个服务端路由文件src/routes/families/[familyId]/dogs/[dogId].json.js。注意中括号实际也是目录和文件名的一部分。如果我们想要将 ID 为 d7 的小狗的所属家庭 ID 更新为 f3，将 PUT 请求发送到/families/f3/dogs/d7 即可。

17.2　服务端路由函数

服务端路由源文件定义了服务端路由函数。这些函数用作处理 HTTP 请求，类似于 Express(https://expressjs.com/)的中间件函数。它们通常负责检查 request 对象，调用 response 对象上的方法来提供响应数据。

Express 的中间件函数

Express 的中间件函数用来处理 HTTP 请求。它们会按注册顺序运行。每个中间件函数接收三个参数：request 对象、response 对象和 next 函数。这些函数通常执行以下操作之一：

- 修改 request 对象并调用 next 函数，让下一个中间件函数继续处理 request。
- 调用 response 对象上的方法来提供响应数据。
- 修改 response 对象并调用 next 函数，让下一个中间件函数执行其他修改。

一些中间件函数仅用来处理错误并可能会记录它们。向 next 函数传递错误信息的参数会触发下一个(或第一个)处理错误的中间件函数运行。如果不向 next 函数传递参数，则会触发下一个正常的(非处理错误的)中间件函数运行。

服务端路由由函数的名称与 HTTP 动词对应关系如表 17.1 所示。

表 17.1 CRUD 操作

CRUD 操作	HTTP 动词	函数名
创建	POST	post
查询	GET	get
更新	PUT	put
删除	DELETE	del

17.3 一个 CRUD 的例子

让我们跟随以下的步骤，使用 MongoDB 数据库实现一个能够对小狗资源执行 CRUD(创建、查询、更新、删除)操作的页面。使用关系数据库(如 PostgreSQL)，代码上并不会有很大的不同。只需要将 MongoDB 的特定调用替换为 SQL 即可。图 17.1 展示了要创建页面的截图。

图 17.1 Dogs 页面

在这个页面中，可执行以下操作。

- 看到数据库中现在所有的小狗记录。
- 通过输入 breed 和 name 并单击 Add 按钮来添加一只新的小狗。
- 通过单击小狗旁的铅笔图标来修改其 breed 或 name，修改这些值后，单击 Modify 按钮。当单击铅笔图标后，Add 按钮会变为 Modify。
- 单击小狗旁的垃圾桶图标来删除数据库中此条小狗的记录。

执行下面的命令创建一个新的 Sapper 应用程序：

(1) npx degit sveltejs/sapper-template#rollup dog-app

(2) cd dog-app

(3) npm install

(4) npm install body-parser mongodb

body-parser 库用来解析 HTTP 请求中的 body。

mongodb 库可让我们与 MongoDB 数据库进行通信。关于安装、启动 MongoDB 服务器以及如何通过 MongoDB shell 和 JavaScript 与 MongoDB 数据库交互的细节，请参见附录 C。

服务端路由默认是由 Polka 库(https://github.com/lukeed/polka)进行管理。Polka 被称为“一个快速的微型网络服务器，它会让你翩翩起舞！”。Polka 是 Express 的替代品，声称速度比 Express 快 33%～50%。Polka 支持与 Express 几乎相同的 API 和中间件函数，是由 Luke Edwards 创建的。Luke 也是 Sapper 的贡献者。

要使你的代码能够传递 HTTP 请求的 body 数据，需要在 src/server.js 中进行两处修改。

(1) 添加以下 require 语句：

```
import {json} from 'body-parser';
```

(2) 在 polka()函数的第一个调用链位置，添加如下代码：

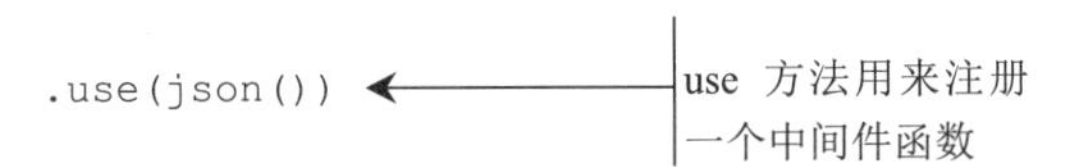
.use(json())
use 方法用来注册
一个中间件函数

创建目录 src/routes/dogs，并在此目录创建以下文件：

- index.svelte——此文件定义了渲染页面(图 17.1)的.svelte 组件。
- index.json.js——此文件导出了获取所有小狗记录和创建一只小狗记录的中间件函数。这些 API 服务也可通过其他很多框架和编程语言实现，但你会发现使用 Sapper 定义它们会非常容易。
- [id].json.js——此文件导出了更新和删除现有小狗记录的中间件函数。这些是 API 服务。
- _helpers.js——此文件导出一个帮助函数，此函数返回一个可操作 MongoDB 中的 dogs 集合的对象。

代码清单 17.1 展示了 dogs 页面组件的代码。虽然这里代码很多，但鉴于你已经学习了 Svelte 和 Sapper，你应该能理解这里的全部代码。

代码清单 17.1 src/routes/dogs/index.svelte 中的 dog 页面组件

```
<script context="module">
  export async function preload() {          ← 此函数会在每次组件渲染前被调用，用来获取小狗的数据。预加载函数已经在第 16 章介绍过
    try {
                                              这里调用了 dogs/index.json.js 中定义的 get 中间件函数
      const res = await this.fetch('dogs.json');  ←
      if (res.ok) {
        const dogs = await res.json();
        const dogMap = dogs.reduce((acc, dog) => {  ← 这里用 dog 对象创建了以 dog 的 ID 为 key 的 map 对象
          acc[dog._id] = dog;
          return acc;
        }, {});

        return {dogMap};  ← 这里返回的属性对象会作为组件的 props 传给组件。这个示例只传递了 dogMap
      } else {
        // Handle errors.
        const msg = await res.text();
        this.error(res.statusCode, 'Dogs preload: ' + msg);
      }
    } catch (e) {
      this.error(500, 'Dogs preload error: ' + e.message);
    }
  }
</script>

<script>
  export let dogMap = {};  ← 前面的预加载函数提供了这个 props

  let breed = '';
  let breedInput;
  let error = '';
  let id = '';
  let name = '';

  $: saveBtnText = id ? 'Modify' : 'Add';  ← 如果小狗的 ID 存在，会修改这条记录，否则会添加一条新的小狗记录

  $: sortedDogs = Object.values(dogMap).sort((dog1, dog2) =>
    dog1.name.localeCompare(dog2.name)
  );

  function clearState() {
    id = breed = name = '';
    breedInput.focus();
  }

  async function deleteDog(id) {
    try {                                     这里调用了定义在[id].json.js 中的 del 中间件函数
      const options = {method: 'DELETE'};
      const res = await fetch(`dogs/${id}.json`, options);  ←
      if (!res.ok) throw new Error('failed to delete dog with id ' + id);
      delete dogMap[id];
```

```
      dogMap = dogMap;          ← 触发使用 dogMap 对象的
      clearState();               UI 的更新
    } catch (e) {
      error = e.message;
    }
  }

  function editDog(dog) {
    ({breed, name} = dog);
    id = dog._id;
  }                               处理小狗创建和更新的
                                  逻辑
  async function saveDog() {  ←
    const dog = {breed, name};
    if (id) dog._id = id;  ← 如果 id 存在，会更新对应的 dog 记
                              录，否则创建一条新的 dog 记录
    try {
      const options = {
        method: id ? 'PUT' : 'POST',
        headers: {'Content-Type': 'application/json'},
        body: JSON.stringify(dog)
      };
      const path = id ? `dogs/${id}.json` : 'dogs.json';
      const res = await fetch(path, options);  ← 调用在 index.json.js 中定义的
      const result = await res.json();            post 中间件函数，或调用
                                                  [id].json.js 中定义的 put 中间
      if (!res.ok) throw new Error(result.error); 件函数

      dogMap[result._id] = result;
      dogMap = dogMap;  ← 触发使用 dogMap 对象的
                          UI 的更新
      clearState();
    } catch (e) {
      error = e.message;
    }
  }
</script>

<svelte:head>
  <title>Dogs</title>
</svelte:head>

<section>
  <h1>Dogs</h1>

  {#if error}
    <div class="error">Error: {error}</div>
  {:else}
    {#each sortedDogs as dog}
      <div class="dog-row">
        {dog.name} is a {dog.breed}.
        <button class="icon-btn" on:click={() => editDog(dog)}>
          <!-- pencil icon -->
          &#x270E;
        </button>
        <button class="icon-btn" on:click={() => deleteDog(dog._id)}>
```

```
        <!-- trash can icon -->
        &#x1F5D1;
      </button>
    </div>
  {/each}
{/if}

<form>
  <div>
    <label>Breed</label>
    <input bind:this={breedInput} bind:value={breed} />
</div>
<div>
    <label>Name</label>
    <input bind:value={name} />
  </div>

  <button disabled={!breed || !name} on:click|preventDefault={saveDog}>
    {saveBtnText}
  </button>

  {#if id}
    <button on:click|preventDefault={clearState}>Cancel</button>
  {/if}
</form>
</section>

<style>
button {
  border: none;
  font-size: 1rem;
  padding: 0.5rem;
}

.dog-row {
  display: flex;
  align-items: center;
}

form {
  margin-top: 1rem;
}

form > div {
  margin-bottom: 0.5rem;
}

.icon-btn {
  background-color: transparent;
  font-size: 18px;
  margin-left: 0.5rem;
}

.icon-btn:hover {
  background-color: lightgreen;
}
```

使用 preventDefault 阻止默认的表单提交行为

```
  input {
    border: none;
    padding: 0.5rem;
    width: 200px;
  }

  label {
    margin-right: 0.5rem;
  }

  section {
    background-color: linen;
    padding: 1rem;
  }
</style>
```

现在我们将注意力转向服务端的代码。

代码清单 17.2 展示了一个帮助函数，此函数会被其他源文件使用，用来获取 MongoDB 中 dogs 集合中的对象。

代码清单 17.2　src/routes/dogs/_helpers.js 中的 MongoDB 帮助函数

```
const {MongoClient} = require('mongodb');

const url = 'mongodb://127.0.0.1:27017';
const options = {useNewUrlParser: true, useUnifiedTopology: true};
let collection;

export async function getCollection() {
  if (!collection) {
    const client = await MongoClient.connect(url, options);
    const db = client.db('animals');
    collection = await db.collection('dogs');
  }

  return collection;
}
```

MongoDB 认为 localhost 和 127.0.0.1 是两个不同实例，mongo shell 里用的是 127.0.0.1，所以此处使用相同的实例

这是 MongoDB 推荐的设置选项，用来关闭废弃的警告

这是 dogs 集合的引用对象，每次会话只会对它执行一次查询

这里会获取访问 animals 数据库的对象。不需要调用 db 上的 close 方法(参考 http://mng.bz/qMqw)

这里从 animals 数据库获取 dogs 集合的对象

代码清单 17.3 实现了服务端路由的 GET 和 POST 请求。这些服务端路由不需要任何路径参数。这里导出的函数名必须含有 get 和 post。

代码清单 17.3　src/routes/dogs/index.json.js 中的 GET 和 POST 服务端路由

```
import {getCollection} from './_helpers';

export async function get(req, res) {
  try {
    const collection = await getCollection();
```

```
    const result = await collection.find().toArray();
    res.end(JSON.stringify(result));
  } catch (e) {
    console.error('index.json.js get:', e);
    res.status(500).json({error: e.message});
  }
}

export async function post(req, res) {
  const dog = req.body;
  try {
    const collection = await getCollection();
    const result = await collection.insertOne(dog);
    const [obj] = result.ops;
    res.end(JSON.stringify(obj));
  } catch (e) {
    console.error('index.json.js post:', e);
    res.status(500).json({error: e.message});
  }
}
```

获取 MongoDB dogs 集合里的所有文档(对象)

采用 JSON 格式返回一个包含 dog 对象的数组

向 dogs 集合插入一条小狗记录

获取了插入的文档对象，此对象包含这条小狗记录的所有数据和为其分配的唯一 ID

这里将 dog 对象以 JSON 格式返回给客户端，主要是为了让客户端能获取其 ID

代码清单 17.4 实现了服务端路由的 DELETE 和 PUT 请求。这些服务端路由需要一个名为 id 的路径参数。这里导出的函数名必须含有 del 和 put。

代码清单 17.4 src/routes/dogs/[id].json.js 中的 DELETE 和 PUT 服务端路由

```
const {ObjectId} = require('mongodb');
import {getCollection} from './_helpers';

export async function del(req, res) {
  const {id} = req.params;
  try {
    const collection = await getCollection();
    const result = await collection.deleteOne({_id: ObjectId(id)});
    if (result.deletedCount === 0) {
      res.status(404).send(`no dog with id ${id} found`);
    } else {
      res.end();
    }
  } catch (e) {
    console.error('[id].json.js del:', e);
    res.status(500).json({error: e.message});
  }
}

export async function put(req, res) {
  const {id} = req.params;
  const replacement = req.body;

  delete replacement._id;
```

此函数用于创建作为文档 ID 的对象

从路径参数上获取要删除的小狗的 ID

尝试从 dogs 集合中删除具有指定 ID 的文档

从路径参数上获取要更新的小狗记录的 ID

MongoDB 的 replaceOne 方法接收的参数对象不能包含_id 属性，因此此处需要移除它

```
  try {
    const collection = await getCollection();
    const result = await collection.replaceOne(
      {_id: ObjectId(id)},
      replacement
    );
    const [obj] = result.ops;
    obj._id = id;
    res.end(JSON.stringify(obj));
  } catch (e) {
    console.error('[id].json.js put:', e);
    res.status(500).json({error: e.message});
  }
}
```

这里根据 dog 对象的唯一 ID 来更新 dogs 集合中对应的文档对象

这里恢复此对象的_id 属性，它将以 JSON 格式返回给客户端

现在已经实现了所有必要的服务端功能，我们准备将dogs 页面的路由链接添加到导航栏。为此，需要在 Nav 组件中添加以下代码。

代码清单 17.5　修改 src/components/Nav.svelte 中的 Nav 组件

```
<li>
  <a
    rel="prefetch"
    aria-current={segment === 'dogs' ? 'page' : undefined}
    href="dogs"
  >
    dogs
  </a>
</li>
```

rel="prefetch"的作用已在第 16 章介绍过。只要用户鼠标悬停在导航栏的链接上，定义在文件 src/routes/index 中的 preload 函数就会被调用，也会触发下载 Dogs 页面所需的 JavaScript 代码。回顾一下前面所学的知识，若想观察这些行为，你需要在鼠标悬停在 Dogs 链接之前，打开浏览器 DevTools 并单击 Network 标签栏。

要运行此应用程序，执行命令 npm run dev，用浏览器打开 localhost:3000。

好了！我们创建了一个新的服务端路由，实现了与 dogs 资源相关的 CRUD 操作。借鉴这种模式，你可在其他类的数据上实现类似功能。

17.4　切换至 Express

Sapper 应用程序能很容易地切换成 Express 等其他 Node.js 服务器框架来管理服务端路由。以下是 Sapper 应用程序从 Polka 切换至 Express 的步骤：

(1) 执行命令 npm uninstall polka。

(2) 执行命令 npm install express。

(3) 编辑文件 src/server.js。

- 删除代码 import polka from 'polka';。
- 添加代码 import express from 'express';。

默认情况下，Sapper 使用 Sirv 为静态文件提供 Web 服务。

假设前面的改动已经完成，为了使用 express 为静态文件提供 Web 服务，需要以下额外的步骤：

(1) 执行命令 npm uninstall sirv。

(2) 编辑文件 src/server.js。

- 删除代码 import sirv from 'sirv';。
- 将代码 sirv('static', {dev})替换为 express.static('static')。

(3) 重启服务器。

17.5 构建 Travel Packing 应用程序

让我们修改第 16 章中创建的 Sapper Travel Packing 应用程序以使用服务端路由功能。它能将行李清单的数据存储到 MongoDB 数据库中。你可在 http://mng.bz/7XN9 找到完成的代码。

我们将此数据库命名为 travel-packing。它将包含一个名为 categories 的集合。此集合中的每一个文档对象都代表一个类别及其所包含的类目。

执行以下命令来安装一些 npm 依赖包，这些包分别用来解析 HTTP 请求体，提供对 MongoDB 的访问支持以及提供简单的方式来发送 HTTP 响应。

```
const {json} = require('body-parser');
```

我们需要对文件 src/server.js 做下修改来解析 HTTP 请求体。

(1) 添加如下 import 代码：

```
const {json} = require('body-parser');
```

(2) 在调用函数 polka()后的第一个链式调用的位置添加如下代码：

```
.use(json())
```

以下是需要实现的 API 服务的功能点。

(1) 创建一个类别——此功能目前已经在 routes/checklist.svelte 的 addCategory 函数中实现。我们将在 src/routes/categories/index.json.js 中定义并导出一个 post 函数来实现此 API 服务，它的 HTTP method 为 POST，请求地址为/categories。

(2) 查询所有类别——此功能目前已经在 routes/checklist.svelte 的 restore 函数中实现。我们将在 src/routes/categories/index .json.js 中定义并导出一个 get 函数来实现此 API 服务，它的 HTTP method 为 GET，请求地址为/categories。

(3) 删除一个类别——此功能目前已经在 routes/checklist.svelte 的 deleteCategory 函数中实现。我们将在 src/routes/categories/[categoryId]/index.json.js 中定义并导出一个 del 函数来实现此

API 服务，它的 HTTP method 为 DELETE，请求地址为/categories/{category-id}。注意[categoryId]是真实的目录名称，包含中括号。

(4) 更新一个类别名——此功能目前已经在 routes/checklist.svelte 的 persist 函数中实现。如果 categories 对象中的任何数据发生变化，就需要调用此函数。我们将在 src/routes/categories/[categoryId]/index.json.js 中定义并导出一个 put 函数来实现此 API 服务，它的 HTTP method 为 PUT，请求地址为/categories/{category-id}。

(5) 从类别中创建一个类目——此功能目前已经在 components/Category.svelte 的 addItem 函数中实现。我们将在 src/routes/categories/[categoryId]/items/index.json.js 中定义并导出一个 post 函数来实现此 API 服务，它的 HTTP method 为 POST，请求地址为/categories/{category-id}/items。

(6) 从类别中删除一个类目——此功能目前已经在文件 components/Category.svelte 的 deleteItem 函数中实现。我们将在 src/routes/categories/[categoryId]/items/[itemId].json.js 中定义并导出一个 delete 函数来实现此 API 服务，它的 HTTP method 为 DELETE，请求地址为/categories/{category-id}/items/{item-id}。

(7) 更新类目名或打包的状态——此功能目前已经在文件 routes/checklist.svelte 的 persist 函数中实现。如果 categories 对象中的任何数据发生变化，就需要调用此函数。我们将在 src/routes/categories/[categoryId]/items/[itemId].json.js 中定义并导出一个 put 函数来实现此 API 服务，它的 HTTP method 为 PUT，请求地址为/categories/{category-id}/items/{item-id}。

注意我们并不需要查询特定类别中所有类目的 API 服务，因为当查询到一个类别时，这些类目信息也会包含在其中。

以下是实现这些 API 服务的目录结构：

- src 目录
  - routes 目录
  - categories 目录
  - index.json.js——包括类别的 get 和 post 请求
  - [categoryId]目录
  - index.json.js——包括类别的 put 和 del 请求
  - items 目录
  - index.json.js——包括类目的 post 请求
  - [itemId].json.js——包括类目的 put 和 del 请求

实现这些 API 服务的步骤如下。

(1) 在 src/routes 下创建 categories 目录。

(2) 创建如下的 src/routes/categories/_helpers.js 文件，此文件定义了从 travel-packing 数据库获取 checklist 集合的函数。这与代码清单 17.2 中的文件 src/routes/dogs/_helper.js 几乎相同。你可以参考那份代码的注释。

```
const {MongoClient} = require('mongodb');
```

```
const url = 'mongodb://127.0.0.1:27017';
const options = {useNewUrlParser: true, useUnifiedTopology: true};
let collection;

export async function getCollection() {
  if (!collection) {
    const client = await MongoClient.connect(url, options);
    const db = client.db('travel-packing');
    collection = await db.collection('categories');
  }
  return collection;
}
```

(3) 在 src/routes/categories/index.json.js 中实现查询和添加类别的 API 服务。

```
const send = require('@polka/send-type');   ← 使用此 send 函数简化返回 HTTP 响应的代码
import {getCollection} from './_helpers';

export async function get(req, res) {   ← 此函数会从数据库中获取所有类别
  try {
    const collection = await getCollection();
    const result = await collection.find().toArray();
    res.end(JSON.stringify(result));
  } catch (e) {
    console.error('categories/index.json.js get:', e);
    send(res, 500, {error: e});
  }
}

export async function post(req, res) {   ← 此函数会在数据库中添加一条类别记录
  const category = req.body;
  try {
    const collection = await getCollection();
    const result = await collection.insertOne(category);
    const [obj] = result.ops;
    res.end(JSON.stringify(obj));   ← 将添加到数据库的对象返回给客户端，这样客户端就能获取分配给此对象的_id 值
  } catch (e) {
    console.error('categories/index.json.js post:', e);
    send(res, 500, {error: e});
  }
}
```

(4) 在 src/routes/categories/[categoryId]/index.json.js 中实现删除和更新类别的 API 服务。

```
const send = require('@polka/send-type');
const {ObjectId} = require('mongodb');   ← 此函数用来创建作为文档 ID 的对象
import {getCollection} from '../_helpers';

export async function del(req, res) {   ← 此函数会从数据库中删除一条类别记录
  const {categoryId} = req.params;
  try {
```

```
    const collection = await getCollection();
    const result =
      await collection.deleteOne({_id: ObjectId(categoryId)});
    if (result.deletedCount === 0) {
      send(res, 404, `no category with id ${categoryId} found`);
    } else {
      res.end();
    }
  } catch (e) {
    console.error(
      'categories/[categoryId]/index.json.js del:',
      e
    );
    send(res, 500, {error: e});
  }
}

export async function put(req, res) {
  const {categoryId} = req.params;
  const replacement = req.body;

  delete replacement._id;

  try {
    const collection = await getCollection();
    const result = await collection.replaceOne(
      {_id: ObjectId(categoryId)},
      replacement
    );
   const [obj] = result.ops;
   obj._id = categoryId;
   res.end(JSON.stringify(obj));
  } catch (e) {
   console.error(
     'categories/[categoryId]/index.json.js put:',
     e
   );
   send(res, 500, {error: e});
  }
}
```

此函数会在数据库中更新一条类别记录

MongoDB 的 replaceOne 方法接收的参数对象不能包含_id 属性，因此此处需要移除它

恢复对象的_id 属性

(5) 在 src/routes/categories/[categoryId]/items/index.json.js 中实现创建类目的 API 服务。

```
const {ObjectId} = require('mongodb');
const send = require('@polka/send-type');
import {getCollection} from '../../_helpers';

export async function post(req, res) {
  const {categoryId} = req.params;
  const item = req.body;
  try {
    const collection = await getCollection();
    const itemPath = `items.${item.id}`;
    await collection.updateOne(
      {_id: ObjectId(categoryId)},
      {$set: {[itemPath]: item}}
```

此函数会在数据库中添加一条类目的记录

```
    );
    res.end();
  } catch (e) {
    console.error(
      'categories/[categoryId]/items/index.json.js post:',
      e
    );
    send(res, 500, {error: e});
  }
}
```

(6) 在 src/routes/categories/[categoryId]/items/[itemId].json.js 中实现删除和更新类目的 API 服务。

```
const {ObjectId} = require('mongodb');
const send = require('@polka/send-type');
import {getCollection} from '../../_helpers';

export async function del(req, res) {     ← 此函数会从数据库中删除一条类目的记录
  const {categoryId, itemId} = req.params;
  try {
    const collection = await getCollection();
    const itemPath = `items.${itemId}`;
    const result = await collection.updateOne(
      {_id: ObjectId(categoryId)},
      {$unset: {[itemPath]: ''}}
    );
    if (result.deletedCount === 0) {
      res
        .status(404)
        .send(
          `no item with id ${itemId} found ` +
          `in category with id ${categoryId}`
        );
    } else {
      res.end();
    }
  } catch (e) {
    console.error(
      'categories/[categoryId]/items/[itemId].json.js del:',
      e
    );
    send(res, 500, {error: e});
  }
}

export async function put(req, res) {     ← 此函数会在数据库中更新一条类目的记录
  const {categoryId} = req.params;
  const item = req.body;

  try {
    const collection = await getCollection();
    const itemPath = `items.${item.id}`;
    await collection.updateOne(
      {_id: ObjectId(categoryId)},
```

```
        {$set: {[itemPath]: item}}
      );
      res.end();
    } catch (e) {
      console.error(
        'categories/[categoryId]/items/[itemId].json.js put:',
        e
      );
      send(res, 500, {error: e});
    }
  }
```

下面列出在 Sapper 应用程序客户端使用这些 API 服务的步骤。

(1) 更新 category 对象的 id。MongoDB 数据库中返回的类别对象包含一个_id 属性用来保存记录的唯一 ID。但是，前的客户端代码期望类别对象包含 id 属性，因此需要将这些地方的 id 引用改为_id。

(2) 修改 src/routes/checklist.svelte。此文件有多处需要修改。上述 API 服务的调用能在 preload、drop、deleteCategory 和 saveCategory 函数中找到。你可以查看 checklist.svelte(http://mng.bz/mBqr)来获取详细信息。

(3) 修改 src/components/Category.svelte。此文件有多处需要修改。上述 API 服务的调用能在 deleteItem 和 saveItem 函数中找到。你可查看 Category.svelte (http:// mng.bz/5a8B)来获取详细信息。

(4) 修改 src/components/Item.svelte。此文件需要对事件处理部分稍加修改来派发一个 persist 事件。你可以查看 Item.svelte (http://mng.bz/6QEo)来获取详细信息。

要验证这些修改，可执行以下操作。

(1) 开启 MongoDB 服务器。

(2) 打开命令行，输入 npm run dev。

(3) 添加一些类别。

(4) 单击类别名称，修改类别名，按回车键。

(5) 单击类别旁的垃圾桶图标，删除一个类别。

(6) 添加一些类目。

(7) 单击类目名，修改类目名，按回车键。

(8) 单击类目旁的垃圾桶图标，删除一个类目。

(9) 将一个类目从一个类别拖放到另一个类别。

(10) 刷新浏览器，看看所有类别和类目的修改是否被保存。

随着这些地方的改动，我们已经完成了对 Travel Packing 应用程序的改造。它不再将数据保存在单个浏览器的 localStorage 中，而是保存在 MongoDB 数据库中。

这里留一个练习，你可以修改此应用程序来为每个用户单独存储数据。目前的应用程序只保存了一个旅行打包清单，且被所有用户共享。

第 18 章将介绍如何通过 Sapper 应用程序创建一个静态站点。

17.6 小结

- 服务端路由是基于 Node 的 API/REST 服务，它使服务器端和客户端代码能够放置在同一 Sapper 项目中。
- 服务端路由源文件与定义页面组件的.svelte 文件一起放置在 src/routes 目录下。它们遵循一个特殊的命名约定。
- 服务端路由函数类似于 Express 的中间件函数。它们都是用来处理 HTTP 请求的。
- 服务端路由能实现所有常见的 CRUD 操作。
- Polka 切换到 Express 非常容易，即使你没有充分的理由需要这么做。

第 18 章

使用Sapper导出静态站点

本章内容：

- 将 Sapper 应用程序导出为静态站点
- 何时使用导出功能
- 一个导出应用程序的例子

一些应用程序可能需要在构建期间生成所有页面的 HTML，导出功能可帮助你满足此类应用程序的需求。

一个常见例子是博客站点，用户可以浏览特定的文章。作者会定期添加博客文章，而新文章只有在站点重新生成时才会出现。站点的生成操作可以是自动的，因此可以定期进行(例如每天晚上重新生成站点)，也可以是每当代码仓库有新的推送时，自动重新生成站点。

静态站点具有出色的运行时性能。原因是每个页面的 HTML 只需要加载，而不需要在浏览器和服务器端生成。另一个原因是这种情况下，通常需要下载的 JavaScript 代码要少很多，某些情况下甚至不需要下载 JavaScript，比如那些除了页面导航外不需要与用户进行交互的站点。

静态站点也更安全，因为大多数或所有的 API 交互发生在站点生成过程中，而不是用户与站点交互时。这意味着黑客几乎没有机会攻击站点，影响站点的内容。

导出一个 Sapper 应用程序有点类似于 Gatsby(www.gatsbyjs.org/)为 React 提供的功能。在本章中，我们将深入研究导出功能的细节，并在示例中使用它。

Travel Packing 不适合用来创建静态站点，因为它使用服务端路由来查询和更新 MongoDB 数据库，而导出的应用程序不能在运行时使用服务端路由功能。因此，我们将重新创建一个站点，它会提供两项功能：提供石头剪刀布游戏的信息，提供选中小狗的品种信息。

18.1 Sapper 的细节

对于非导出的 Sapper 应用程序，服务端只会渲染用户访问的第一个页面，其他页面渲染会在浏览器端完成。

而通过 Sapper 导出的页面会在应用程序构建时生成所有的 HTML，没有页面需要在服务端或浏览器端渲染。Sapper 会从第一个页面开始，递归地爬取页面，寻找页面中的锚元素(<a>)并预先渲染每个爬取到的页面。这个静态版本的应用程序可以部署在静态的 Web 服务器上。它不需要基于 Node 的服务器支持，因为没有 Sapper 服务端的 JavaScript 需要处理。

在 Sapper 应用程序被导出时，爬取到的页面的 preload 函数会被执行。如果这些函数调用了 Sapper 应用程序以外实现的(不是使用 Sapper 的服务端路由实现的)API 服务，那么这些服务必须是运行的。

preload 函数只是在应用程序被导出的过程中执行，而不是在用户访问站点时执行。这些 preload 函数中检索的数据通常用于渲染定义在同一个.svelte 文件中的组件。这些数据来源于某一时刻的服务响应的快照，也就是站点最后被导出的那个时刻。API 服务的响应结果会被写入.json 文件，当浏览静态站点时，这些.json 文件用来代替对 API 的调用。对于某些类型的应用程序来说，这是一个可以接受的限制，但导出功能显然不会适合所有的应用程序。

preload 函数之外的 API 仍可在运行时调用。但是对于导出的应用程序来说，服务端路由功能在运行时是不可用的，因此运行时需要调用的 API 服务不能由服务端路由功能来实现。

要为 Sapper 应用程序构建一个静态站点，可通过命令 npm run export 来实现，这会在 __sapper__/build 和__sapper__/export 目录生成导出的文件。

18.2 何时使用导出功能

在决定是否应该导出一个 Sapper 应用程序之前，我们需要思考一些问题。

第一，是否可以在页面构建时确定并生成站点需要的所有页面？这与数据是否需要更新的需求有关。例如，某站点提供了售卖商品的类目信息，是否能接受只显示站点最后一次生成时存在的那些商品？如果不能，使用通常的、未导出的 Sapper 应用程序会更合适，因为它可以在用户访问站点时再生成页面。

第二，站点多久生成一次新版本？如果需要保证数据能及时更新，你可能需要使用自动化构建，可能需要每晚构建一次。但如果数据需要更高的时效性，比如展现最近一小时内的数据，那么你需要每隔一小时自动生成一次新站点。这样做是否合理取决于生成一次这样的站点需要花多长时间。回到商品类目站点的例子上，如果有成千上万的商品，我们需要为每个商品生成单独的页面，站点生成的时间和计算资源的消耗决定了这不是一个合理的方案。使用未导出的 Sapper 应用程序也许是更好的选择。

18.3　应用程序示例

让我们通过 Sapper 应用程序提供的模板，一起来创建一个静态站点。你可在 http://mng.bz/oPqd 查看完成的代码和图片。

我们在导出静态站点前，最好先创建一个动态站点并测试它。Sapper 提供了代码热更新功能，会给你带来很棒的开发反馈体验。

首先，使用提供的模板创建新的 Sapper 应用程序：

(1) 执行命令 npx degit "sveltejs/sapper-template#rollup" my-static-site。

(2) 执行命令 cd my-static-site。

(3) 执行命令 npm install。

(4) 执行命令 npm run dev，测试动态站点。

(5) 打开浏览器 http://localhost:3000。

(6) 单击页面顶部的每个导航链接验证应用程序是否工作正常，并验证页面渲染是否正确。

(7) 按下 Ctrl+C 键终止服务器运行。

(8) 执行命令 npm run export，测试站点导出功能。

(9) 正如上条命令执行结果提示的那样，执行命令 npx serve__sapper__/export。

(10) 打开浏览器 http://localhost:5000。

(11) 单击页面顶部的每个导航链接，验证应用程序是否仍然工作正常，并验证页面渲染是否正确。

(12) 按下 Ctrl+C 键终止服务器运行。

在静态站点开发过程中，我们需要多次运行 export 和 serve 命令。为了简化操作，可以通过命令 npm install -D npm-run-all serve 来安装这两个 npm 包。然后在 package.json 中添加以下 npm 脚本：

```
"serve": "serve __sapper__/export",
"static": "npm-run-all export serve",
```

现在 export 和 serve 脚本能够通过一条命令 npm run static 运行了。打开浏览器 http://localhost:5000 查看结果。

接下来，我们来替换 home 页面的内容。

(1) 执行命令 npm run dev 以动态站点的方式启动服务器。

(2) 打开浏览器 http://localhost:3000。

(3) 编辑文件 src/routes/index.svelte，替换成以下内容：

```
<svelte:head>
  <title>Home</title>
</svelte:head>

<h1>Purpose</h1>
```

```
<p>
  This is a Sapper app that can be used
  to demonstrate exporting a static site.
</p>
```

(4) 由于不再需要使用默认图片，删除文件 static/greatsuccess.png。

(5) 编辑文件 src/routes/_layout.svelte，删除 main 元素 CSS 规则中的 max-width 和 margin 属性。这将允许页面内容向左对齐。

(6) 验证 home 页面的渲染是否如图 18.1 所示。

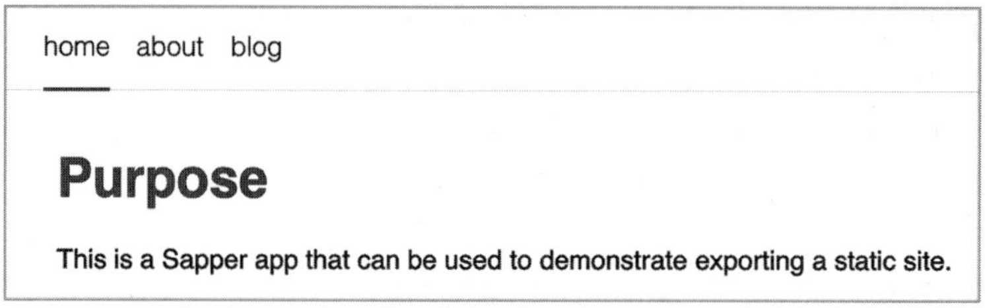

home about blog

Purpose

This is a Sapper app that can be used to demonstrate exporting a static site.

图 18.1 home 页面

现在，让我们用 RPS(石头剪刀布)页面来替换 About 页面。

(1) 创建以下文件。注意需要使用锚元素来链接到其他页面。

首先，创建文件 src/routes/rps.svelte：

```
<svelte:head>
  <title>Rock Paper Scissors</title>
</svelte:head>

<h1>Rock Paper Scissors</h1>
<p>This is a game for two players.</p>
<p>Meet <a href="./rock">rock!</p>
```

其次，创建文件 src/routes/rock.svelte：

```
<svelte:head>
  <title>Rock</title>
</svelte:head>

<h1>Rock</h1>
<img alt="rock" src="./images/rock.jpg" />
<p>I beat <a href="./scissors">scissors</a>.</p>
```

接下来，创建文件 src/routes/paper.svelte：

```
<svelte:head>
  <title>Paper</title>
</svelte:head>

<h1>Paper</h1>
<img alt="paper" src="./images/paper.jpg" />
<p>I beat <a href="./rock">rock</a>.</p>
```

最后，创建文件 src/routes/scissors.svelte：

```
<svelte:head>
  <title>Scissor</title>
</svelte:head>

<h1>Scissors</h1>
<img alt="scissors" src="./images/scissors.jpg" />
<p>I beat <a href="./paper">paper</a>.</p>
```

(2) 编辑文件 src/components/Nav.svelte，修改第二个 li 元素为以下内容：

```
<li>
  <a
    aria-current={segment === "rps" ? 'page' : undefined}
    href='rps'
  >
    RPS
  </a>
</li>
```

(3) 将 home 链接的文本首字母改为大写使其为 Home，以便与接下来创建的 RPS 和 Dogs 链接保持一致。

(4) 在 static/images 目录添加如图 18.2、图 18.3、图 18.4 所示的图片。

图 18.2　static/images/rock.jpg

图 18.3　static/images/paper.jpg

图 18.4　static/images/scissors.jpg

(5) 删除文件 src/routes/about.svelte，因为我们不再使用它。

(6) 在浏览器中单击 RPS 链接，验证 RPS 页面是否如图 18.5 所示。

Home　RPS　blog

Rock Paper Scissors

This is a game for two players.

Meet rock!

图 18.5　RPS 页面

(7) 单击 Rock 链接，验证 Rock 页面是否如图 18.6 所示。

(8) 单击 Scissors 链接，验证 Scissors 页面是否如图 18.7 所示。

(9) 单击 Paper 链接，验证 Paper 页面是否如图 18.8 所示。

(10) 单击 Rock 链接，验证 Rock 页面是否重再次被渲染。

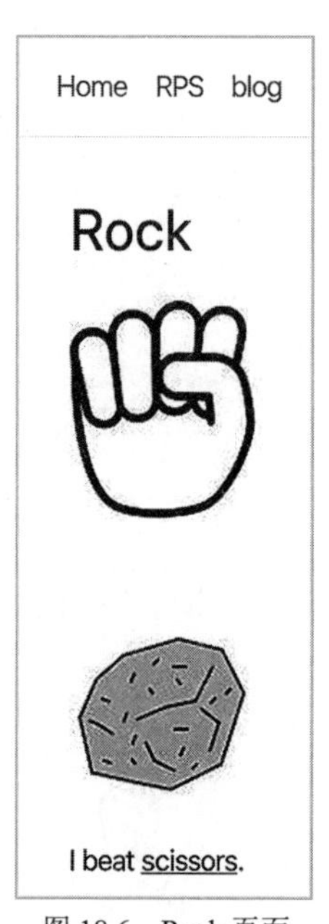

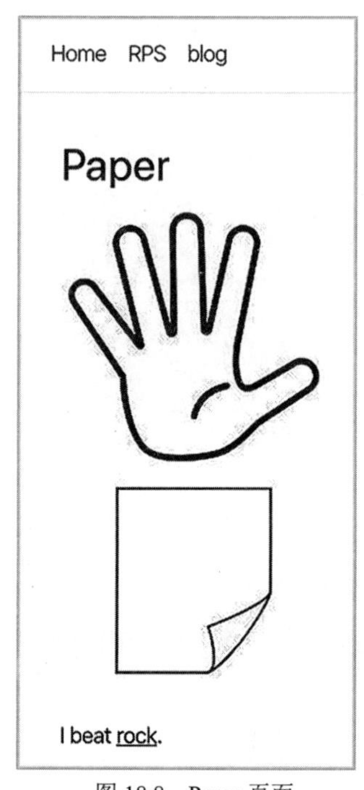

图 18.6　Rock 页面　　图 18.7　Scissors 页面　　图 18.8　Paper 页面

最后，我们将 Blog 页面替换为 Dogs 页面。

(1) 配置 rollup，使其能支持导入 JSON 文件。

- 执行命令 npm install -D @rollup/plugin-json。
- 编辑 rollup.config.js。
- 在现有的 import 语句后添加代码 import json from '@rollup/plugin-json'。
- 在 server 和 client 对象里，找到定义在 plugins 数组里的 commonjs()代码，在其后添加代码 json()。请确保在添加元素的位置添加逗号。

(2) 在 src/routes 下创建 dogs 目录。

(3) 在 dogs 目录中创建以下文件。

创建文件 src/routes/dogs/dogs.json：

```
{
  "Dasher": {
    "name": "Dasher",
    "gender": "male",
    "breed": "Whippet",
    "imageUrl": "./images/whippet.jpg",
    "description": "The sleek, sweet-faced Whippet, ..."
  },
```

这里可替换成你熟悉的小狗数据

```
  "Maisey": {
    "name": "Maisey",
    "gender": "female",
    "breed": "Treeing Walker Coonhound",
    "imageUrl": "./images/treeing-walker-coonhound.jpg",
    "description": "A smart, brave, and sensible hunter, ..."
  },
  "Ramsay": {
    "name": "Ramsay",
    "gender": "male",
    "breed": "Native American Indian Dog (NAID)",
    "imageUrl": "./images/native-american-indian-dog.jpg",
    "description": "The NAID is one of friendliest dog breeds. ..."
  },
  "Oscar": {
    "name": "Oscar ",
    "gender": "male",
    "breed": "German Shorthaired Pointer (GSP)",
    "imageUrl": "./images/german-shorthaired-pointer.jpg",
    "description": "Male German Shorthaired Pointers stand between ..."
  }
}
```

下一个文件 src/routes/dogs/index.json.js 实现了一个 API 服务，用来查询一个排序过的小狗名字的数组：

```
import dogs from './dogs.json';
const names = Object.values(dogs).map(dog => dog.name).sort();
export function get(req, res) {
  res.end(JSON.stringify(names));
}
```

这里从 dogs.json 中获取小狗名字并对其进行排序

这里实现了 GET/dogs 的 API 服务。另外可从数据库获取小狗的名字

下一个文件 src/routes/dogs/[name].json.js 实现了一个 API 服务，能够根据小狗的名字来查询特定的 dog 对象：

```
import dogs from './dogs.json';

export function get(req, res, next) {
  const {name} = req.params;
  const dog = dogs[name];

  if (dog) {
    res.end(JSON.stringify(dog));
  } else {
    const error = {message: `${name} not found`};
    res.statusCode = 404;
    res.end(JSON.stringify(error));
  }
}
```

这里实现了 GET /dogs/{name}的 API 服务。另外可从数据库获取小狗的数据

下一个文件 src/routes/dogs/index.svelte 实现 Dogs 页面，此页面会为每只小狗渲染一个锚元素链接，样式看起来像一个按钮。单击该按钮会导航到对应的小狗页面。

```
<script context="module">
  export async function preload(page, session) {
    try {
      const res = await this.fetch('dogs.json');
      if (res.ok) {
        const names = await res.json();
        return {names};
      } else {
        const msg = await res.text();
        this.error(res.statusCode, 'error getting dog names: ' + msg);
      }
    } catch (e) {
        this.error(500, 'getDogs error:', e);
    }
  }
</script>

<script>
  // The preload function above makes this available as a prop.
  export let names;
</script>

<svelte:head>
  <title>Dogs</title>
</svelte:head>

<h1>Dogs</h1>
{#each names as name}
  <div>
    <a rel="prefetch" href="dogs/{name}">{name}</a>
  </div>
{/each}
<div>
  <a rel="prefetch" href="dogs/Spot">Spot</a>
</div>

<style>
  div {
    --padding: 0.5rem;
    box-sizing: border-box;
    height: calc(22px + var(--padding) * 2);
    margin-top: var(--padding);
  }
  div > a {
    border: solid lightgray 2px;
    border-radius: var(--padding);
    padding: var(--padding);
    text-decoration: none;
  }
</style>
```

这里会调用API服务来查询一个小狗名字数组

这里提供的 names 属性值会在#each 块中使用

这里仅是为了演示当链接到一个不存在的页面时会发生什么

下一个文件 src/routes/dogs/[name].svelte 用来渲染指定小狗的数据。

```
<script context="module">
  export async function preload({params}) {
```

这里通过调用 API 服务，能够根据指定的名称查询 dog 对象

```
    const {name} = params;
    const res = await this.fetch(`dogs/${name}.json`);
    if (res.ok) {
      const data = await res.json();
      if (res.status === 200) {
        return {dog: data};      ← 这里提供的 dog 属性值在这个组件的 HTML 中会被使用
      } else {
        this.error(res.status, data.message);
      }
    } else {
      const {message} = await res.json();
      const status = message && message.endsWith('not found') ? 404 : 500;
      this.error(status, 'error getting dog data: ' + message);
    }
  }
</script>

<script>
  import {goto} from '@sapper/app';    ← goto 函数会根据给定的路径导航到一个新页面

  export let dog;

  function back() {
    goto('/dogs');
  }
</script>
<svelte:head>
  <title>{dog.name}</title>
</svelte:head>

{#if dog.message}    ← 按小狗名字进行查询的过程中若出现错误，返回的 dog 对象中会包含一个 message 属性；此例中，查询名为 Spot 的小狗会触发错误
  <h1>{dog.message}</h1>
  <button on:click={back}>Back</button>
{:else}
  <h1>{dog.name} - {dog.breed}</h1>
  <div class="container">
    <div class="left">
      <p>{dog.description}</p>
      <button on:click={back}>Back</button>
    </div>
    <img alt="dog" src={dog.imageUrl} />
  </div>
{/if}

<style>
  .container {
  display: flex;
  }

  img {
    height: 400px;
    margin-left: 1rem;
  }

  p {
    max-width: 300px;
```

```
  }
</style>
```

(4) 编辑 src/components/Nav.svelte 文件，修改第三个 li 元素，如下所示：

```
<li>
  <a
    aria-current={segment === 'dogs' ? 'page' : undefined}
    href='dogs'
  >
    Dogs
  </a>
</li>
```

(5) 删除 src/routes/blog 目录，因为我们不再使用它。

(6) 在 static/images 目录为每只小狗添加图片。本节前面定义的 dogs.json 文件指定了我们需要的文件，如下所示：

- german-shorthaired-pointer.jpg
- native-american-indian-dog.jpg
- treeing-walker-coonhound.jpg
- whippet.jpg

现在 Dogs 页面应该可以运行了。单击 Dogs 链接，验证页面是否如图 18.9 所示。

图 18.9 Dogs 页面

单击每只小狗名字的按钮，验证小狗页面是否如图 18.10～图 18.14 所示。当小狗页面渲染后，单击 Back 按钮回到 Dogs 页面。

图 18.10 Dasher 页面

图 18.11 Maisey 页面

Home RPS Dogs

Oscar Wilde - German Shorthaired Pointer (GSP)

Male German Shorthaired Pointers stand between 23 and 25 inches at the shoulder and weigh anywhere from 55 to 70 pounds; females run smaller. The coat is solid liver (a reddish brown), or liver and white in distinctive patterns. The dark eyes shine with enthusiasm and friendliness. Built to work long days in the field or at the lake, GSPs are known for power, speed, agility, and endurance. "Noble" and "aristocratic" are words often used to describe the overall look. GSPs make happy, trainable pets who bond firmly to their family. They are always up for physical activities like running, swimming, organized dog sports - in fact, anything that will burn some of their boundless energy while spending outdoors time with a human buddy.

Back

图 18.12　Oscar 页面

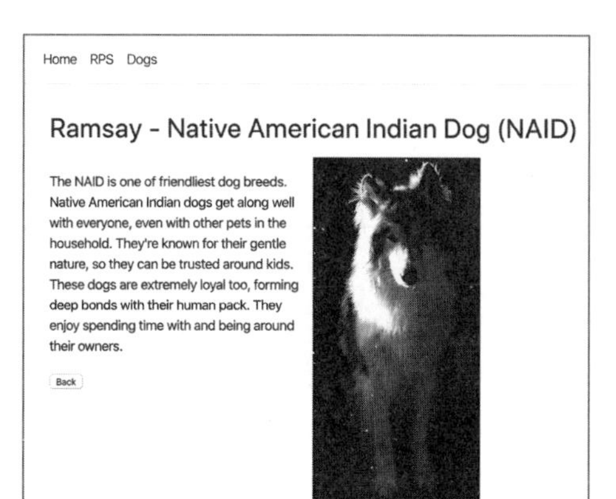

图 18.13　Ramsay 页面

现在，以动态(非静态)方式运行的应用程序的所有页面都能正常工作了。接下来我们准备导出该应用程序，创建一个静态版本。

Home RPS Dogs

Spot not found

Back

图 18.14　Spot 页面

(1) 执行命令 npm run static。这将执行导出站点的操作，在__sapper__/export 目录下创建大量文件，同时会启动一个本地 HTTP 服务器用于测试。

(2) 打开浏览器 http://localhost:5000。

(3) 验证 Home、RPS 和 Dogs 页面是否与之前一样都能正常工作。

注意　Sapper 的导出功能目前不会对图片进行任何优化，这是一个期望实现的功能，也许在未来会加入进来。在撰写本书时，此功能还在 https://github.com/sveltejs/ sapper/issues/172 中讨论。

在第 19 章中，你将学习当 Sapper 应用程序处于离线状态时，如何保证其一定程度上是可用的。

18.4　小结

- Sapper 应用程序可导出为静态站点。
- Sapper 通过从第一个页面爬取所有的锚元素<a>，来实现静态站点的导出功能。
- 可通过 preload 函数中的 API 调用来获取数据，从而生成页面。
- 通过定期导出页面，可实现静态站点的数据更新。

第 19 章

Sapper的离线支持

本章内容

- 渐进式 Web 应用程序(PWA)
- service worker 概述
- service worker 的缓存策略
- Sapper 中的 service worker 配置
- 在 Chrome 浏览器中管理 service worker
- 在 Sapper 服务器中启用 HTTPS
- 验证离线功能

渐进式 Web 应用程序(PWA)使用的是浏览器原生支持的技术，如 HTML、CSS 和 JavaScript。它能在标准的 Web 浏览器平台(包括桌面电脑，平板电脑和手机)上运行。其主要功能包括离线运行、接收推送消息以及和设备的原生功能(如摄像头)进行交互。

注意 当应用程序试图使用设备的原生功能时，用户通常会收到应用程序的授权提示。例如，一个应用程序想使用摄像头来识别食物或诊断皮肤状况时，设备会向用户请求使用摄像头的权限。

当用户首次访问 PWA 应用时，必须处于联网状态，以便实现 PWA 功能的代码能下载至浏览器。PWA 下载完成后，用户可以选择是否安装 PWA 应用，安装 PWA 通常会在主屏幕上添加一个快捷图标；通过单击或双击该图标，你可直接启动 PWA 应用而不必在浏览器输入应用程序的 URL。应用程序运行时不会显示 Chrome 浏览器(不显示浏览器的菜单栏和标签栏)，这会让 PWA 看起来更像一个本地应用程序。

Sapper 应用程序默认就是 PWA 应用程序，它是通过 service worker 技术实现的，我们将在下一节介绍 service worker(参考 MDN 中的 Using Service Workers 文档 http://mng.bz/nPqa)。Sapper 应用程序的离线功能存在一些局限性，是 Sapper 内置的。只有当我们考虑使用不同的缓存策略时，才需要修改它。

要使用 service worker，应用程序通常必须运行在 HTTPS 上。这项安全措施旨在阻止中间人攻击(即另一个 service worker 修改网络请求的响应)。一些浏览器能够通过配置，允许当 URL 为 localhost 时使用 HTTP 运行 service worker，但这仅用于调试。

在本章中，我们会深入了解 Sapper 中使用 service worker 的细节，然后在应用程序 Travel Packing 上应用此技术。

19.1　service worker 概述

service worker 实际是一种 Web worker，这意味着它的功能是在 JavaScript 源文件中定义的，并且在后台线程中运行(参考 MDN 中的 Using Web Workers 文档 http://mng.bz/vxq7)。servcie worker 有很多使用场景，它们能监听外部的事件，定期拉取数据以及使用推送消息给通关联的应用程序发送通知。它通常的用法是开启离线功能，在应用程序和网络之间扮演代理角色，来决定如何处理每个资源请求。

service worker 能在网络丢失时，保证应用程序部分功能仍能继续工作，这是因为当接收到不可访问的资源时，service worker 可返回该请求已缓存的响应。

通常情况下，service worker 执行的任务包括：

- 创建缓存
- 将资源存储至缓存
- 拦截网络请求并决定如何响应它们

每个应用程序的域缓存大小和所有域的缓存大小都有容量上的限制。不同浏览器的限制不尽相同，不过 Chrome、Edge 和 Firefox 的限制基本是相同的，单个域的大小限制是总量限制的 20%。一般情况下，所有域缓存的总量限制是基于可用的磁盘空间计算的，参见表 19.1。

表 19.1　缓存限制

可用空间	缓存总量限制
小于 8GB	50 MB
8～32GB	500 MB
32～28GB	卷大小的 4%
超过 128GB	小于 20GB 或卷大小的 4%

Safari 目前是一个例外。它将每个应用程序域的缓存限制为 50MB，而不考虑可用的磁盘空间，并且 Safari 会清除两周内未被使用的缓存。因此你可考虑使用另一种方案，将数据存储

在 IndexDB 中，因为 Safari 中对每个应用程序域的 IndexDB 限制是 500MB(参考 MDN 中的 Using Indexed DB 文档：http://mng.bz/4AWw)。

当总量超过限制容量时，一些浏览器会清除最近最少使用的缓存来给新的缓存腾出空间。Chrome 和 Firefox 目前是这样实现的。

service worker 没有关联应用程序 DOM 的访问权限，因此不能直接操作浏览器渲染的内容。但是它可以与关联的应用程序通过消息进行通信。worker 的 postMessage 方法可以用来发送消息，消息可从 Web worker 发送至 Web 应用程序，也可从 Web 应用程序发送至 Web worker。

图 19.1 展示了这种可能的场景。客户端应用程序给 service worker 发送一条消息。service worker 使用消息中的数据调用 API 服务，然后通过消息将 API 服务的数据返回客户端。客户端使用收到的数据来改变页面渲染的内容。

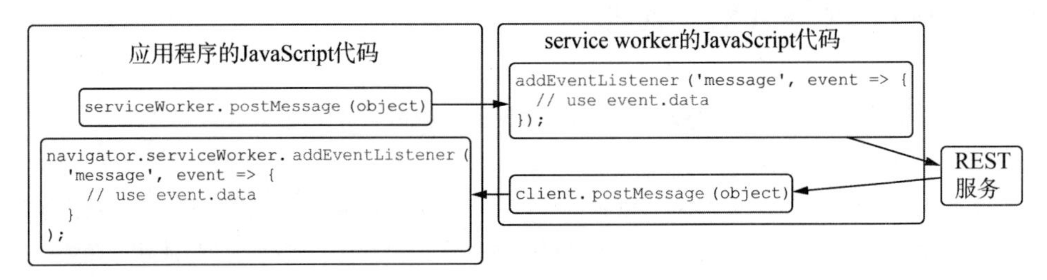

图 19.1 service worker 流程

正如前面提到的，Web worker 是在后台线程中运行的。因此即使用户关闭了浏览器标签或者应用程序所在的窗口，应用程序的 Web worker 也会继续运行。

19.2 缓存策略

service worker 能实现多种缓存策略，不同的策略能用于不同类别的资源请求。资源可以是 HTML、CSS、JavaScript、JSON 和图片之类的文件，也可以是 API 服务返回的结果。

图 19.2 可以帮助你更好地理解这些缓存策略间的差异。在所有情况中，如果请求的资源不能从网络或者缓存中获取，service worker 亦不能生成相应的资源，那么请求会返回 404 状态码。

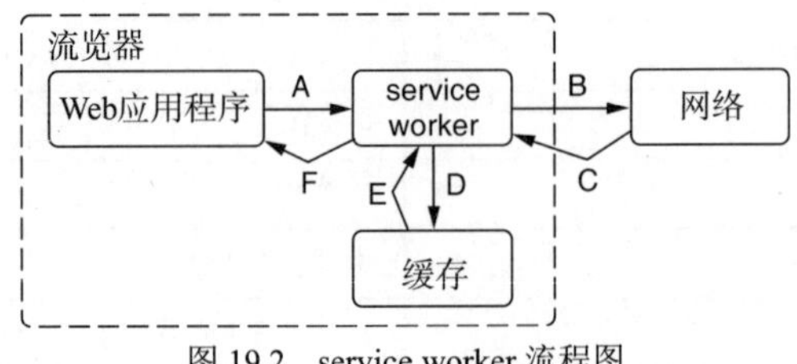

图 19.2 service worker 流程图

这里列举一些缓存策略的例子。

- 仅网络(network only)——这种策略下，使用缓存的资源是不可接受的。例如，对于银行业务的应用程序来说，相对于展示过期的数据，告知用户当前处于离线状态也许是更好的选择。

此策略下，所有资源请求会转发到网络，只返回从网络上获取的资源，不会使用缓存。图 19.2 中，路径 A-B-C-F 展示了这一过程。

- 仅缓存(cache only)——此策略适用于资源从不更改或很少更改的情况。例如定义站点样式的 CSS 文件或公司的 logo 图片。

  此策略下，service worker 会负责填充初始的缓存数据，接下来只会从缓存中返回资源。资源请求永远都不会转发到网络。图 19.2 中，路径 A-B-C-F 展示了这一过程。

- 网络优先(network or cache)——此策略适用于优先使用新数据但旧数据也可接受的情况。例如，一个展示篮球比赛得分的网站会优先展示最新得分，但是展示之前的得分比不展示得分要好。

  此策略下，资源请求会首先转发到网络，如果网络返回了响应，缓存会被最新的响应更新，这样当离线状态下请求相同的资源，响应的结果可再次被使用。如果网络没有返回响应并且之前的缓存可用，则返回之前缓存。图 19.2 中，路径 A-B-C-(D-E)-F 展示了这一过程，其中步骤 D 和 E 是可选的。

- 缓存优先(cache and update)——此策略适用于快速响应优先于最新数据的场景。很难想到适用于此策略的场景，但是下面介绍的策略会对它进行增强，使其更适用。

  此策略下，如果请求资源存在于缓存中，会返回缓存。接下来请求会转发给网络以获取最新的值。如果网络返回了不同的值，缓存会被更新，这样下次请求相同的资源时会得到更新的值。这会拥有不错的性能，但缺点是可能使用陈旧的数据。在图 19.2 中，路径 A-D-E-F-B-C-D 展示了这一过程。

- 缓存、更新和刷新(cache, update and fresh)——此策略开始时与“缓存优先”策略相同，但从网络接收到新数据后，UI 会触发更新来使用新数据。

  例如，剧院网站可使用这种方法快速显示缓存中已知的演出和现存的门票。只要有新的数据可用，它就会在浏览器中更新这些信息。

- 内置回退(embedded fallback)——此策略下，service worker 会为无法从网络或缓存中获取资源的情况提供默认的响应。例如在 service worker 返回特定小狗照片的例子中，它能够在请求小狗照片不可用时，返回与小狗品种匹配的备用图片。当然，这种情况下假定备用图片是已经缓存了的。

  此策略可作为前面描述的策略的补充，可以作为返回“未找到”(404)状态的一种替代方案。

对于一些 Web 应用程序，可以定义一个支持离线使用的功能子集，然后只缓存与之相关的资源。例如，在 Travel Packing 应用程序中，我们可以缓存要打包的物品清单，以及网站需要的所有 JavaScript 和 CSS，使清单在离线时也可以查看。但我们可以放弃支持以任何方式修改清单。

另一些 Web 应用程序，可以接受在离线时暂存事务，然后在联机时执行它们。例如，假设一个时间表 Web 应用程序允许用户输入他们在不同项目上工作的时间。如果网络连接中断，该应用程序可以先将时间保存到缓存中。当连接恢复后，再从缓存读取数据，然后通过适当的 API 调用将数据保存在服务器上，并从缓存中删除数据。

由于需要考虑一些特殊情况，使得这实现起来可能非常具有挑战性。例如，如果我们正在保存用户在离线时为某个项目输入的时间，而这个项目已经被其他人删除，此时时间表应用程序应该怎么做？也许应该忽略新的工作时间，也许是重新创建项目，再将工作时间应用到此项目中。可能需要考虑许多这样的场景。

你可以通过布尔值 navigator.onLine 来获取当前的网络状态。在 Svelte 或 Sapper 应用程序中，访问此变量的最佳方式如下所示：

```
<script>
  let online = true;
  ...use online in JavaScript code and {#if} blocks ...
</script>

<svelte:window bind:online />
```

这里的 online 是 window.navigator.onLine 的别名

另一种方式是注册网络状态变化时要调用的函数，你可以监听 window 对象上的 offline 和 online 事件。在 Svelte 或 Sapper 应用程序中，最佳方式如下所示；handleOffline 和 handleOnline 是事件触发调用的函数：

```
<svelte:window on:offline={handleOffline} on:online={handleOnline} />
```

19.3 Sapper service worker 配置

Sapper 应用程序默认在 src/service-worker.js 中配置 ServiceWorker。你可修改此文件来更改默认的缓存策略。对于调试这些代码，通过 console.log 之类的函数将日志输出到 DevTools 控制台会很有帮助。

src/service-worker.js 文件导入四个变量，这些变量是在自动生成的文件 src/node_modules/@sapper/service-worker.js 中定义的，你不应该修改这些自动生成的文件。这些变量是 timestamp、files、shell 和 routes。

timestamp 变量定义的是应用程序最后一次构建时的时间戳。它用作缓存名称的一部分，以便新构建的应用程序使用包含新资源的缓存时，可以删除旧缓存。

files 变量定义的是 static 目录下所有文件的名称数组。这包含了 global.css 和媒体文件(如图片)。这也包括 manifest.json 文件，此文件定义了 PWA 在用户面前的呈现方式，包括名称、颜色和图标。当 service worker 收到 install 事件(下一节将介绍)时，这些文件会保存在一个缓存中，其名称由 cache 与 timestamp 变量的值连接而成。

shell 变量定义的是__sapper__/build/client 目录下所有文件的路径数组。这些文件由每个路由的代码分割功能生成，包含了最小化的 JavaScript。当 service worker 收到 install 事件(下一节将介绍)时，这些文件将和 files 数组中的文件保存在相同的缓存中。

routes 变量定义的是一个对象数组，该数组中的对象包含一个 pattern 的属性，其值是一个正则表达式，可以与应用程序中的路由 URL 匹配。默认的 service worker 配置不会使用这个变量。但是，你可以看到代码中处理 fetch 事件的函数(下一节将介绍)包含了一个被注释掉的 if 语句，该语句使用这个变量来确定执行 fetch 的 URL 是否与应用程序的路由匹配。你可以研究这段代码，以确定应用程序是否需要取消这行注释。

Sapper 应用程序可以通过 npm run build 来启动构建命令，可以通过 npm start 来启动服务器。本例中，修改如 src/service-worker.js 的代码，不会影响正在运行的应用程序，除非你重新执行构建命令、重启服务器并手动刷新页面。

另外，如果你使用的是 npm run dev 来构建并启动服务器，检测到代码更改时服务器会自动重启，但你仍然需要在浏览器中手动刷新页面。不使用 service worker 技术的 Svelte 和 Sapper 应用程序与这里会有所不同，代码更改后浏览器会自动重新加载。

所有页面在被访问之前，缓存中不会包含渲染页面所需的数据。只有当页面在联机状态下访问过一次后，页面才可以在离线状态下再次被访问。

当联机状态下访问页面时，页面中 preload 函数调用的 API 结果将被缓存。如果下次访问该页面时是离线状态，被缓存的 API 响应结果将被使用。但是离线状态下访问联机状态时未访问的页面，会显示错误页面，HTTP 状态码为 500，错误消息为 Failed to fetch。

对于那些可以主动缓存所有页面的应用程序，更好的选择也许是通过 export 命令将应用程序导出为静态页面。这也是 Sapper 应用程序的默认做法。

19.4　service worker 事件

service worker 可以监听事件并进行响应。

service worker 收到的第一类事件是 install，它只会被执行一次。默认的 Sapper service worker 配置为此事件执行以下操作。

(1) 打开特定名称的缓存，该名称由 cache 字符串与 timestamp 变量的值链接组成。如果缓存不存在，则创建它。

(2) 将 shell 和 files 数组中的文件加入缓存中，这些文件将永远从缓存中获取。这使得应用程序从网络初始加载成功后，可以在没有网络连接的情况下离线使用。

service worker 收到的第二类事件是 activate，它也是一次性事件。默认的 Sapper service worker 配置会在此事件中删除应用程序中的旧缓存，这些旧缓存是上一次构建的应用程序运行时创建的。配置代码通过检查缓存文件名是否包含 timestamp 变量的当前值来确定缓存文件的新旧。

service worker 收到的第三类事件是 fetch，此类事件可以被触发多次，也是真正实现缓存策略的地方。service-worker.js 中定义的默认 Sapper service worker 缓存策略会按顺序处理每个请求，如下所示：

(1) 仅处理 GET 请求。

(2) 不处理只请求部分文档的 HTTP 请求(使用 Range，不常见)。

(3) 仅处理 URL 协议以 http 开头的请求。例如以 data 开头的协议会被忽略。

(4) 从缓存中提供所有静态文件和打包文件(如代码分割生成的文件)。

(5) 如果在缓存中找不到文件，且请求的 cache 属性值为 only-if-cached，不会尝试在网络中查找该文件。

(6) 否则，尝试使用网络来响应请求。

(7) 如果找到，将此文件加入缓存中并返回内容。

(8) 如果未找到，但匹配此 URL 对应的缓存，返回缓存内容。

此缓存策略意味着 API 服务的调用结果将被缓存。接下来，如果再次发出相同的请求且处于离线状态，则返回缓存内容。

19.5　在 Chrome 中管理 service worker

Chrome DevTools 提供了与 service worker 及其创建的缓存交互的方法。

如果想要查看当前站点的 service worker，你可以单击 DevTools Application 标签，单击左侧导航中的 service worker 选项，主显示区域将显示此站点的所有 service worker 的信息(参见图 19.3)。

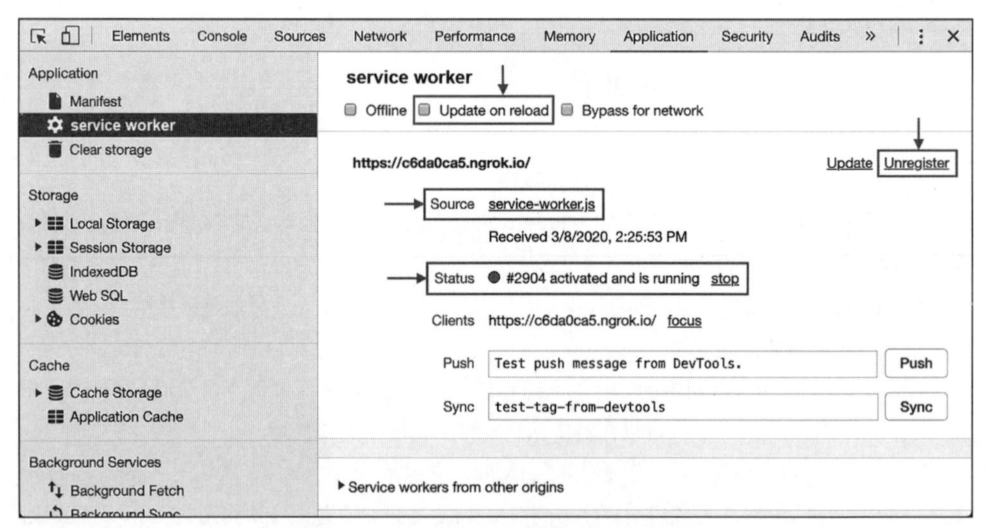

图 19.3　Chrome DevTools 中的 service worker

Status 标签后显示的是 service worker 的状态，比如状态可以是“activated and is running”。如果想停止运行 service worker，可以单击其状态后的 Stop 链接，此时 Stop 会变为 Start，再次单击它可以重新启动该 service worker。

取消 service worker 的注册，可以在页面刷新时再次运行 service worker 的生命周期。这包括再次处理 install 和 activate 事件。这对于调试那些事件处理的代码非常有用。如果要取消 service worker 的注册，可单击 service worker 描述信息右侧的 Unregister 链接。

在不重新打包的情况下，要使 service worker 每次的页面加载都能触发 install 和 activate 事件，你需要在主显示区域顶部勾选 Update on reload 复选框，然后刷新页面。

若要查看 service worker 的源代码，你需要单击 Source 标签后的链接。这会让 DevTools 切换至 Sources 标签栏并显示 service worker 的代码。通常情况代码是已经压缩过的。不过你可以单击图 19.4 底部的“{}”按钮，来查看格式化后的代码，见图 19.5。

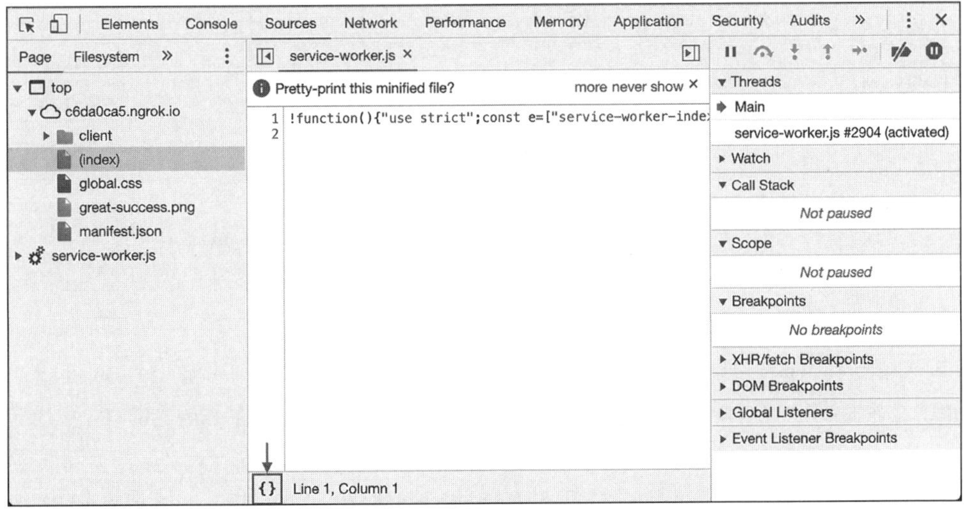

图 19.4　Chrome DevTools 中压缩的 service worker 代码

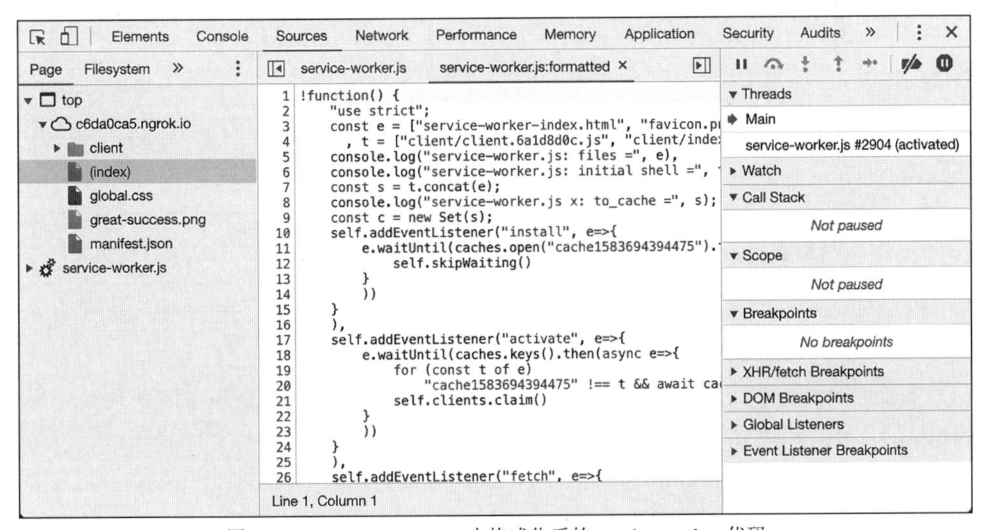

图 19.5　Chrome DevTools 中格式化后的 service worker 代码

要查看被缓存的文件，需要单击 DevTools Application 标签栏，然后单击左侧导航栏 Cache Storage 前的开合三角图标，这会让 DevTools 列出当前站点的所有缓存。Sapper 应用程序创建的缓存名称默认都以 cache 和 offline 开头并以构建时的时间戳作为结尾。

单击缓存列表中的一项可以查看其缓存的文件列表(见图 19.6)。单击其中一个文件，在主显示区域底部查看它的内容。

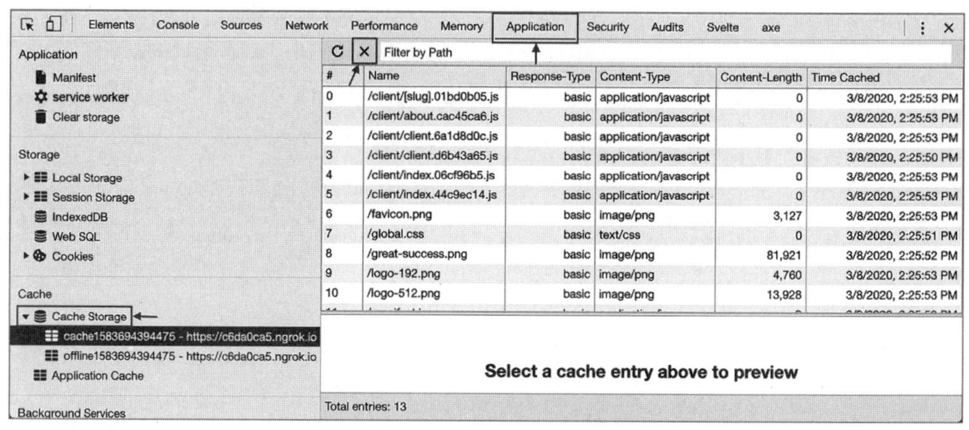

图 19.6 Chrome DevTools 中的缓存文件

要从缓存中移除个别文件，可以在主显示区域中选择该文件然后按下键盘上的 Delete 键或单击文件列表上方的 X 图标。要删除整个缓存，右击缓存的名称然后在弹出的菜单中选择 Delete。

要模拟离线状态，需要单击左侧导航栏的 service worker 然后勾选主显示区域顶部的 Offline 复选框(参见图 19.7)。另一种方法是单击 Network 标签栏，将下拉框的值从 Online 改为 Offline，此时会有一个警告图标显示在 Network 标签栏上用于提醒你当前处于离线状态。这对于测试 service worker 使用缓存的能力，是非常有用的。

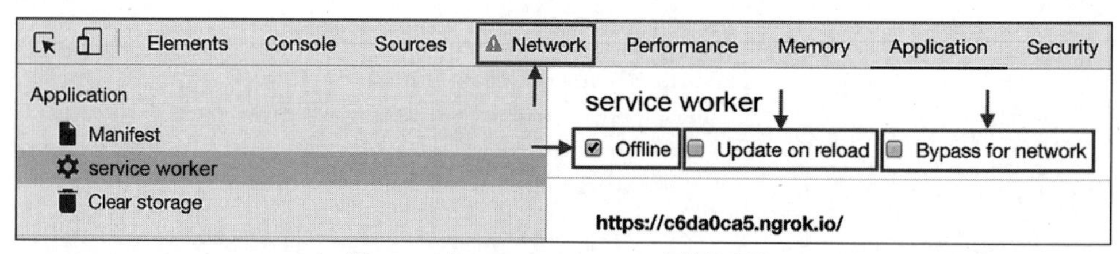

图 19.7 在 Chrome DevTools 中模拟离线

要绕开 service worker，使所有请求都经过网络，需要勾选主显示区域顶部的 Bypass for network 复选框。当然，这要求应用程序必须处于联机状态。

在文件读入缓存前，Network 标签栏中的这些文件请求会有一个齿轮图标(见图19.8)。这对于确定某一文件是来自网络还是缓存会非常有用。

Elements　Console　Sources　Network　Performance　Memory　Application　Security　Audits

Preserve log　Disable cache　Online

Filter　Hide data URLs　All　XHR　JS　CSS　Img　Media　Font　Doc　WS　Manifest　Other　Only

Name	Status	Type	Initiator	Size
c6da0ca5.ngrok.io	200	fetch	service-worker.js:1	(disk cache)
about.cac45ca6.css	200	fetch	service-worker.js:1	(disk cache)
about.cac45ca6.js	200	fetch	service-worker.js:1	(disk cache)

图 19.8　Chrome DevTools 从缓存中读取的文件

要一次清除大量的本地应用数据，你可以单击 Application 标签，单击左侧导航栏(见图 19.9)的 Clear storage 按钮(在垃圾桶图标之后)。这会在主显示区域显示一系列复选框，这些复选框代表了不同种类的可清除数据。默认情况下，所有复选框都是勾选的。这包括 Unregister service worker 和 Cache storage。单击 Clear site data 按钮可清除选中类目的相关数据。

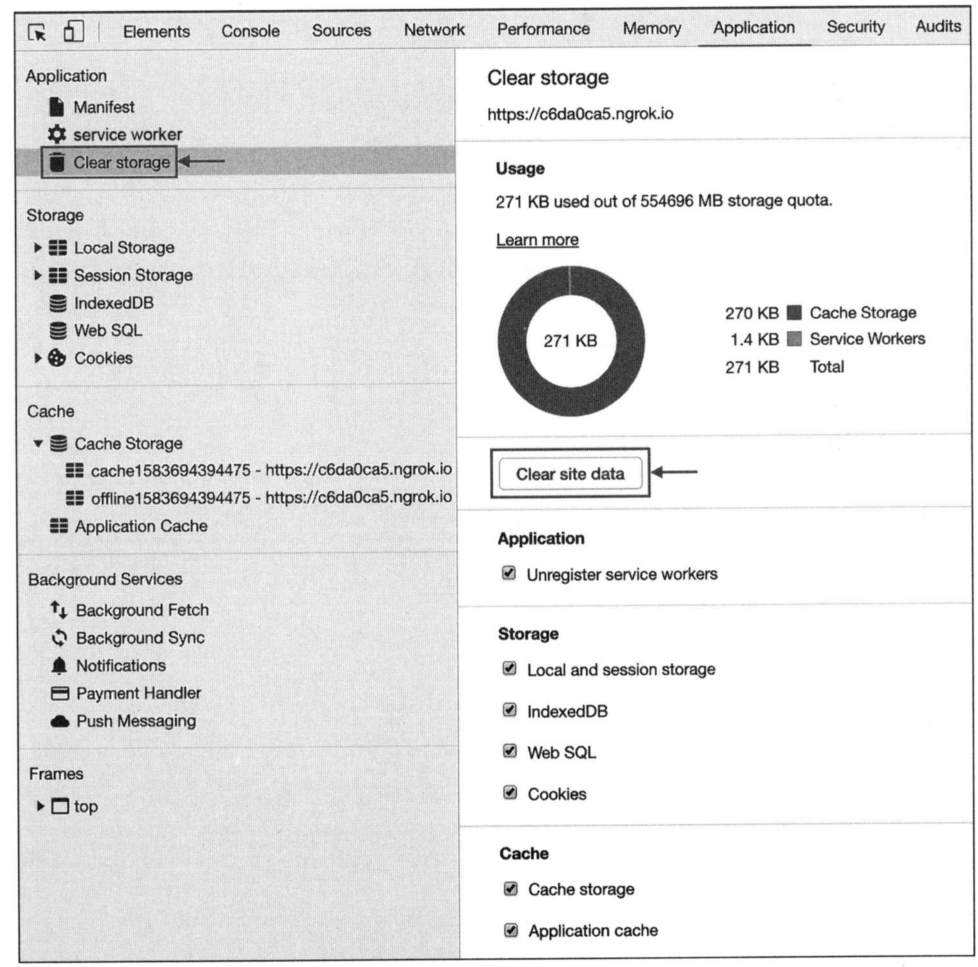

图 19.9　在 Chrome DevTools 中清除数据

Chrome 团队录制了一个很棒的视频教程，涵盖了本节所讲的大部分主题，你可在 http://mng.bz/oPwp 找到它。同样有适用于 Firefox 浏览器的类似视频，它也来自于 Chrome 团队，你可在 http://mng.bz/nPw2 找到它。

19.6 在 Sapper 服务器中开启 HTTPS

默认情况下，Sapper 应用程序使用 Polka 库作为服务器并使用 HTTP(并非 HTTPS)。前面我们讨论过，出于安全考虑，service worker 必须工作在 HTTPS 上。

以下步骤演示了一种在 Sapper 应用程序中使用 HTTPS 的方法。

(1) 从 https://ngrok.com/下载并安装 ngrok。此工具能为本地服务器提供公共 URL 的访问通道，任何人都可浏览这个 URL，不过这个 URL 是临时的，且每分钟的浏览次数被限制在 40 次。有了它，你就能使用 HTTPS 访问本地服务器。免费版本的 ngrok 对这里的使用已经足够。

(2) 创建一个 Sapper 应用程序：

- 执行命令 npx degit sveltejs/sapper-template#rollup *app-name*。
- 进入新创建的目录 *app-name*。
- 执行命令 npm install。

(3) 如果你还没有合适的 SSL 密钥和证书文件，可使用 openssl 命令，并按提示填写相关参数来生成临时的自签名密钥和证书文件。参数中，对于 Organizational Unit，可以任意填写，对于 Common Name，可以填写为 localhost。

```
openssl req -newkey rsa:2048 -nodes -x509 -days 365 \
  -keyout key.pem \
  -out cert.pem
```

注意 如果你还没有 openssl，那么你需要安装它。Windows 用户可从 www.openssl.org 安装 openssl。macOS 用户可使用 Homebrew(参见 https://brew.sh/)来安装较新版本的 openssl。

(1) 修改文件 server.js 来使用 HTTPS，如下所示：

```
const {createServer} = require('https');   ← 这里导入的函数用来创建监听
const {readFileSync} = require('fs');         HTTPS 请求的服务器

import sirv from 'sirv';
import polka from 'polka';
import compression from 'compression';
import * as sapper from '@sapper/server';

const {PORT, NODE_ENV} = process.env;
const dev = NODE_ENV === 'development';

const options = {                        ← 这里引用的文件可使用
  key: readFileSync('key.pem'),            openssl 命令创建
  cert: readFileSync('cert.pem')
  };
```

```
const {handler} = polka().use(
  compression({threshold: 0}),
  sirv('static', {dev}),
  sapper.middleware()
);

createServer(options, handler).listen(PORT, err => {
  if (err) {
    console.error('error', err);
  } else {
    console.info('listening for HTTPS requests on', PORT);
  }
});
```

(2) 执行命令 npm run build 来建 Sapper 应用程序。

(3) 执行命令 npm start 启动 pper 服务器。默认会监听 3000 端口。

(4) 执行命令 ngrok http https://localhost:3000 来建立网络通道。

(5) 找到 ngrok 输出日志中的 Forwarding URL 一项，使用浏览器打开以“https:”开头的 URL(不是“http:开头的那个)。图 19.10 显示了基于 ngrok 的 HTTPS 请求流程图。

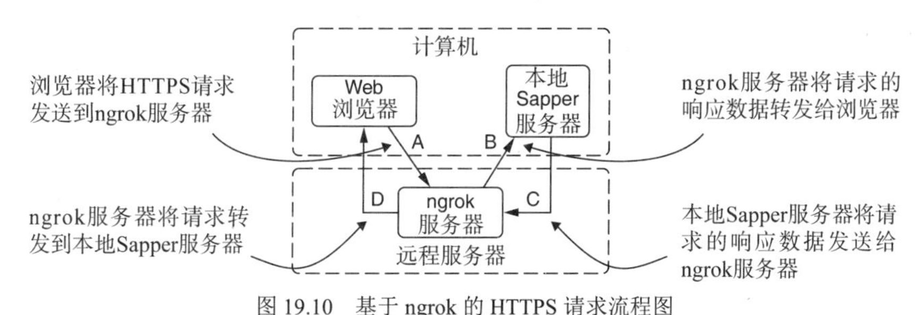

图 19.10 基于 ngrok 的 HTTPS 请求流程图

开发模式下运行的问题

如果通过命令 npm run dev 在开发环境下运行 Sapper 服务器，会在 DevTools 控制台出现以下错误信息：

```
Mixed Content: The page at 'https://{some-id}.ngrok.io/' was loaded over
HTTPS, but requested an insecure EventSource endpoint
'http://{some-id}.ngrok.io:10000/__sapper__'.
This request has been blocked; the content must be served over HTTPS.
```

这就是在以上步骤中使用 npm run build 和 npm start 的原因。

19.7 验证离线功能

在使用 service worker 开发支持离线功能的应用程序时，学会使用工具验证离线功能是否正常是至关重要的。下面列出使用 Chrome DevTools 进行验证的具体步骤。

(1) 在 Chrome 中打开应用程序。

(2) 打开 DevTools。

(3) 确认浏览器缓存处于非禁用状态(当缓存被禁用时，service worker 将不缓存任何下载的文件)。

- 单击 Network 标签栏。
- 确认 Disable Cache 复选框没有被选中。
- 单击 DevTools 右上方垂直的省略号。
- 选择 Settings。
- 滚动到 Network 区域。
- 确认 Disable Cache(此时 DevTools 是打开的)没有被选中。

(4) 浏览应用程序的所有页面，让浏览器缓存它们。

(5) 查看 service worker 的状态。

- 单击 Appication 标签页。
- 单击左侧导航栏的 Service Workers 选项卡。

(6) 查看缓存的文件列表。

- 单击左侧导航栏的 Cache Storage 选项，展开下拉列表。
- 单击名称以 cache 和 offline 开头的缓存。每一个缓存会显示一个缓存文件的列表。

(7) 使用以下任意一种方法使应用程序进入离线状态。

- 最简单的方式是让浏览器模拟离线状态。单击 Application 标签页并勾选 Offline 复选框。
- 如果使用的是 Wi-Fi，可选择关掉它。
- 如果使用的是有线，可选择断掉网线连接。

(8) 现在你已处于离线状态了，浏览应用程序所有的页面并验证它们是否都正常显示。

(9) 回到联机状态。

另一种验证 Sapper 应用程序离线功能的方法是使用 npm 脚本命令 export。回顾一下，Sapper 的导出功能能爬取应用程序的所有页面来生成静态站点。这样，你可手动验证静态站点来验证应用程序的离线功能。

另外有很多工具能够协助你测试应用程序中的所有页面。你可以考虑使用 www.browserstack.com 的 BrowserStack。

19.8 构建 Travel Packing 应用程序

Travel Packing 应用程序要实现离线功能，将面临一些挑战。

第一个问题是处理身份验证。当然，我们还没有真正地实现过它，但假设我们已经实现了此功能，在用户离线时，我们该如何验证用户身份。一种方式是假定该用户和当前计算机上次通过验证的用户是同一用户。如果应用程序仅在非共享的设备上使用，这也许是可接受的。否则，这是一个有风险的假设。

第二个问题是当离线用户想要做出一些修改时，应用程序应该如何处理。示例中包含了增加、修改、删除分类和项目以及勾选、取消勾选项目的操作。一种选择是离线状态下不允许执行这些操作，但是用户仍然能查看他们上次联机时的旅行包裹清单。

另一种选择是保存离线状态时任何事务的修改操作，并模拟修改成功的 UI 效果。当用户重新在线时，重新执行这些修改操作。可以想象要实现这一点会引入相当大的复杂度。需要考虑很多事务的场景。例如当一个用户经历了以下步骤时需要如何处理：

(1) 添加一个分类 Clothing。

(2) 在分类 Clothing 中，添加一个新项目 socks。

(3) 网络断开连接。

(4) 删除项目 socks，创建一个暂存的事务。

(5) 删除分类 Clothing，创建一个暂存的事务。

(6) 切换到另一台有网络连接的电脑上。

(7) 浏览应用程序，然后发现分类 Clothing 和项目 socks 仍然在那里。

(8) 将 Clothing 改为 Clothes。

(9) 返回第一台电脑并恢复网络连接。

现在会发生什么呢？有两个尚未执行的事务(删除项目 socks 和删除分类 Clothing)，但那个分类由于重命名的原因已经不存在了。

如你所见，这是一个很棘手的问题，Travel Packing 应用程序通过在离线时将数据设置为只读来暂时避免这个问题。离线时用户仍可查看清单，只是不能修改它们。你可在 http://mng.bz/vxw4 找到完整的代码。

让我们开始修改代码；当用户离线时，给用户提供一个清晰的提示。为此对功能进行两处修改，离线时在页面添加文本 Offline，并将主区域的背景颜色由当前的蓝色改为灰色。对此，我们只需要修改文件 src/routes/_layout.svelte。

代码清单 19.1　文件 src/routes/_layout.svelte 中定义的顶层布局

```
<script>
  let mainElement;
  let online = true;
  $: title = 'Travel Packing Checklist' + (online ? '' : ' Offline');   ← 每次 online 值的改变，都会触发标题更新
  $: if (mainElement) {
    mainElement.style.setProperty(   ← 每次 online 值的改变都会触发 CSS 变量–main-bg-color 更新
      '--main-bg-color',
      online ? '#3f6fde' : 'gray'
    );
  }
</script>

<svelte:window bind:online />   ← 当 window.navigator.onLine 的值改变时，会触发 online 变量更新

<main bind:this={mainElement}>   ← 此处将 mainElement 变量绑定到 DOM 元素 main 上
  <h1 class="hero">{title}</h1>
```

```
  <slot />
</main>

<style>
  .hero {
    /* no changes here */
  }

main {
    --main-bg-color: #3f6fde; /* shade of blue */
    background-color: var(--main-bg-color);
    /* no other changes here */
  }
</style>
```

接下来，让我们来确保离线状态下的 API 调用会被优雅地处理。我们不会保存这些请求并在网络恢复时重新执行，我们仅仅是忽略它们。

在 src/util.js 中添加以下函数。

代码清单 19.2 src/util.js 中的 fetchPlus 函数

```
export async function fetchPlus(path, options = {}) {
  if (navigator.onLine) return fetch(path, options);

  alert(`This operation is not available while offline.`);
  return {offline: true};
}
```

这里可以实现一个更美观的通知来代替 alert 函数。这留给大家作为一个练习

使用 fetchPlus 替换所有客户端的 fetch 函数调用(不是 preload 函数中的 this.fetch)。在 src/routes/checklist.svelte 中有四处，在 src/components/Category.svelte 中有两处。这些文件已经导入 util.js。修改现有的 import 语句，使其也导入 fetchPlus 函数。

注意 要理解为什么 this.fetch 不能被替换为 fetchPlus 函数，请参见 16.6 节。

离线状态下 fetchPlus 返回的响应是一个 JSON 对象，其中包括被设置为 true 的 offline 属性。调用 fetchPlus 函数后需要立即检查 offline 属性，如下所示，如果 offline 为 true 则立即返回，这样可避免此请求更新 UI 上的数据。

```
if (res.offline) return;
```

要禁止离线时使用 Clear All Checks 按钮，需要修改文件 src/routes/checklist.svelte，在 script 元素内添加以下变量：

```
let online = true;
```

在顶部 HTML 代码块添加以下代码，以便网络环境变化时更新 online 变量：

```
<svelte:window bind:online />
```

为 Clear All Checks 按钮添加 disabled 属性，如下所示：

```
<button class="clear" disabled={!online} on:click={clearAllChecks}>
  Clear All Checks
</button>
```

要禁止离线时修改分类的名称，需要修改文件 src/components/Category.svelte，在 script 元素内添加以下变量：

```
let online = true;
```

在顶部 HTML 代码块添加以下代码，以便网络环境变化时更新 online 变量：

```
<svelte:window bind:online />
```

找到显示分类名称的那行代码，修改为如下内容，这样当应用程序在线时，editing 变量的值会设置为 true：

```
<span on:click={() => (editing = online)}>{category.name}</span>
```

要禁止离线时修改项目名称，需要修改文件 src/components/Item.svelte，在 script 元素内添加以下变量：

```
let online = true;
```

在顶部 HTML 代码块添加以下代码，以便网络环境变化时更新 online 变量：

```
<svelte:window bind:online />
```

要禁止离线时勾选项目复选框，可为复选框添加 disabled 属性，并将其值设置为 true，如下所示。

```
<input
  aria-label="Toggle Packed"
  type="checkbox"
  disabled={!online}
  bind:checked={item.packed}
  on:change={() => dispatch('persist')} />
```

找到显示项目名称的那行代码，修改为如下内容，这样当应用程序在线时，editing 变量的值会设置为 true：

```
<span
  class="packed-{item.packed}"
  draggable="true"
  on:dragstart={event => dnd.drag(event, categoryId, item.id)}
  on:click={() => (editing = online)}>
  {item.name}
</span>
```

当我们使用 ngrok 提供的类似网络通道时，preload 函数中的 API 调用需要知道 ngrok 提供的域名。Travel Packing 应用程序中仅有一处需要改动，此 preload 函数位于文件 src/routes/checklist.svelte 中。

修改方案如下所示，注意此处使用 page.host 的 URL 传给了 this.fetch 方法。

```
export async function preload(page) {
  try {
    const res = await this.fetch(`https://${page.host}/categories.json`);
```

让我们来构建并运行这个应用程序：

(1) 打开终端窗口。

(2) 执行命令 npm run build。

(3) 执行命令 npm start。

(4) 打开另一个终端窗口。

(5) 执行命令 http https://localhost:3000。

(6) 找到控制台输出中以 https 开头的 Forwarding URL，在浏览器中打开运行程序。

现在我们加载了应用程序，然后切换至离线状态，刷新浏览器。此时页面仍然会显示当前的旅行包裹清单。

在第 20 章中，你将学习如何使用预处理器来支持其他 JavaScript、HTML 和 CSS 语法。

19.9 小结

- service worker 可以充当网络请求的代理，来决定如何完成这些请求，通常这涉及缓存。
- service worker 能够实现多种缓存策略。
- Sapper 提供了一个默认的 service worker，它实现了特定的缓存策略，不过此策略是可以定制的。
- service worker 能够响应事件，一些最重要的事件示例是 install、activate 和 fetch。
- Sapper 提供了基于 Polka 的服务器，默认没有使用 HTTPS，但你可修改它使它支持 HTTPS。

第Ⅳ部分　Svelte和Sapper的其他相关知识

本书最后一部分将介绍 Svelte 和 Sapper 的其他相关知识，探讨文件的预处理功能以支持其他语法，其中包含 Sass、Typescript 和 Markdown 的示例。然后介绍 Svelte Native，为 Android 和 iOS 构建移动端应用程序，重点聚焦于那些用于显示、表单、操作、对话框、布局和导航的组件，以及样式的实现细节，我们将通过一个示例来展示这一切是如何实现的。

第 20 章

预处理器

本章内容

- 自定义预处理器
- 使用 svelte-preprocess 和 auto-preprocessing 模式
- 使用 Sass 代替 CSS
- 使用 TypeScript 代替 JavaScript
- 使用 Markdown 代替 HTML
- 使用多个预处理器
- 图像预处理——图像压缩

默认情况下，Svelte 和 Sapper 仅支持使用 JavaScript、HTML 和 CSS。而预处理器能够支持其他语法，这些语法可帮助开发人员简化代码的编写或提供一些目前尚不支持的特性。

本章面向的是对预处理器感兴趣且之前对 Sass、TypeScript 和 Markdown 有一定了解的读者。如果你对一些不是主流的开发语言不甚了解，如 CoffeeScript、Pug、less、PostCSS 和 Stylus，不必担心，因为本书并不涉及这些开发语言。

Svelte 应用程序可以配置预处理器，它可以在.svelte 文件传给 Svelte 编译器前转换文件的内容，通常这是在 Rollup 或 Webpack 这样的打包工具中进行配置的。

本章预处理的示例包括以下内容：

(1) 将 Sass 语法转换为 CSS。

(2) 将 TypeScript 转换为 JavaScript。

(3) 将 Markdown 或 Pug 语法转换为 HTML。

(4) 自定义搜索和替换。

有许多 npm 包可用来实现预处理功能，后续章节会进行相应介绍。在项目中，如果配置了多个预处理器，它们会一个接一个地串行运行，前一个预处理器输出的结果会作为下一个预处理器的输入。

在内部，Svelte 的预处理器是由函数 svelte.preprocess 进行管理的，参见 https://svelte.dev/docs#svelte_preprocess。该函数可以被直接调用，不过更常见的方式是配置一个模块打包工具来使用它，如下一节所示。

20.1 自定义预处理器

现在让我们实现一个自定义预处理器，它的功能是将 style 元素里面的 color: red 改为 color: blue。我们会使用 JavaScript 的 String.replace 方法和带有 global 标志的正则表达式来完成替换工作，如下所示：

```
content.replace(/color: red/g, 'color: blue')
```

content 的值即是 style 元素的内容

首先我们通过命令 npx degit sveltejs/template *app-name* 创建一个 Svelte 应用程序，这里使用的模块打包工具是 Rollup。如果你想使用 Webpack，可在稍后学习如何使用它。

现在我们修改 rollup.config.js 文件来配置自定义预处理器。该文件定义了一个默认的导出对象，由多个属性组成，其中一个属性名为 plugins，类型为数组。在 plugins 数组中的一个元素定义了调用 svelte 的函数，该函数的参数是一个包含 dev 和 css 属性的对象参数(此处没有展示这两个属性的代码)。接下来为这个对象参数添加一个名为 preprocess 的属性，类型为对象，代码如下所示。

代码清单 20.1 rollup.config.js 中的 Rollup 配置

```
plugins: [
  svelte({
    ...
    preprocess: {
      style({content}) {
        return {
          code: content.replace(/color: red/g, 'color: blue')
        };
      }
    }
  }),
  ...
]
```

这里为 style 元素里的代码指定了转换逻辑

要测试预处理器的功能，请执行以下步骤。

(1) 执行命令 npm install。

(2) 修改 src/App.svelte 文件，将 style 元素中 h1 的颜色修改为 red。

(3) 执行命令 npm run dev。

(4) 打开浏览器，输入 localhost:5000。

(5) 注意此时的“Hello world!”，它是蓝色的。

传入 svelte 函数的 preprocess 属性是一个对象，该对象可以包含 script、markup 和 style 属性，每个属性都是一个函数，接收一个包含 content 和 filename 属性的对象作为入参。这些函数需要返回一个对象或返回一个 resolve 值等于该对象的 promise，返回对象会包含一个 code 属性，其值是一个代表预处理结果的字符串。

返回的对象还可包含一个 dependencies 属性，尽管它不会经常用到。它是一个数组对象，包含了需要监听的文件路径。对这些文件的任何修改都会触发依赖它们的那些文件重新执行预处理操作。有关预处理的详细说明，可参阅 Svelte 文档(https://svelte.dev/docs#svelte_preprocess)。

20.1.1 使用 Webpack

要使用 Webpack 作为模块打包工具，需要通过命令 npx degit sveltejs/template-webpack {app-name}创建 Svelte 应用程序。

对于此应用程序，要配置与上节中相同的自定义预处理器，需要修改 webpack.config.js 文件。该文件定义了一个默认的导出对象，由多个属性组成，其中一个属性名为 module。module 包含一个名为 rules 的数组对象。数组中的每个对象都包含一个 test 属性，用来指定应用此 rules 的文件类型，同时包含一个 use 属性，用来指定对此类文件执行的操作。这里需要为.svelte 文件的 options 对象添加 preprocess 属性，代码如下所示。

代码清单 20.2 webpack.config.js 中部分 rules 对象的配置

```
{
  test: /\.svelte$/,
  use: {
    loader: 'svelte-loader',
    options: {
      ...
      preprocess: {
        style({content}) {
          return {
            code: content.replace(/color: red/g, 'color: blue')
          };
        }
      }
    }
  }
}
```

preprocess 属性值与 Rollup svelte 插件中配置的属性值相同，可以包含 script、markup 和 style 函数。

要测试预处理器的功能，可按照上节的 Rollup 应用程序测试步骤进行测试，有一点不同的是，请使用地址 localhost:8080 查看页面。

注意　当使用 Sapper 时，如果要配置所需的预处理功能，需要在客户端和服务端的打包配置处都进行设置，这样才能为服务端和客户端渲染的页面都执行预处理操作。

现在你已经感受到添加预处理是多么简单，不过你肯定想尝试比颜色替换更高级的代码转换功能。预处理函数能够调用诸如 Sass 和 TypeScript 的编译器进行代码转换，虽然这有些复杂，但下面介绍的 svelte-preprocess 包会简化这些步骤。

20.2　svelte-preprocess 包

svelte-preprocess 包(https://github.com/kaisermann/svelte-preprocess)可使某些预处理器的配置更加简单。它们包括：

- Typescript 和 CoffeeScript 转换为 JavaScript 的预处理器
- Pug 转换为 HTML 的预处理器
- Sass、Less、PostCSS 和 Stylus 转换为 CSS 的预处理器

要将 svelte-preprocess 包添加到 Svelte 项目中有两种方式。一种方式是使用 npx degit sveltejs/template{project-name}来初始化项目，然后进入创建的目录，执行命令 node scripts/setupTypeScript.js，这会将 svelte-preprocess 添加到 package.json 的 devDependencies 中。另一种则是通过命令 npm install -D svelte-preprocess 进行安装，但是 svelte-preprocess 所需的预处理器需要另外安装。

要配合 Rollup 使用 svelte-preprocess，需要修改 rollup.config.js 文件，在文件顶部添加如下的 import 语句：

```
import sveltePreprocess from 'svelte-preprocess';
```

在 plugins 数组的 svelte 函数中添加如下属性，传递给 svelte 函数：

```
preprocess: sveltePreprocess()
```

sveltePreprocess 函数可以传入一个 options 对象，但此参数不是必需的。有关支持的 options 值，可以参阅 svelte-preprocess 文档 https://github.com/kaisermann/svelte-preprocess#options。

20.2.1　auto-preprocessing 模式

使用 svelte-preprocess 包的最简单方式是开启 auto-preprocessing 模式。这种模式下，svelte 会根据.svelte 文件中 script、style 和 template 元素上的 lang 和 type 属性来决定要使用的预处理器。例如：

```
<script lang="ts">

<template lang="pug">

<style lang="scss">
```

注意，其他 HTML 语法(如 Pug)必须包裹在 template 元素中，以便能够指定它的语言。

20.2.2 外部文件

svelte-preprocess 还支持引入外部文件。要获取外部文件的内容，需要在 script、template 和 style 元素上添加 src 属性，其值是一个外部文件的路径，例如：

```
<script src="./name.js">

<template src="./name.html”>

<style src="./name.css">
```

外部文件的语言类型是由其文件扩展名决定的，这样就可以对文件内容进行相应的预处理。

为便于演示，让我们创建一个展示小狗相关信息的应用程序，如图 20.1 所示。

以下代码实现了一个 Dog 组件，它用到了 JavaScript、HTML 和 CSS。这些代码没有定义在.svelte 组件中，而是保存在单独的文件中。svelte 组件中任何带有 src 属性的元素都会被引用文件的内容替换，因此任何代码的修改可不必修改组件本身。

Dasher
His breed is Whippet.
Maisey
Her breed is Treeing Walker Coonhound.
Ramsay
His breed is Native American Indian Dog.
Oscar
His breed is German Shorthaired Pointer.

图 20.1 使用外部文件的小狗应用程序页面示例

代码清单 20.3 引入了三个外部文件的 src/Dog.svelte

```
<script src="./Dog.js"></script>

<template src="./Dog.html"></template>

<style src="./Dog.css"></style>
```

以下代码展示了 Dog 组件使用的 JavaScript 文件。

代码清单 20.4 src/Dog.js 文件中 Dog 组件的 JavaScript 代码

```
export let name;
export let breed;
export let gender;
```

此组件的 props 是 name、breed 和 gender

代码清单 20.5 展示了 Dog 组件使用的 HTML。

代码清单 20.5 src/Dog.html 文件中 Dog 组件的 HTML 代码

```
<h1 style="color: {color}">{name}</h1>
<div class="breed">{gender === 'male' ? 'His' : 'Her'} breed is {breed}.</div>
```

接下来是 Dog 组件使用的 CSS。

代码清单 20.6　src/Dog.css 文件中 Dog 组件的 CSS 代码

```
h1 {
  margin-bottom: 0;
}

.breed {
  color: green;
}
```

以下代码展示了应用程序中的顶层组件，它负责渲染多个 Dog 组件。

代码清单 20.7　在 src/App.svelte 中使用 Dog 组件

```
<script>
  import Dog from './Dog.svelte';

  const dogs = [
    {name: 'Dasher', gender: 'male', breed: 'Whippet'},
    {name: 'Maisey', gender: 'female', breed: 'Treeing Walker Coonhound'},
    {name: 'Ramsay', gender: 'male', breed: 'Native American Indian Dog'},
    {name: 'Oscar ', gender: 'male', breed: 'German Shorthaired Pointer'}
  ];
</script>

{#each dogs as {name, breed, gender}}
  <Dog {name} {breed} {gender} />
{/each}
```

20.2.3　全局样式

svelte-preprocess 还提供了一种方式来指定全局样式，不同于第 3 章学习的:global(selector)，它是另一种新语法——<style global>，<style global>中的所有 CSS 都成为全局样式，而不会限定在组件的范围内，但是使用此特性会引起全局样式跨组件传播的问题。为避免这种情况，应考虑将全局样式放在 global.css 文件中。

全局样式特性需要 PostCSS，可通过 npm install-D postcss 来安装它。

举个例子，如果想修改 body 元素的背景色，一种方法是在 App 组件中添加如代码清单 20.8 所示的代码。

代码清单 20.8　src/App.svelte 文件中的全局样式

```
<style global>
  body {
    background-color: linen;
  }
</style>
```

20.2.4 使用 Sass

Sass 是非常流行的 CSS 预处理器。有关 Sass 的详细信息可以参阅 https://sass-lang.com/。

要启用对 Sass 的支持，需要执行命令 npm install -D node-sass 来安装 node-sass 包。Sass 支持的所有特性都是可用的，包括变量、嵌套规则、mixins 和 Sass 函数。

代码清单 20.9 展示了在组件中使用 Sass 的示例。它使用了变量、嵌套规则和单行注释的特性。

代码清单 20.9 在.svelte 文件中使用 Sass

```
<style lang="scss">
  $color: green;
  $space: 0.7rem;

  form {
    // a nested CSS rule
    input {
      $padding: 4px;
      border-radius: $padding;
      color: $color;
      padding: $padding;
    }

    // another nested CSS rule
    label {
      color: $color;
      margin-right: $space;
    }
  }
</style>
```

注意 主流浏览器(不包括 IE)中对 CSS 变量已经有了广泛的支持。除非你希望使用更简洁的语法来引用它们，否则没理由使用 Sass 变量。

style 元素的全局属性可与 Sass 一起使用：

```
<style global lang="scss">
  // define global styles here using Sass syntax.
</style>
```

20.2.5 使用 TypeScript

TypeScript 是一门编程语言，是 JavaScript 的超集。它的主要优势是为 JavaScript 添加了类型支持。要了解 TypeScript 的详细信息，请参阅 www.typescriptlang.org。

有两种方式可以启用Svelte 项目对TypeScript 的支持。一种方式是使用npx degit sveltejs/template {*project-name*}初始化项目，然后进入创建的目录，执行命令 node scripts/ setupTypeScript.js。另一种方式是通过 npm install-D typescript 来安装 TypeScript 编译器。

预处理器只会针对 script 元素中的代码运行 TypeScript 编译器，它不会针对 HTML 中的插值代码(花括号中的代码)运行。这意味着，如果 HTML 插值中的 JavaScript 代码编写错误，例如向 TypeScript 函数传入了无效参数，编译器不会报错。附录 F 中介绍的 VS Code 扩展 Svelte 可以捕获当前打开的.svelte 文件的 TypeScript 错误，也包括 HTML 插值中的那些错误。

svelte-check 工具(http://mng.bz/4Agj)可以检查应用程序中所有.svelte 文件并报告包括 TypeScript 在内的各种错误。前面提到的 setupTypeScript 脚本将此工具添加到 package.json 的 devDependencies 中，并添加一个 npm 脚本，这样通过命令 npm run validate 就可以运行它。你也可通过 npm install -D svelte-check 来安装它，并手动为其添加一个 npm 运行脚本。

这里是一个组件内使用 TypeScript 的简单示例，它说明了类型检查发生的位置：

```
<script lang="ts">
  function add(n1: number, n2: number): number {
    return n1 + n2;
  }

  const sum = add(1, '2');
</script>

<div>sum in ts = {sum}</div>
<div>sum in HTML = {add(1, '2')}</div>
```

TypeScript 编译器会抛出以下错误：“error TS2345: Argument of type '2' is not assignable to parameter of type 'number'.”。不过代码会继续执行，sum 变量的值将是'12'(数字 1 和字符串'2'连接的值)。要修复这个错误，需要传递的参数为数字 2 而不是字符串'2'

这里会发生同样类型的错误，但不会被标记出来，因为它在 script 元素之外，因此不会被 TypeScript 编译器处理

让我们看看如何将 add 函数从 Svelte 组件中移到一个单独的.ts 文件中，这使它可以被其他一些组件导入(见代码清单 20.10)。TypeScript 源文件也能导出很多值，包括函数、类和常量。

代码清单 20.10 在 src/math.ts 中添加 add 函数

```
export function add(n1: number, n2: number): number {
  return n1 + n2;
}
```

这里的返回类型可以由编译器推断出来

要在 svelte 组件中启用对 TypeScript 文件的支持，请按照以下步骤进行操作。

(1) 执行以下命令，安装所需的 npm 包：

```
npm install -D @rollup/plugin-typescript tslib
```

(2) 编辑 rollup.config.js：

- 在文件顶部附近添加如下 import 语句。

```
import typescript from '@rollup/plugin-typescript';
```

- 在 plugins 数组中添加 typescript()的调用。

```
plugins: [
  svelte({
```

```
    ...
    preprocess: sveltePreprocess()
  }),
  typescript(),
  ...
]
```

现在我们来修改 src/App.svelte 文件，如代码清单 20.11 所示。

代码清单 20.11　在 src/App.svelte 中使用 add 函数

```
<script lang="ts">
  import {add} from './math';

  const sum = add(1, '2');
</script>

<div>sum in ts = {sum}</div>
<div>sum in HTML = {add(1, '2')}</div>
```

TypeScript 编译器将报告与之前相同的错误

TypeScript 编译器不会执行这行代码，因此不会报告错误

使用 TypeScript 时，有一种特定的方式来声明响应式变量的类型，即在响应式变量声明之前，声明其变量和类型。以下是一个例子：

```
let upperName: string;
$: upperName = name.toUpperCase();
```

注意　*在 Svelte 中支持 TypeScript 的另一种方法是 svelte-type-checker(https://github.com/halfnelson/svelte-type-checker)。相应的 VS Code 扩展(https://github.com/halfnelson/svelte-type-checker-vscode)可供使用。*

20.2.6　VS Code 提示

一些代码编辑器可以标识 script 元素中的非 JS 语法、非 HTML 语法(如 Pug)和 style 元素中的非 CSS 语法。要在 VS Code 中实现此功能，需要在应用程序根目录下创建 svelte.config.js 文件并重启 VS Code。svelte.config.js 文件的内容如下所示：

```
const sveltePreprocess = require('svelte-preprocess');

module.exports = {
  preprocess: sveltePreprocess()
};
```

20.3　使用 Markdown

Svelte 组件的内容可使用 Markdown 来代替 HTML。虽然 svelte-preprocess 包目前并不支持

Markdown，但有其他两个库可以支持，它们是 svelte-preprocess-markdown 和 MDsveX。目前 svelte-preprocess-markdown 对.svelte 文件的语法有更好的支持，因此这里将对它进行介绍。

你可在https://alexxnb.github.io/svelte-preprocess-markdown/上找到svelte-preprocess-markdown 包。它使用了流行的 marked 库(https://marked.js.org)来处理 Markdown 语法。

这个包支持在包含 Markdown 语法的.md 文件中实现 Svelte 组件。.md 文件可涵盖.svelte 文件中的所有内容，包括 script 元素、HTML 元素、style 元素以及对其他 Svelte 组件的引用。

要指定 Markdown 中元素的样式，需要使用 Markdown 语法创建 HTML 元素，再为其附加 CSS 样式。例如，可使用符号“#”来创建一个 h1 元素。要了解 Markdown 语法与 HTML 元素的映射关系，可参阅 Markdown 指南的 Basic Syntax 部分：www.markdownguide.org/basic-syntax。

为便于示，让我们创建一个应用程序，该程序会使用 Markdown 语法渲染一个关于小狗信息的表格。参见图 20.2。

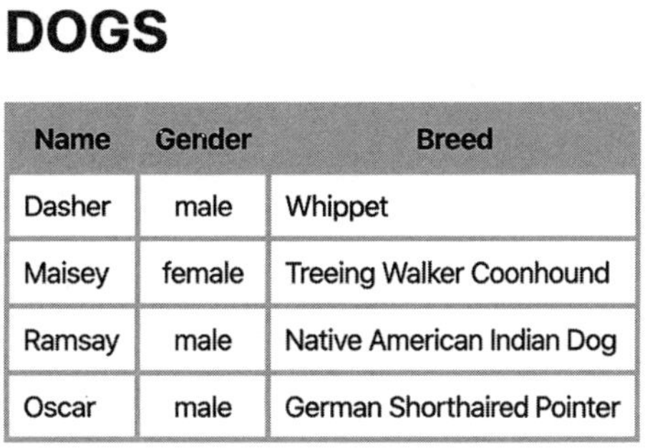

DOGS

Name	Gender	Breed
Dasher	male	Whippet
Maisey	female	Treeing Walker Coonhound
Ramsay	male	Native American Indian Dog
Oscar	male	German Shorthaired Pointer

图 20.2　使用 Markdown 的小狗信息的页面

这里会基于默认的 Svelte 应用程序进行修改，将文件 src/App.svelte 重命名为 src/App.md。修改 src/main.js 文件，将导入 App.svelte 的语句修改为导入 App.md。然后修改 src/App.md 文件的内容，将 HTML 替换为 Markdown 语法。

代码清单 20.12　在 src/App.md 组件中使用 Markdown 语法

```
<script>
  const dogs = [
    {name: 'Dasher', gender: 'male', breed: 'Whippet'},
    {name: 'Maisey', gender: 'female', breed: 'Treeing Walker Coonhound'},
    {name: 'Ramsay', gender: 'male', breed: 'Native American Indian Dog'},
    {name: 'Oscar ', gender: 'male', breed: 'German Shorthaired Pointer'}
  ];
</script>

# dogs

| Name | Gender | Breed |
| ---- | :----: | ----- |
{#each dogs as {name, gender, breed}}
  | {name} | {gender} | {breed} |
{/each}

<style>
  h1 {
    color: blue;
    margin-top: 0;
    text-transform: uppercase;
  }
```

这是页面标题的 Markdown 语法

这是表头的 Markdown 语法

冒号指定了此列的数据是水平居中的

这是表格中描述行数据的 Markdown 语法

```
  table {
    border-collapse: collapse;
  }

  td, th {
    border: solid lightgray 3px;
    padding: 0.5rem;
  }

  th {
    background-color: pink;
  }
</style>
```

注意，#each 之前不要有空行，这一点很重要。如果定义表的 Markdown 有任何一行被分开，表将无法正常渲染。

要配置 svelte-preprocess-markdown，请按照以下步骤进行操作。

(1) 执行命令 npm install-D svelte-preprocess-markdwon。

(2) 编辑 rollup.config.js：

a) 在文件顶部 import 语句的最后添加 import {markdown} from 'svelte-preprocess-markdown';

b) 添加如下对象并传递给 svelte 插件。

```
extensions: ['.svelte','.md'],
preprocess: markdown()
```

如果要运行此应用程序，请按以下步骤进行操作：

(1) 执行命令 npm install。

(2) 执行命令 npm run dev。

(3) 打开浏览器，输入 localhost:3000。

20.4 使用多个预处理器

代码在传给 Svelte 编译器之前，可以使用多个预处理器对其进行转换。要实现这一点，我们需要修改打包配置文件，为 preprocess 属性指定一个数组对象。

例如，为使用 svelte-preprocess 和 svelte-preprocess-markdown 预处理器，则需要在 rollup.config.js 中指定以下内容：

```
preprocess: [sveltePreprocess(), markdown()]
```

这里需要按照之前介绍的方法安装 svelte-preprocess 和 svelte-preprocess-markdown 包。完成安装后，你需要将之前示例 App.md 中的 script 元素改为使用 TypeScript，如代码清单 20.13 所示。

代码清单 20.13　在 scr/App.md 中使用 TypeScript

```
<script lang="ts">
  type Dog = {
    name: string;
    gender: string;
    breed: string;
  };

  const dogs: Dog[] = [
    {name: 'Dasher', gender: 'male', breed: 'Whippet'},
    {name: 'Maisey', gender: 'female', breed: 'Treeing Walker Coonhound'},
    {name: 'Ramsay', gender: 'male', breed: 'Native American Indian Dog'},
    {name: 'Oscar ', gender: 'male', breed: 'German Shorthaired Pointer'}
  ];
</script>
```

有了这些设置，如果 dog 属性名出现了拼写错误，例如 breed 错写为 bred，TypeScript 编译器就能标记出该错误。

20.5　图像压缩

另一个可考虑使用的 Svelte 预处理器是 svelte-image(https://github.com/matyunya/svelte-image)。它使用图像处理包 sharp (https://github.com/lovell/sharp)对图像进行自动优化。

这个预处理器会查找 img 元素中引用的本地图像文件，并使用优化后的图像替换 src 属性原有的引用。

svelte-image 包还提供 Image 组件以及图片懒加载功能。它也支持 srcset 属性，可根据屏幕宽度提供合适的图像尺寸。

在第 21 章中，你将学习如何使用 Svelte Native 实现 Android 和 iOS 移动端应用程序。

20.6　小结

- 当需要为代码、标记(markup)和样式指定其他语法时，使用 Svelte 会非常灵活。
- 如果你愿意编写预处理器，Svelte 可支持任何形式的语法。
- 配置预处理最简单的方式是使用 svelte-preprocess 并开启 auto-preprocessing 模式。

第21章

Svelte Native

本章内容：

- Svelte Native 和 NativeScript 组件
- 本地开发 Svelte Native 应用程序
- NativeScript 样式实现
- 预定义 NativeScript CSS 类
- NativeScript UI 组件库

Svelte Native(https://svelte-native.technology/)能让你使用 Svelte 技术开发基于 Android 和 iOS 平台的应用程序，它构建在 NativeScript(https://nativescript.org/)上。这涉及很多内容，包括如何构建 Svelte Native 应用程序、使用内置的组件、使用内置的布局机制、实现页面导航功能、使用 NativeScript 特有的样式和主题、使用第三方库、与移动设备原生功能的集成等。本章不会深入探讨这些主题，但介绍的内容足以使你能在起步阶段构建一个移动端应用程序。

NativeScript 使用了 XML 语法(和自定义元素)、CSS 和 JavaScript/TypeScript 来创建运行在 Android 和 iOS 设备上的应用程序。它渲染的不是 Web view 而是原生组件。NativeScript 由 Telerik 公司创建和维护，该公司于 2014 年被 Progress Software 收购。

NativeScript 能在没有任何 Web 框架的情况下使用。NativeScript 也可与一些流行的 Web 框架集成。NativeScript 团队提供与 Angular 和 Vue 集成的支持，开发社区也提供了与 React 集成的支持。

Svelte Native 在 NativeScript API 基础上提供了一层很浅的封装，这使得它较容易保持与未来 NativeScript 版本的兼容。Svelte Native 由 David Perhouse 创建，它在 Github 上的名字是 halfnelson，在 Twitter 上的名字是@halfnelson_au。

官方的 Svelte Native 教程和 API 文档可以在 Svelte Native 官网上找到(https://svelte-native.

technology/)。

本章首先概述 Svelte Native 的内置组件，接下来分析创建一个 Svelte Native 应用程序需要经历的步骤，最后通过几个应用程序的示例进行实际演练。示例包括一个基本的 Hello World 应用程序(它演示了几乎所有的内置组件)，以及一个使用附加库来实现汉堡包菜单(抽屉菜单)的应用程序。

21.1　内置组件

NativeScript 内置了许多组件，可以通过组合方式来创建更多组件。你可在 https://docs.nativescript.org/ui/overview 查看这些内置组件的清单。

Svelte Native 将所有这些组件以 DOM 元素的形式公开给 Svelte 在 Svelte 应用程序中；可用这些组件替代 HTML 元素。这些组件是全局可用的，因此你可以在自定义 Svelte 组件中直接使用，而不必导入它们。你可在 https://svelte-native.technology/docs 找到这些 Svelte 组件的文档。

内置的 NativeScript 组件的名称采用的是以大写字母开头的驼峰式命名。然而 Svelte 组件会包装这些组件使它们的名称以小写字母开头。这是为了使它们能够与名称必须以大写字母开头的 Svelte 自定义组件区分开来。例如，你应该写成<label text="Hello" />而不是<Label text="Hello" />，在本章讨论 Svelte Native 组件命名时，会涉及这方面的内容。

接下来将简单介绍每个内置组件。第 21.6 节会提供每个组件的使用示例。

21.1.1　展示组件

表 21.1 列出了展示数据的 Svelte Native 组件，与这些组件功能最相近的 HTML 元素列在“Svelte Native 组件”列的前面。

label 组件可使用 text 属性、text content(标签文本内容)或带有 span 子元素的 formattedString 元素指定其内容。

activityIndicator 组件显示一个平台特定的加载状态指示器，以表明正在发生某些活动，例如等待 API 服务的响应。

表 21.1　展示组件

HTML 元素	Svelte Native 组件
<label>	label
<img>	image
<progress>	progress
无	activityIndicator
<ul>、<ol>和<li>	listView
无	htmlView
无	webView

listView 组件能显示一个可滚动的项目列表。它的 items 属性是一个数组，数组中元素的值可以是任意 JavaScript 类型。要指定每个列表项应该如何渲染，列表项需要包含一个 Template

子元素，其内容是渲染该列表项的组件。要为列表项添加单击事件的响应，可将 on:itemTap 的值设置为要响应的函数。

htmlView 和 webView 组件都用来将 HTML 字符串渲染成页面。这里推荐使用 webView，因为 htmlView 在应用 CSS 样式时会有很多限制。htmlView 组件通过 html 属性来指定 HTML 字符串，而 webView 组件通过 src 属性来指定 HTML 字符串，其属性的值可以是 HTML 字符串、URL 或 HTML 文件的路径。webView 组件实例常需要给定一个高度，因为它的高度不是基于其内容计算而来。不受信任的 HTML 在传给 webView 组件前应当经过转义，因为 HTML 有能力执行 JavaScript 代码。

21.1.2 表单组件

表 21.2 列出了用户可输入的 Svelte Native 组件，与这些组件功能最相近的 HTML 元素列在“Svelte Native 组件”列的前面。

searchBar 组件功能类似于 textField 组件，但它在输入框的左侧添加了一个放大镜图标。

表 21.2 表单组件

HTML 元素	Svelte Native 组件
<button>	button
<input type="text">	textField (用于单行)
<textarea>	textView (用于多行)
<input type="checkbox">	switch
<input type="radio">	segmentedBar and segmentedBarItem
<select> and <option>	listPicker
<input type="range">	slider
<input type="date">	datePicker
<input type="time">	timePicker
无	searchBar

21.1.3 行为组件

行为组件包括 actionBar、actionItem 和 navigationButton。

actionBar 是一个显示在屏幕顶部的工具栏。它通常包含一个标题，还可以包含 actionItem 和 navigationButton 组件。

actionItem 组件是一个带有图标的按钮，按钮的图标和位置是平台特定的。例如 iOS 共享图标，它看起来像一个带有向上箭头的正方形。对于 Android，图标由 R.drawable 常量中的值来标识，见文档 https://developer.android.com/reference/android/R.drawable。对于 iOS，图标由 SystemItem 常量中的值来标识，见文档 https://developer.apple.com/documentation/uikit/uibarbuttonitem/systemitem。

21.1.4　对话框组件

可用来渲染对话框的函数有 action、alert、confirm、login 和 prompt。表 21.3 列出每种对话框包含的内容。

表 21.3　对话框组件

函数名	对话框内容
action	消息、垂直按钮列表和取消按钮
alert	标题、消息和关闭按钮
confirm	标题、消息、取消按钮和OK按钮
login	标题、消息、用户名输入框、密码输入框、取消按钮和OK按钮
prompt	标题、消息、输入框、取消按钮和 OK 按钮

21.1.5　布局组件

Svelte Native 内置了一些布局组件，能以特定方式对其子组件进行布局。表 21.4 中列出了这些组件，与这些组件布局最相近的 CSS 属性值列在布局组件列的前面。

一个页面组件可包含一个 actionBar 组件，同时只能包含一个顶层布局组件。

表 21.4　布局组件

CSS 属性	Svelte Native 布局组件
display: inline	wrapLayout
display: block	stackLayout
display: flex	flexboxLayout
display: grid	gridLayout
position: absolute	absoluteLayout
无	dockLayout

absoluteLayout 要求它的子组件使用 left 和 top 属性指定绝对位置。

dockerLayout 通过指定所在屏幕的侧边位置(左侧、右侧、顶部、底部)对其子组件进行定位。代码示例 21.1 展示了如何创建带有页头、页脚和左侧导航栏的经典布局(见图 21.1)。注意，页头和页脚组件必须定义在左侧导航组件之前，以便可以横跨整个显示区域。

代码清单 21.1　使用 dockLayout 的应用程序

```
<page>
  <dockLayout>
    <label class="header big" dock="top" text="Header" />
    <label class="footer big" dock="bottom" text="Footer" />
    <label class="nav big" dock="left" text="Nav" />
    <stackLayout>
      <label text="Center child #1" />
```

```
      <label text="Center child #2" />
    </stackLayout>
  </dockLayout>
</page>

<style>
  .big {
    color: white;
    font-size: 24;
    padding: 20;
  }

  .footer {
    background-color: purple;
    border-top-width: 3;
  }

  .header {
    background-color: red;
    border-bottom-width: 3;
  }
  .nav {
    background-color: green;
    border-right-width: 3;
  }

  stackLayout {
    background-color: lightblue;
    padding: 20;
  }
</style>
```

图 21.1　dockLayout 示例

flexboxLayout 实现了绝大多数 CSS 弹性盒子的功能。它能够使用标准的弹性盒子的 CSS 属性。此外，它还支持以下一些属性。

- justifyContent：支持的值有 stretch(默认值)、flex-start、flex-end、center 和 baseline。
- alignItems：支持的值有 stretch (默认值)、flex-start、flex-end、center、space-between 和 space-around。
- alignContent：支持的值与 justifyContent 相同，但是此属性仅对有多行内容的容器有效(很少用到)。
- flexDirection：支持的值有 row (默认值)、column、row-reverse 和 column-reverse。
- flexWrap：支持的值有 nowrap (默认值)、wrap 和 wrap-reverse。

flexboxLayout 中的子元素可以指定 alignSelf、flexGrow、flexShrink、flexWrapBefore 和 order 属性。

gridLayout 元素将其子元素组织为网格行列中的单元格，单元格可以跨越多行或多列。这与 CSS 中的网格布局无关。其中的 row 和 column 属性值是一个逗号分隔的字符串，指示了行和列的数量，每行的高度和每列的宽度。

有三个选项值可用来指定行和列的大小：固定数值、auto 或*。如果指定为 auto，会使单元格大小能容纳所有内容的最小尺寸。如果指定为*，会在满足其他行列尺寸要求后，使当前单元格尺寸最大化。如果在*前面加上一个数字，它的表现会类似于乘法。例如 columns="100,2*,*"，它表示行的第一列宽度是 100 DIP(Device-Independent Pixels)，第二列宽度为剩余空间的 2/3，第三列宽度为剩余空间的 1/3。

gridLayout 的子元素可通过 row 和 column 属性来指定它在网格中的位置。它还能指定 rowSpan 和 colSpan 属性来跨越多行和多列。

stackLayout 是最基本的布局。它将其子元素简单地进行垂直或水平排列。默认为垂直排列，如果要将元素进行水平排列，需要添加属性 orientation="horizontal"。

wrapLayout 类似于 stackLayout，区别在于当空间不足时，wrapLayout 中的元素会切换到下一行或下一列显示。不同于 stackLayout，wrapLayout 里的元素排列方向默认是水平方向。如果要将子元素进行垂直排列，需要添加属性 orientation= "vertical"。如果要为每个元素指定固定宽度或高度，需要相应地添加 itemWidth 或 itemHeight 属性。

scrollView 组件，准确地说它并不是一个布局组件，而是其他组件的容器。它会创建一个固定大小的区域，其子元素在区域内能够垂直和水平地滚动。

21.1.6　导航组件

创建能导航的标签栏组件有 tabs 组件(显示在屏幕顶部)和 bottomNavigation 组件(显示在屏幕底部)。tabs 组件拥有更完备的功能，例如它支持在标签栏的内容区域通过向左或向右滑动来切换标签。

tabs 和 bottomNavigation 组件的子元素都包含 tabStrip 和 tabContentItem 组件。tabStrip 组

件就是 tabStripItem 组件，它负责展现每个 tabs 的标签。tabContentItem 组件保存着标签选中后要渲染的对应的组件。tabContentItem 组件的子元素通常是包含了许多子元素的布局组件。

navigationButton 组件是一些具有平台特定功能的按钮，例如 back 按钮。

另一种支持页面导航的方法是使用抽屉组件(side drawer)。它不是 NativeScript 的内置组件，而是一个附加组件。你可在 NativeScript UI 库(会在 21.8 节介绍)中找到它，见 RadSideDrawer 组件。

21.2 Svelte Native 入门

开始使用 Svelte Native 的最简单方式是使用线上的 REPL(https://svelte-native.technology/repl)。这类似于 Svelte 的 REPL，它允许在不安装任何软件的情况下，编写、测试和保存(保存在 GitHub Gists)Svelte Native 应用程序。但不同于 Svelte REPL，它目前不支持下载应用程序、显示已保存的 REPL 会话列表和重新唤起会话的功能。

另一种使用 Svelte Native 的选择是使用线上的 Playground(https://play.nativescript.org/)。它和 Svelte Native REPL 有相同选项，但能支持多种类型的 NativeScript 项目，包括 Angular、Vue、React、Svelte、普通 JavaScript 和普通 TypeScript。

Svelte REPL 和 Playground 都会提示你安装 NativeScript Playground 和 NativeScript Preview 应用程序，它用于在移动设备上测试应用程序。对于 Android 系统，你可以在 Google play 商店中搜索找到它，iOS 系统则可在 iOS App Store 中搜索找到它。

要在移动设备的 NativeScript Playground 中运行应用程序，你需要单击右上方的 Preview 按钮或单击顶部的 QR Code 按钮，两种方式都会弹出一个显示二维码的对话框。在移动设备上使用 NativeScript Playground 对其进行扫描，它将在 NativeScript Preview 中启动当前的 NativeScript 应用程序。

与 Svelte、Svelte Native REPL 一样，NativeScript Playground 允许你创建账号、登录密码和保存项目，以便今后继续使用该项目。要查看和选取之前保存的项目，你可单击顶部导航栏的 Projects 按钮。

当代码修改后，单击顶部的 Save 按钮可以进行保存。所有扫描了二维码的设备会重新加载该应用程序。

Playground 的左侧包括一个文件资源管理器和一个组件调色盘。你可通过将组件的图标拖动到代码中来添加实例。

底部区域有一个 Devices 的标签页，它列出正在使用的设备，你可以同时使用多个设备进行测试。

21.3 本地开发 Svelte Native 应用程序

对于正式的 Svelte Native 应用程序开发，你需要创建一个项目，并在本地准备好项目需要的所有文件。当然，你可以选择你喜欢的代码编辑器或 IDE。为此，你需要执行以下操作。

(1) 在你的计算机上全局安装 NativeScript 命令行工具(CLI)：npm install -g nativescript。

(2) 验证安装是否成功，输入 tns，命令行会输出帮助信息(tns 即 Telerik NativeScript)。

(3) 执行命令 npx degit halfnelson/svelte-native-template *app-name*，创建一个新的应用程序。

(4) 进入目录 *app-name*。

(5) 执行命令 tns preview 来构建应用程序并显示一个二维码。

(6) 在移动设备上打开 NativeScript Playground 应用程序。

(7) 单击 Scan QR Code 按钮并将摄像头对准二维码。初次使用时，如果尚未安装 NativeScript Preview，应用程序会要求你安装它，单击 Install 按钮以继续。

(8) NativeScript Preview 将启动并显示当前应用程序。在未对应用程序做任何修改前，它会显示一个火箭图标并跟随文本 Blank Svelte Native App。

(9) 在你的计算机上，修改应用程序。修改将会热更新到手机上的应用程序。

热更新会非常快，对于较小应用程序仅需要 3 秒左右。

你还可以考虑使用 Electron 应用程序 NativeScript Sidekick，这里不做介绍。更多信息可查看 NativeScript 的博客 http://mng.bz/04pJ。

这里将展示了一个基本的 Hello World 的 Svelte Native 应用程序。你只需要对 app/App.svelte 进行如下的修改。

代码清单 21.2 Hello World Svelte Native 应用程序

```
<script>
  let name = 'World';
</script>

<page>
  <actionBar title="Hello World Demo" />
  <stackLayout class="p-20">
    <flexboxLayout>
      <label class="name-label" text="Name:" />
      <textField class="name-input" bind:text={name} />
    </flexboxLayout>
    <label class="message" text="Hello, {name}!" />
</stackLayout>
</page>

<style>
  .message {
    color: red;
    font-size: 50;
  }
```

"p-20"是内置的 CSS 类，用于将元素的 padding 设置为 20

注意这里没有指定 CSS 数值的单位

```
  .name-input {
    font-size: 30;
    flex-grow: 1;
  }

  .name-label {
    font-size: 30;
    margin-right: 10;
  }
</style>
```

Svelte Native 能够在模拟器中针对特定的设备运行。这需要安装 Android 和 iOS 所需的很多特定软件。详细信息可参见 https://svelte-native.technology/docs#advanced-install。

21.4 NativeScript 样式实现

NativeScript 支持多种 CSS 选择器和 CSS 属性，同时支持 NativeScript 特定的一些 CSS 属性。你可以在 https://docs.nativescript.org/ui/styling 找到所有这些文档。

应用于整个应用程序的 CSS 规则应该放在 app/app.css 中。默认情况下，app.css 文件会导入~nativescript-theme-core/css/core.css 和./font-awesome.css(图标文件)。

注意，虽然 nativescript-theme-core 已经废弃，但目前 Svelte Native 默认情况下仍在使用它，它是可以工作的。详细信息请查看 https://docs.nativescript.org/ui/theme。

Svelte Native 组件名会被视为自定义元素的名称，它能通过 CSS 选择器将样式应用到组件的实例上。

对于那些表示大小的 CSS 属性值，当没有指定单位时，其值表示的是设备无关的像素值(DIP)，这是推荐使用的单位。当然你也可以添加 px 后缀来表示不同设备上的普通像素，但不推荐使用。同时可添加后缀%来使用百分比单位。

支持的其他 CSS 特性包括：

- CSS 变量
- calc 函数
- 通用字体 serif、sans-serif 和 monospace
- TTF 或 OTF 格式的自定义字体，见目录 app/fonts
- 导入语法@import url('file-path')，用于从其他位置导入一个 CSS 文件
- 使用 Sass(需要进行一些设置)

一些简写的 CSS 属性不受支持，例如 border:solid red 3px;，请改用 border-color:red; border-width:3px;。另外不支持 border-style 属性，因此所有边框都只能是实心线。

另外，outline 简写属性和所有以“outline-”开头的 CSS 属性都不受支持。

如果想修改文本块中文本的样式，你需要使用 formattedString 元素，并以 span 元素作为

formattedString 元素的子元素，每一个 span 元素都可以指定不同的样式。formattedString 的父元素必须是支持文本内容的组件，如 button、label、textField 和 textView。下面列举一个使用 formattedString 的示例。

代码清单 21.3 formattedString 示例

```
<page>
  <stackLayout class="p-20">
    <label class="panagram" textWrap="true">
      <formattedString>
        <span class="fox">The quick brown fox</span>
        <span text=" jumps over " />
        <span class="dog">the lazy dog</span>
        <span text="." />
      </formattedString>
    </label>
  </stackLayout>
</page>

<style>
  .panagram {
    font-size: 30;
  }

  .fox {
    color: red;
    font-weight: bold;
  }

  .dog {
    color: blue;
    font-style: italic;
  }
</style>
```

此文本标签是一个包括英文全部字母的短句

这段文本为红色的粗体

这段文本为黑色，字体粗细为正常

这段文本为蓝色的斜体

21.5 预定义 NativeScript CSS 类

通过定义与组件名相匹配的 CSS 类可以改变组件的样式。例如以下代码会将所有 label 组件的文字改为蓝色粗体。

```
label {
  color: blue;
  font-weight: bold;
}
```

NativeScript 内置了一套预定义的 CSS 类，这些类可以应用到 NativeScript 组件上以满足常见的样式需求。比起直接在节点上添加 CSS 属性，这会方便很多。

以下是适合应用到 label 组件的预定义类。

- 标题——h1、h2、h3、h4、h5 和 h6

- 段落——body(中等大小的文本)
- 脚注——footnote(较小的文本)
- 对齐方式——text-left、text-center 和 text-right
- 大小写——text-lowercase、text-uppercase 和 text-capitalize
- 字体粗细——font-weight-normal 和 font-weight-bold
- 字体样式——font-italic

以下的代码片段展示了一个使用预定义类的示例。

```
<label class="h1" text="This is BIG!" />
```

NativeScript 内置了许多 CSS 类用来指定元素需要的 padding 和 margin 值(见表 21.5)。在这些类的名称中，符号#是占位符，用来替代数字，数字必须是 0、2、5、10、15、20、25、30 中的一个。

表 21.5 指定 padding 和 margin 的 CSS 类

方位	padding	margin
所有方位	p-#	m-#
上(t)	p-t-#	m-t-#
右(r)	p-r-#	m-r-#
下(b)	p-b-#	m-b-#
左(l)	p-l-#	m-l-#
左和右	p-x-#	m-x-#
上和下	p-y-#	m-y-#

NativeScript 内置了一些 CSS 类用来渲染表单和表单元素(如按钮)的样式。要了解详细信息，请查看表单相关文档(https://docs.nativescript.org/ui/theme#forms)和按钮相关文档(https://docs.nativescript.org/ui/theme#buttons)。

例如要实现与 HTML 中<hr>元素相同的水平线效果，你可以使用一个空的 stackLayout 组件并为其添加 hr 类，如下：

```
<stackLayout class="hr" />
```

如果要覆盖水平线的默认样式，例如修改为更粗的蓝色水平线，你可在 hr 类中添加 CSS 属性，代码如下：

```
.hr {
  --size: 10;
  height: var(--size);
  border-color: green;
  border-width: calc(var(--size) / 2);
}
```

更多关于 NativeScript 样式的详细信息可参见 https://docs.nativescript.org/ui/styling。

21.6　NativeScript 主题

通过定义一组 CSS 类，NativeScript 可以支持主题功能。通过命令 npm install @nativescript/theme 可以安装默认主题和其他 11 个主题。当然你还可以安装其他第三方的主题。每种主题只是覆盖了预定义的 CSS 类，并支持浅色和深色模式。

要使用默认的主题，你需要修改 app/app.css 文件，将导入 core.css 的 import 语句替换为：

```
@import '~@nativescript/theme/css/core.css';
@import '~@nativescript/theme/css/default.css';
```

如果要使用@nativescript/theme 中包含的其他主题，需要替换以上第二行代码中的 default，替换值可以是 aqua、blue、brown、forest、grey、lemon、lime、orange、purple、ruby 或 sky。

21.7　综合示例

到目前为止，我们一直在使用 Travel Packing 应用程序作为演示示例，为便于理解，这里换至另一个应用程序。这个应用程序涵盖 NativeScript 中几乎所有组件的使用示例。这对于实现自己的 Svelte Native 应用程序来说，是一个不错的开始。

应用程序有三个页面，每个页面会展示特定类型组件的示例：

- 第一种类型是显示信息的组件，包括 label、webView、image 和 progress 组件。
- 第二种类型是接收用户输入的组件，包括 textField、textView、switch、segmentedBar、datePicker、timePicker、listView、listPicker 和 slider 组件。
- 第三种类型是渲染对话框的函数和搜索查询组件，包括 login、prompt、action 和 confirm 函数，还有 searchBar 和 activityIndicator 组件。

在 App.svelte 文件中配置了页面的导航功能(见图 21.2)。

图 21.2　处理页面导航的组件

代码清单 21.4　处理页面导航的组件代码 app/App.svelte

```
<script>
  import DisplayComponents from './DisplayComponents.svelte';
  import InputComponents from './InputComponents.svelte';
  import OtherComponents from './OtherComponents.svelte';

  function onTapDelete() {
```

这里导入的三个组件是“页面”组件

```
    console.log('App.svelte onTapDelete: entered');
  }

  function onTapShare() {
    console.log('App.svelte onTapShare: entered');
  }
</script>

<page>
  <actionBar title="Svelte Native Demo">    ← actionBar 组件会渲染在屏幕顶部
    <!-- button with upload icon -->
    <actionItem on:tap="{onTapShare}"
      ios.systemIcon="9" ios.position="left"
      android.systemIcon="ic_menu_share" android.position="actionBar" />
    <!-- button with trash can icon -->
    <actionItem on:tap="{onTapDelete}"
      ios.systemIcon="16" ios.position="right"
      android.systemIcon="ic_menu_delete"
      text="delete" android.position="popup" />
  </actionBar>

  <tabs>    ← tabs 组件会渲染在 actionBar 组件下面，它包含了此应用程序中每个页面的标签栏
    <tabStrip>
      <tabStripItem>
        <label text="Display" />
        <image src="font://&#xF26C;" class="fas" />    ← 这是显示器图标
      </tabStripItem>
      <tabStripItem>
        <label text="Input" />
        <image src="font://&#xF11C;" class="far" />    ← 这是键盘图标
      </tabStripItem>
      <tabStripItem>
        <label text="Other" />
        <image src="font://&#xF002;" class="fas" />    ← 这是放大镜图标
      </tabStripItem>
    </tabStrip>

    <tabContentItem>    ← 每个 tabStripItem 组件都对应着一个 tabContentItem 组件。每个 tabContentItem 都负责渲染此应用程序中的一个页面
      <DisplayComponents />
    </tabContentItem>

    <tabContentItem>
      <InputComponents />
    </tabContentItem>

    <tabContentItem>
      <OtherComponents />
      </tabContentItem>
    </tabs>
</page>

<style>
  tabStrip {
    --tsi-unselected-color: purple;
    --tsi-selected-color: green;
```

```
    background-color: lightblue;
    highlight-color: green;
  }

  tabStripItem {
    color: var(--tsi-unselected-color); /* for icon */
  }

  tabStripItem > label {
    color: var(--tsi-unselected-color); /* for text */
  }

  tabStripItem:active {
    color: var(--tsi-selected-color); /* for icon */
  }

  tabStripItem:active > label {
    color: var(--tsi-selected-color); /* for text */
  }
</style>
```

注意 代码清单21.4中的image元素(如显示器、键盘和放大镜图标)使用的是FontAwesome图标。如果要查找特定图标对应的十六进制码，需要在https://fontawesome.com/icons中进行查询。例如，搜索house关键字，单击home图标，它会展示其代码编号是f015，类名是fas。这些CSS类fab、far和fas定义在app/fontawesome.css中，而CSS类fa-home默认没有定义在Svelte Native中。

应用程序中全局的CSS样式需要添加到现有的app.css文件中，如代码清单21.5所示。

代码清单21.5　app/app.css中的全局样式

```
button {
  background-color: lightgray;
  border-color: darkgray;
  border-width: 3;
  border-radius: 10;
  font-weight: bold;
  horizontal-align: center; /* to size according to content */
  padding: 10;
}

label {
  color: blue;
  font-size: 18;
  font-weight: bold;
}

.plain {
  color: black;
  font-size: 12;
  font-weight: normal;
```

```
}

.title {
  border-top-color: purple;
  border-top-width: 5px;
  color: purple;
  font-size: 20;
  font-weight: bold;
  font-style: italic;
  margin-top: 10;
  padding-top: 10;
}
```

为在组件之间共享数据，应用程序会用到多个 Svelte 的 store。它们定义在 stores.js 中。

代码清单 21.6 app/stores.js 中的 store

```
import {derived, writable} from 'svelte/store';

export const authenticated = writable(false);
export const backgroundColor = writable('pink');
export const favoriteColorIndex = writable(0);
export const firstName = writable('');

// Not a store.
export const colors = ['red', 'orange', 'yellow', 'green', 'blue', 'purple'];

async function evaluateColor(color) {
  if (color === 'yellow') {
    alert({
      title: 'Hey there!',
      message: 'That is my favorite color too!',
      okButtonText: 'Cool'
    });
  } else if (color === 'green') {
    const confirmed = await confirm({
      title: 'Confirm Color',
      message: 'Are you sure you like that color?',
      okButtonText: 'Yes',
      cancelButtonText: 'No'
    });

    if (!confirmed) favoriteColorIndex.set(0);
  }
}

export const favoriteColor = derived(
    favoriteColorIndex,
  index => {
    const color = colors[index];
    evaluateColor(color);
    return color;
  }
);
```

这里用来存储所有页面的背景颜色。当用户未登录时，颜色是粉色的，当用户登录时，颜色是浅绿色的

此函数被下面的派生 store favoriteColor 调用

如果用户不喜欢颜色 green，这里会将喜欢的颜色设置为 red

这是基于 favoriteColorIndex store 的派生 store。当 favoriteColorIndex store 的值改变时，它的值也会更新至对应的颜色名称

DisplayComponents 组件定义的页面提供了用于展示信息的相关组件的示例(见图 21.3)。

图 21.3　DisplayComponents 组件

htmlView 和 webView 的问题

在使用 htmlView 和 webView 组件时，我们需要考虑一些问题。

NativeScript 的官方文档提到“htmlView 在渲染样式时有一些局限性，对于较复杂的场景应使用 webView 组件”。若要使用粗体和斜体渲染富文本，可使用 htmlView；而若涉及更高级的样式渲染，请使用 webView。

webView 组件不会基于自身的内容来计算它的高度，因此需要在 CSS 中为其指定一个高度，否则使用它的布局组件会指定一个高度。

Svelte Native 文档中提到，webView 的 src 属性可以设置为 HTML 文件的路径。因此 webpack 需要适当的配置，使 HTML 文件包含在打包文件中。要了解这方面的信息，请参见 https://github.com/halfnelson/svelte-native/issues/138。

代码清单 21.7 app/DisplayComponents.svelte 中的 DisplayComponents 组件

```
<script>
  import {backgroundColor} from './stores';

  const myHtml = `          ← 此处的 HTML 会在下面的 webView 中显示
    <div>
      <span style="color: red">The quick brown fox</span>
      <span>jumps over</span>
      <span style="color: blue">the lazy dog</span>
    </div>
  `;

  let progressPercent = 0;

  function startProgress() {          ← 单击 Start Progress 按钮会调用此函数。它负责渲染进度条变化的动画
    progressPercent = 0;
    const token = setInterval(() => {
      progressPercent++;
        if (progressPercent === 100) clearInterval(token);
    }, 10);
  }
</script>

<scrollView>
  <stackLayout
    backgroundColor={$backgroundColor}
    class="p-20"
  >
    <label class="title" text="label" />
    <label class="plain" text="some text" />

    <label class="title" text="label with formattedString" />
    <label class="panagram" textWrap="true">
      <formattedString>          ← formattedString 会渲染出一段字符串，其中的文本会渲染成不同的样式
        <span class="fox">The quick brown fox</span>
        <span text=" jumps over " />
        <span class="dog">the lazy dog</span>
        <span text="." />
      </formattedString>
    </label>

    <label class="title" text="image" />
    <wrapLayout class="image-frame">          ← CSS 的 padding 属性不会对 image 组件起作用。这里是一个为 image 添加 padding 的变通方法
```

Svelte Native 会将文件路径开头的～解析为应用程序的根目录。此图片可在 https://github.com/mvolkmann/svelte-native-components/blob/master/app/svelte-native-logos.png 找到

```
    <image src="~/svelte-native-logos.png" stretch="aspectFit" />  ◄──
  </wrapLayout>

  <label class="title" text="webView" />
  <webView src="<h1>I am a webView.</h1>" />
  <webView src={myHtml} />
  <webView style="height: 300" src="https://svelte-native.technology/" />  ◄─┐
                                                                             │
  <label class="title" text="progress" />                                    │
  <button on:tap={startProgress}>Start Progress</button>                     │
  <progress class="progress" maxValue={100} value="{progressPercent}" />     │
 </stackLayout>                                                              │
</scrollView>                                                                │
                                                    这里在 webView 组件中    │
<style>                                             渲染一个可滚动的页面     │
 .dog {
  color: blue;
  font-style: italic;
 }

 .fox {
  color: red;
  font-weight: bold;
 }

 .image-frame {
  background-color: white;
  padding: 10;
 }

 .panagram {
  background-color: linen;
  color: black;
  font-size: 26;
  font-weight: normal;
  margin-bottom: 20;
  padding: 20;
 }

 progress {
  color: red;
  margin-bottom: 10;
  scale-y: 5; /* changes height */
 }

 webView {
  border-color: red;
  border-width: 1;         │没有此高度设置，webView
  height: 50;   ◄──────────┘内容将不可见
 }
</style>
```

图 21.4 是为 InputComponents 组件定义的页面，提供了用于收集用户输入的组件的示例。

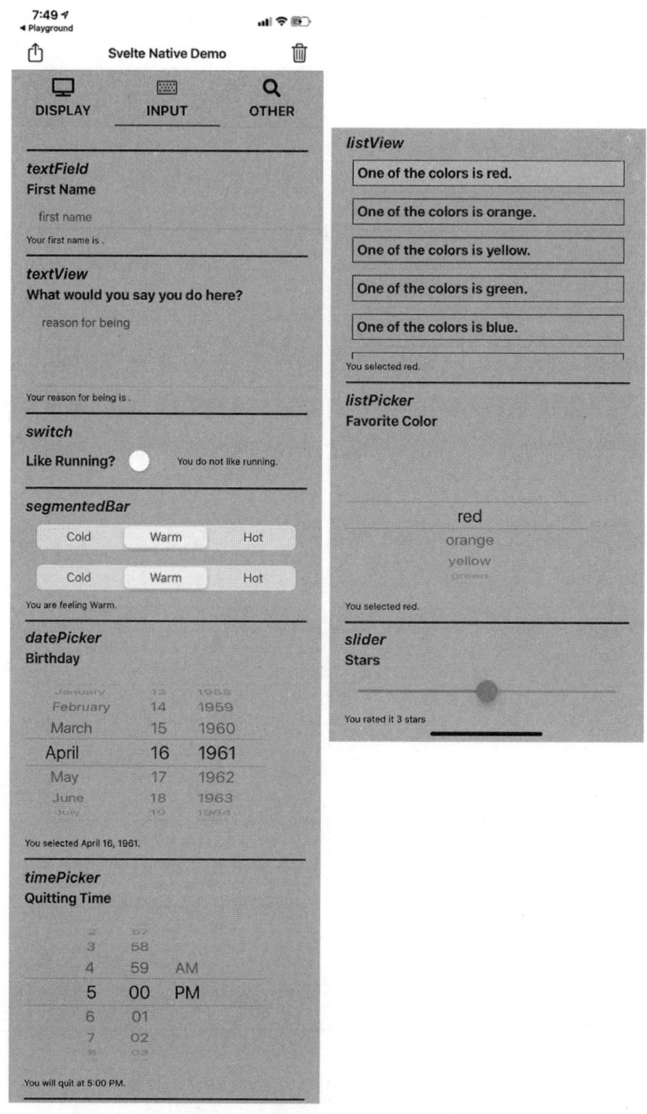

图 21.4 InputComponents 组件

代码清单 21.8 app/InputComponents.svelte 中的 InputComponents 组件

```
<script>
  import {Template} from 'svelte-native/components'

  import {
    backgroundColor,
    colors,
    favoriteColor,
    favoriteColorIndex,
    firstName
```

```
  } from './stores';

  const temperatures = ['Cold', 'Warm', 'Hot'];

  let birthday = new Date(1961, 3, 16);
  let likeRunning = false;
  let reason = '';
  let stars = 3;
  let temperatureIndex = 1;

  let quittingTime = new Date();
  quittingTime.setHours(17);
  quittingTime.setMinutes(0);
  quittingTime.setSeconds(0);

  function formatDate(date) {
    if (!date) return '';
    let month = date.toLocaleDateString('default', {month: 'long'});
    const index = month.indexOf(' ');
    if (index) month = month.substring(0, index);
    return `${month} ${date.getDate()}, ${date.getFullYear()}`;
  }

  function formatTime(date) {
    if (!date) return '';

    let hours = date.getHours();
    const amPm = hours < 12 ? 'AM' : 'PM';
    if (hours >= 12) hours -= 12;

    let minutes = date.getMinutes();
    if (minutes < 10) minutes = '0' + minutes;

    return `${hours}:${minutes} ${amPm}`;
  }

  function onFavoriteColor(event) {
    $favoriteColorIndex = event.value; // odd that this is an index
  }

  function onTapColor(event) {
    $favoriteColorIndex = event.index;
  }

  function starChange(event) {
    stars = Math.round(event.value);
  }
</script>

<scrollView>
  <stackLayout
    backgroundColor={$backgroundColor}
    class="p-20"
  >
    <!-- like HTML <input type="text"> -->
    <label class="title" text="textField" />
    <wrapLayout>
```

此函数会将日期对象格式化为"April 16, 1961"形式的字符串

此函数会将日期对象格式化为"5:00 PM"形式的字符串

这里尝试将 stars 滑块定位到整数数值上，但实际不起作用

```
  <label text="First Name" />
  <textField class="first-name" hint="first name" bind:text={$firstName} />
  <label class="plain" text="Your first name is {$firstName}." />
</wrapLayout>

<!-- like HTML <textarea> -->
<label class="title" text="textView" />
<wrapLayout>
  <label text="What would you say you do here?" />
  <textView class="reason" hint="reason for being" bind:text={reason} />
  <label class="plain" text="Your reason for being is {reason}." textWrap=
  "true" />
</wrapLayout>

<!-- like HTML <input type="checkbox"> -->
<label class="title" text="switch" />
<wrapLayout>
    <label text="Like Running?" />
    <switch bind:checked={likeRunning} />
    <label
      class="plain"
      text="You{likeRunning ? '' : ' do not'} like running."
    />
  </wrapLayout>

  <!-- like HTML <input type="radio"> -->
  <label class="title" text="segmentedBar" />
  <segmentedBar
    bind:selectedIndex={temperatureIndex}
    selectedBackgroundColor="yellow"
  >
    <segmentedBarItem title="Cold" />
    <segmentedBarItem title="Warm" />
    <segmentedBarItem title="Hot" />
  </segmentedBar>
  <segmentedBar
    bind:selectedIndex={temperatureIndex}
    selectedBackgroundColor="yellow"
  >
    {#each temperatures as temp}
    <segmentedBarItem title={temp} />
  {/each}
</segmentedBar>
<label
  class="plain"
  text="You are feeling {temperatures[temperatureIndex]}."
/>

<!-- like HTML <input type="date"> -->
<label class="title" text="datePicker" />
<wrapLayout>
    <label text="Birthday" />
    <datePicker bind:date={birthday} />
    <label class="plain" text="You selected {formatDate(birthday)}." />
  </wrapLayout>

  <!-- like HTML <input type="time"> -->
```

这里展示了另一种方法来为segmentedBar组件提供子项目。虽然API文档指出应当将一个项目数组传给segmentedBar组件的"items"props，但实际不起作用。需要注意，segmentedBar的子元素必须是segmentedBarItem组件

```
    <label class="title" text="timePicker" />
    <wrapLayout>
      <label text="Quitting Time" />
      <timePicker bind:time={quittingTime} />
      <label class="plain" text="You will quit at {formatTime(quittingTime)}." />
    </wrapLayout>

    <!-- like HTML <ul>, <ol>, or <select> -->
    <label class="title" text="listView" />
    <wrapLayout>
      <listView items={colors} on:itemTap={onTapColor}>
        <Template let:item={color}>
          <label
            class="list"
            class:selected={color === $favoriteColor}
            text="One of the colors is {color}."
          />
        </Template>
      </listView>
    </wrapLayout>
    <label class="plain" text="You selected {$favoriteColor}." />

    <!-- like HTML <select> -->
    <label class="title" text="listPicker" />
    <wrapLayout>
      <label text="Favorite Color" />
      <listPicker
        items={colors}
        selectedIndex={$favoriteColorIndex}
        on:selectedIndexChange={onFavoriteColor}
      />
      <label class="plain" text="You selected {$favoriteColor}." />
    </wrapLayout>

    <!-- like HTML <input type="range"> -->
    <label class="title" text="slider" />
    <wrapLayout>
      <label text="Stars" />
      <slider
        minValue={1}
        maxValue={5}
        value={stars}
        on:valueChange={starChange}
      />
      <label class="plain" text="You rated it {stars} stars" />
    </wrapLayout>
  </stackLayout>
</scrollView>

<style>
  .first-name {
    width: 100%;
  }

  .list {
    border-color: blue;
    border-width: 1;
```

这里给 listView 加上了 on:itemTap 事件处理函数，它的功能类似于 HTML 的 select 元素

store 中 favoriteColor 值的改变不会触发这里重新进行计算，因此已存在的 selected 类并不会更新

当 starChange 函数改变 stars 值时，滑块的位置并没有变化。有关这个问题的详情可查看 https://github.com/halfnelson/svelte-native/issues/128

```
    margin: 0;
  }

  .reason {
    width: 100%;
  }

  segmentedBar {
    color: red;
    margin-bottom: 10;
    margin-top: 10;
  }

  .selected {
    background-color: lightgreen;
  }
</style>
```

OtherComponents 组件定义的页面提供了一些对话框组件和查询提示组件的示例(见图 21.5)。当单击 Login 按钮时，应用程序会弹出如图 21.6 所示的对话框。

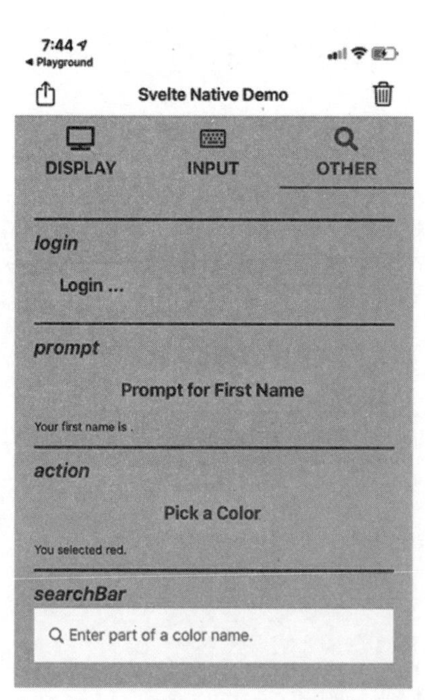

图 21.5　OtherComponents 组件

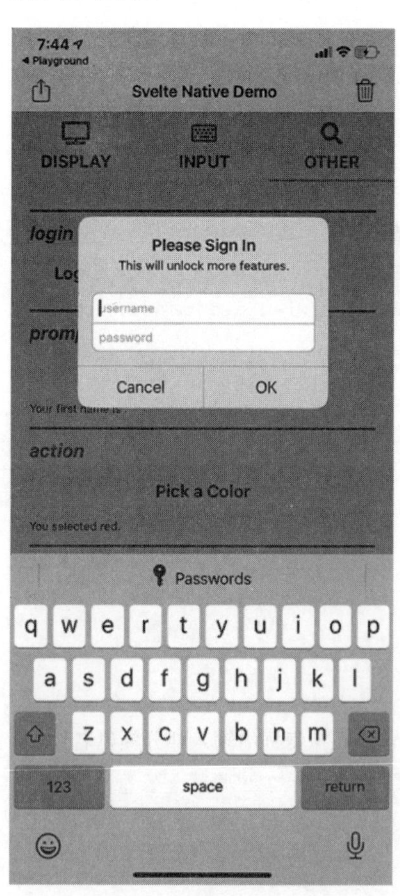

图 21.6　登录对话框

当用户输入正确的用户名和密码后，页面背景的颜色会从粉色变为浅绿，用来提醒用户验证成功(见图 21.7)。

当单击 Prompt for First Name 按钮时，应用程序会弹出如图 21.8 所示的对话框。

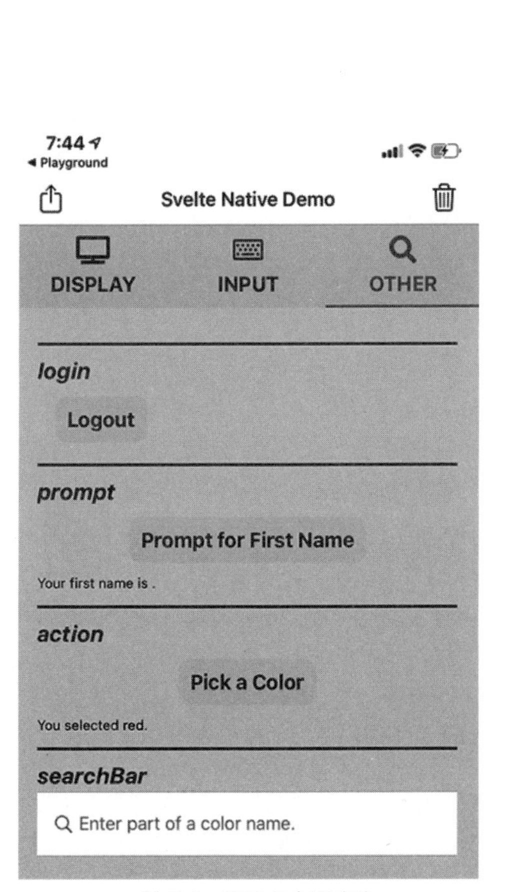

图 21.7　登录成功后页面

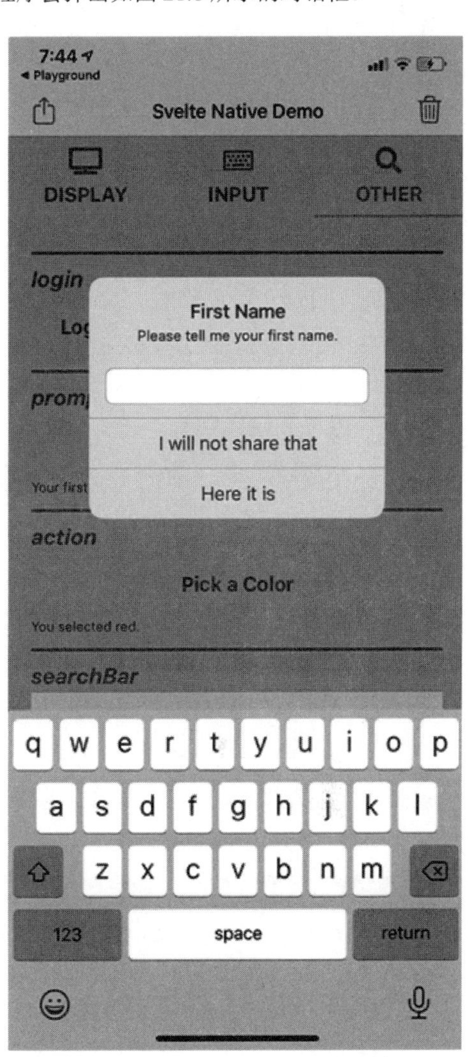

图 21.8　输入 First Name 的提示对话框

当单击 Pick a Color 按钮，应用程序会弹出如图 21.9 所示的对话框。

当在搜索框中输入部分颜色名称时，应用程序会弹出如图 21.10 所示的对话框。

代码清单 21.9 展示了实现上述功能的代码。

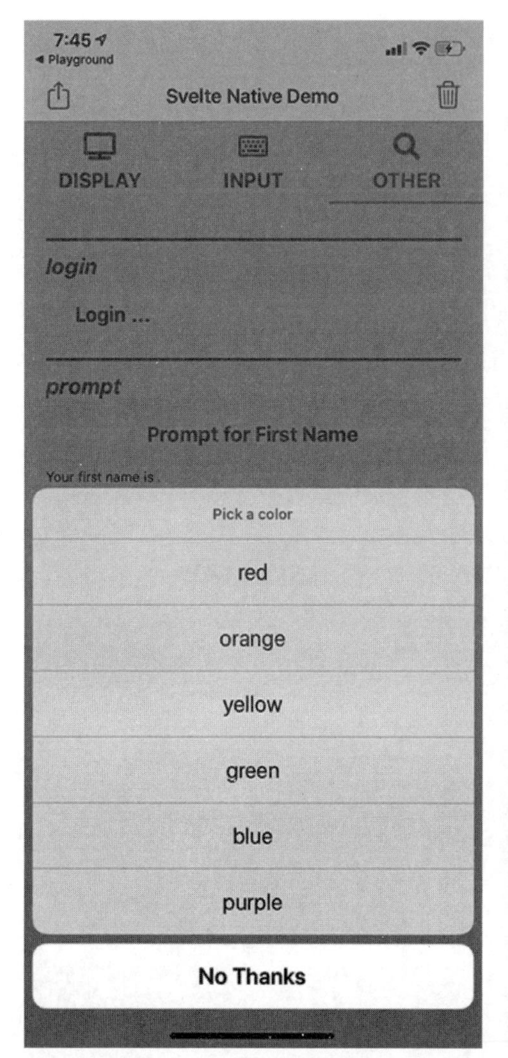

图 21.9　颜色选取提示框

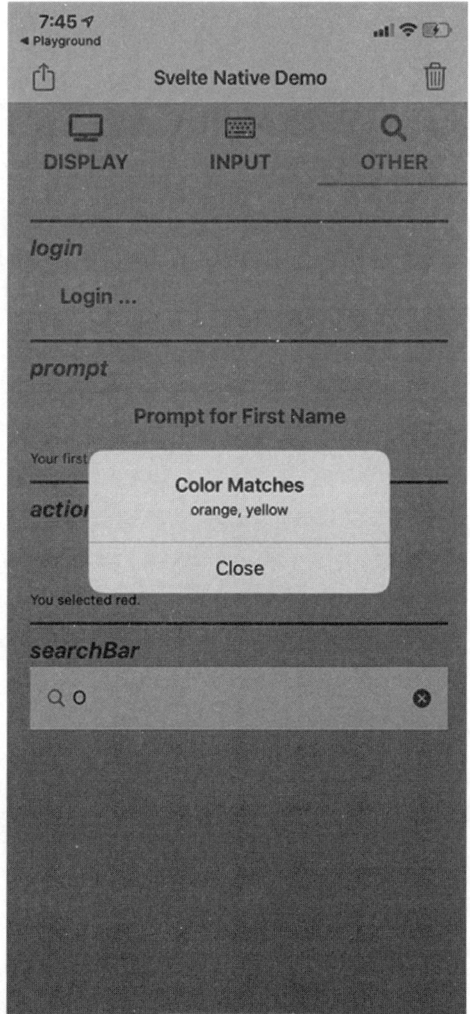

图 21.10　搜索结果

代码清单 21.9　app/OtherComponents.svelte 中的 OtherComponents 组件

```
<script>
  import {login} from 'tns-core-modules/ui/dialogs'
  import {
    authenticated,
    backgroundColor,
    colors,
    favoriteColor,
    favoriteColorIndex,
    firstName
  } from './stores';

  let busy = false;
```

```
let query = '';

// Should this be handled in stores.js?
$: $backgroundColor = $authenticated ? 'lightgreen' : 'pink';

async function getFirstName() {
  const res = await prompt({
    title: 'First Name',
    message: 'Please tell me your first name.',
    okButtonText: 'Here it is',
    cancelButtonText: 'I will not share that'
  });
  if (res.result) $firstName = res.text;
}

function onSearchSubmit() {
  busy = true;
  setTimeout(async () => { // to demonstrate activityIndicator component
    // The event object passed to this does not contain the search text
    // or any interesting properties.
    const q = query.toLowerCase();
    const matches = colors.filter(color => color.includes(q));
    busy = false;
    await alert({
      title: 'Color Matches',
      message: matches.length ? matches.join(', ') : 'no matches',
      okButtonText: 'Close'
    });
    query = ''; // reset
  }, 1000);
}

async function pickColor() {
  const NONE = 'No Thanks';
  const choice = await action('Pick a color', NONE, colors);
  if (choice !== NONE) {
    $favoriteColorIndex = colors.findIndex(c => c === choice);
  }
}

async function promptForLogin() {
  const res = await login({
    title: 'Please Sign In',
    message: 'This will unlock more features.',
    userNameHint: 'username',
    passwordHint: 'password',
    okButtonText: 'OK',
    cancelButtonText: 'Cancel',
  });
if (res.result) {
  // Authenticate the user here.
    $authenticated = res.userName === 'foo' && res.password === 'bar';
    if (!$authenticated) {
      alert({
        title: 'Login Failed',
        message: 'Your username or password was incorrect.',
```

```
          okButtonText: 'Bummer'
        });
      }
    }
  }
</script>

<scrollView>
  <stackLayout
    backgroundColor={$backgroundColor}
    class="p-20"
  >
    <label class="title" text="login" />
    <wrapLayout>
      {#if $authenticated}
        <button on:tap={() => $authenticated = false}>Logout</button>
      {:else}
        <button on:tap={promptForLogin}>Login ...</button>
      {/if}
    </wrapLayout>

    <label class="title" text="prompt" />
    <button on:tap={getFirstName}>Prompt for First Name</button>
    <label class="plain" text="Your first name is {$firstName}." />

    <label class="title" text="action" />
    <button on:tap={pickColor}>Pick a Color</button>
    <label class="plain" text="You selected {$favoriteColor}." />

    <label class="title" text="searchBar" />
    <!-- Using gridLayout to position activityIndicator over searchBar. -->
    <gridLayout rows="*">
      <searchBar
        hint="Enter part of a color name."
        bind:text={query}
        on:submit={onSearchSubmit}
        row="0"
      />
      <!-- The activityIndicator height and width attributes
        control the allocated space.
        But the size of the spinner cannot be changed,
        only the color. -->
      <activityIndicator busy={busy} row="0"/>
    </gridLayout>
  </stackLayout>
</scrollView>

<style>
  activityIndicator {
    color: blue;
  }

  searchBar {
    margin-bottom: 10;
  }
</style>
```

21.8　NativeScript UI 组件库

NativeScript UI 是基于 NativeScript 的一套组件库，默认情况下，NativeScript 没有引入它们。

这套组件库包含 RadAutoCompleteTextView、RadCalendar、RadChart、RadDataForm、RadGauge、RadListView 和 RadSideDrawer 组件。

要在 Svelte Native 应用程序中使用这些组件，你需要通过 npx degit halfnelson/svelte-native-template *app-name* 创建项目，并阅读 GitHub 上 NativeScript UI 项目(https://github.com/halfnelson/svelte-native-nativescript-ui)的相关文档进行配置。

组件库中的 RadListView 是一个非常流行的组件。它会渲染一个带有动画效果的项目列表，并支持许多手势命令，如“下拉刷新”和“滑动操作”。

另一个流行的组件是 RadSideDrawer。它是提供了一个抽屉形式的侧边导航栏，并带有一个用于页面导航的汉堡包菜单。让我们来看一个使用它的例子。

为了能在 Svelte Native app 使用 RadSideDrawer 组件，你需要做如下准备：

(1) 执行命令 npm install svelte-native-nativescript-ui

(2) 执行命令 tns plugin add nativescript-ui-sidedrawer

我们的应用程序包含两个页面，分别是 About 和 Hello 页面。About 页面仅用来展示应用程序的一些描述信息。Hello 页面允许用户输入一个名字，然后显示一段欢迎信息。

侧边抽屉组件里列出了所有页面的名称。你可单击页面左上角的汉堡包图标，或从屏幕的左边缘处向右滑动来打开抽屉组件。单击其中一个页面的名称可以关闭抽屉组件，并跳转到对应的页面。如果你不想跳转到其他页面，也可以单击抽屉组件外的地方来关闭它。

图 21.11、图 21.12 和图 21.13 展示了这两个页面和侧边抽屉组件相关部分的截图。

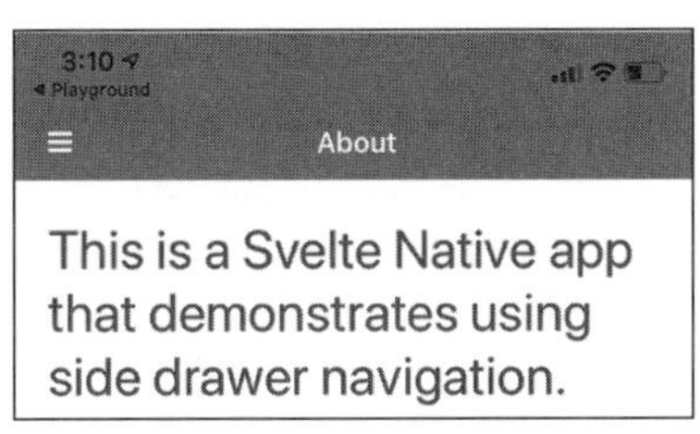

图 21.11　About 页面

图 21.12　Hello 页面

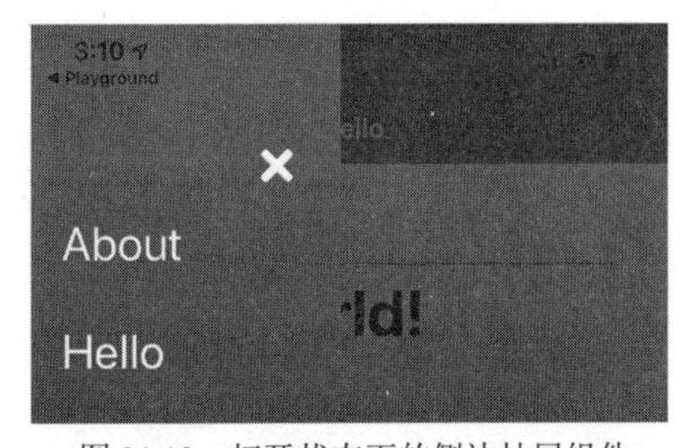

图 21.13　打开状态下的侧边抽屉组件

文件 App.svelte 中指定了侧边抽屉组件的配置。

代码清单 21.10 app/App.svelte 中的顶层组件

```
<script>
  import {onMount} from 'svelte';
  import RadSideDrawerElement from
    'svelte-native-nativescript-ui/sidedrawer';
  import AboutPage from './AboutPage.svelte';
  import HelloPage from './HelloPage.svelte';
  import {goToPage, setDrawer} from './nav';

  RadSideDrawerElement.register();

  let drawer;

  onMount(() => setDrawer(drawer));
</script>

<page>
  <radSideDrawer bind:this={drawer} drawerContentSize="200">
    <radSideDrawer.drawerContent>
      <stackLayout>
        <label
          class="fas h2"
          text="&#xF00D;"
          padding="10"
          horizontalAlignment="right"
          on:tap={() => drawer.closeDrawer()}
        />
        <label text="About" on:tap={() => goToPage(AboutPage)} />
        <label text="Hello" on:tap={() => goToPage(HelloPage)} />
      </stackLayout>
    </radSideDrawer.drawerContent>
    <radSideDrawer.mainContent>
      <frame id="mainFrame" defaultPage={HelloPage} />
    </radSideDrawer.mainContent>
  </radSideDrawer>
</page>

<style>
  label {
    color: white;
    font-size: 30;
    padding-bottom: 30;
  }

  stackLayout {
    background-color: cornflowerblue;
    padding: 20;
  }
</style>
```

要使用radSideDrawer元素，此步骤是必需的

将 drawer 对象传给 nav.js

默认的抽屉宽度太宽，因此这里设置为 300

此处定义了抽屉组件的内容

此处会渲染一个“X”图标，用来关闭抽屉组件

这是渲染每个页面的地方

nav.js 中定义了导航到指定页面的函数(可指定要跳转页面的 props)和切换抽屉开关的函

数。在上面的示例 App.svelte 中，我们通过 setDrawer 函数将 drawer 对象传给 nav.js。

代码清单 21.11　app/nav.js 中定义的 Navigation 函数

```
import {navigate} from 'svelte-native';

let drawer;

export function setDrawer(d) {
  drawer = d;
}

export function goToPage(page, props) {
  drawer.closeDrawer();
  // Setting clearHistory to true prevents "<Back" button from appearing.
  navigate({page, props, clearHistory: true, frame: 'mainFrame'});
}

export function toggleDrawer() {
  drawer.toggleDrawerState();
}
```

目前此函数仅当单击抽屉组件中的页面名称时才被调用，不过你还可在其他需要页面跳转功能的地方使用它

mainFrame 是 App.svelte 中创建的 frame 组件的 ID

当单击 Header 组件中的汉堡包图标时，此函数会被调用

此函数保存了 drawer 对象，以便 goToPage 和 toggleDrawerState 函数可以使用它

每个页面都渲染一个 Header 组件。它包含一个 actionBar 组件，渲染了一个汉堡包图标和页面标题。单击汉堡包图标会打开侧边抽屉组件。

代码清单 21.12　app/Header.svelte 中的 Header 组件

```
<script>
  import {toggleDrawer} from './nav'
  import {isAndroid} from "tns-core-modules/platform"

  export let title = '';
</script>

<actionBar title={title}>
  {#if isAndroid}
    <navigationButton icon="res://menu" on:tap={toggleDrawer} />
  {:else}
    <actionItem icon="res://menu" ios.position="left" on:tap={toggleDrawer} /
    >
  {/if}
</actionBar>

<style>
  actionBar {
    background-color: cornflowerblue;
    color: white;
  }
</style>
```

这里引入的变量保存了一个布尔值，用来表明当前设备是否在 Android 平台上运行

这里我们想要根据特定的平台来显示汉堡包菜单

代码清单 21.10 中使用了AboutPage 组件。

代码清单 21.13　app/AboutPage.svelte 中的 AboutPage 组件

```
<script>
  import Header from './Header.svelte';
  import {singleLine} from './util';

  let description = singleLine`
    This is a Svelte Native app that demonstrates
    using side drawer navigation.
  `;
</script>

<page>
  <Header title="About" />
  <stackLayout class="p-20">
    <label text={description} textWrap="true">
    </label>
  </stackLayout>
</page>

<style>
  label {
    color: red;
    font-size: 32;
  }
</style>
```

此函数之前是一个模板字符串，可以将一个多行、带有缩进的字符串转换成没有缩进的单行字符串

代码清单 21.10 中用到 HelloPage 组件。

代码清单 21.14　app/HelloPage.svelte 中的 HelloPage 组件

```
<script>
  import Header from './Header.svelte';

  let name = 'World';
</script>

<page>
  <Header title="Hello" />
  <stackLayout class="p-20">
    <flexboxLayout>
      <label text="Name" />
      <textField bind:text={name} />
    </flexboxLayout>

    <label class="greeting" text="Hello, {name}!" textWrap="true" />
  </stackLayout>
</page>

<style>
  .greeting {
    color: blue;
```

用户可以通过此组件输入一个姓名

```
    font-size: 40;
  }

  label {
    font-size: 20;
    font-weight: bold;
  }

  textField {
    flex-grow: 1;
    font-size: 20;
  }
</style>
```

代码清单 21.12 中用到 singleLine 函数。

代码清单 21.15　app/util.js 中的 singleLine 函数

```
// This is a tagged template literal function that
// replaces newline characters with a space
// and then replaces consecutive spaces with one.
export function singleLine(literals) {
  return literals
    .join(' ')
    .replace(/\n/g, ' ')
    .replace(/ +/g, ' ')
    .trim();
}
```

完成了！现在如果想在其他任何 Svelte Native 应用程序中使用抽屉形式的页面导航功能，你可以将这些代码复制过去。

21.9　Svelte Native 的问题

Svelte Native 目前还在开发过程中，因此仍然存在一些不足之处。

例如，某些代码的错误会导致 NativeScript Preview 应用程序崩溃。遇到这种情况，我们需要修改代码中的错误，重新运行 tns 命令，回到 NativeScript Playground 手机应用程序并重新扫描二维码。有时，我们对代码的正当修改也会导致应用程序崩溃，并且输出的堆栈错误信息中没有代码的引用信息。如果此时你确定代码没有错误，按照以上的步骤多尝试几次，应用程序往往能恢复正常。

目前你几乎学完了本书所有的内容，但是请继续往下阅读。后面的附录中提供了一些很棒的学习材料。

21.10 小结

- Svelte Native 构建在 NativeScript 上，它能让你使用 Svelte 技术开发移动端应用程序。
- NativeScript 提供了一套内置的组件库。
- 你可以使用 Svelte Native REPL 或者 NativeScript Playground 在线上进行入门学习，不需要安装任何软件。
- 如果涉及正式的 Svelte Native 程序开发，你需要创建一个本地项目并使用你喜欢的编辑器或 IDE 进行开发。
- 相比 NativeScript 内置的那些组件，NativeScript UI 提供了一套更高级的组件库。

附录 A 资源

本附录列出一些直接或间接与 Svelte 相关的重要资源。

A.1 Svelte 演讲

你已经花了很多时间阅读本书了。下面休息一下，看一些精彩视频！

- Rethinking Reactivity (http://mng.bz/OM4w)——这是 Rich Harris 多次发表的演讲，最近一次是在 Shift Dev 2019 大会上。讲述了 Svelte 3 背后的动机，并提供了一个简短的介绍。
- The Return of'Write Less, Do More'(http://mng.bz/YrYz)——这是 Rich Harris 在 JSCamp 2019 上的演讲。
- Svelte 3 with Rich Harris (http://mng.bz/GVrD)——这是一个直播视频的重播，由 Rich Harris 向 John Lindquist 讲授 Svelte 和 Sapper。
- Simplify Web App Development with Svelte (http://mng.bz/zjw1)——这是 Mark Volkmann 在 Nordic.js 2019 上的演讲。
- How to Create a Web Component in Svelte (http://mng.bz/04XJ)——这是来自 YouTube 上一个名为 A shot of code 的频道。

A.2 Svelte 资源

可以查看以下的 Svelte 官方资源。

- Svelte home page——https://svelte.dev/
- Svelte tutorial——https://svelte.dev/tutorial
- Svelte API——https://svelte.dev/docs
- Svelte examples——https://svelte.dev/examples

- Svelte REPL (online)——https://svelte.dev/repl
- Svelte blog——https://svelte.dev/blog
- Svelte GitHub repository——https://github.com/sveltejs/svelte
- Svelte changelog——https://github.com/sveltejs/svelte/blob/master/CHANGELOG.md
- svelte.preprocess——https://svelte.dev/docs#svelte_preprocess
- Discord chat room——https://discordapp.com/invite/yy75DKs
- Community resources——https://svelte-community.netlify.com/resources/

A.3 框架对比

如果你不能说出某样东西比其他的更好，那么学习它还有什么好处呢？下面这些资源宣称Svelte 更好。

- JS framework benchmarks——https://krausest.github.io/js-framework-benchmark/ current.html
- A RealWorld Comparison of Front-End Frameworks with Benchmarks——http://mng.bz/K26X

A.4 Sapper 资源

别忘了 Sapper。尽管它还在 beta 测试中，但仍然值得我们学习。

- Sapper home page——https://sapper.svelte.dev/

A.5 Svelte Native 资源

准备好跳出浏览器，编写原生手机应用程序了吗?查看下面这些资源，可以帮助你使用JavaScript 和 Svelte 编写 Android 和 iOS 应用程序。

- NativeScript——https://nativescript.org/
- NativeScript components——https://docs.nativescript.org/ui/overview
- NativeScript Playground——https://play.nativescript.org/
- NativeScript Sidekick——https://nativescript.org/blog/welcome-to-a-week-of-native-script-sidekick/
- NativeScript styling——https://docs.nativescript.org/ui/styling
- NativeScript UI——https://github.com/halfnelson/svelte-native-nativescript-ui
- Svelte Native home page——https://svelte-native.technology/
- Svelte Native API/docs——https://svelte-native.technology/docs
- Svelte Native REPL——https://svelte-native.technology/repl

A.6 Svelte GL 资源

下面是一些使用 JavaScript 和 Svelte 渲染 3D 图形的资源。

- @svelte/gl——https://github.com/sveltejs/gl
- A Svelte GL demo——http://mng.bz/90Gj

A.7 Svelte 工具集

你需要下面这些工具来帮助改进 Svelte 代码并提高效率。

- Ease Visualizer——https://svelte.dev/examples#easing
- publish-svelte (pelte) tool——https://github.com/philter87/publish-svelte
- Storybook for Svelte——https://storybook.js.org/docs/guides/guide-svelte/
- svelte-check——https://github.com/sveltejs/language-tools/tree/master/packages/svelte-check
- Svelte devtools——https://github.com/RedHatter/svelte-devtools
- svelte-image preprocessor——https://github.com/matyunya/svelte-image
- svelte-preprocess——https://github.com/kaisermann/svelte-preprocess
- svelte-preprocess-markdown——https://alexxnb.github.io/svelte-preprocess-mark-down/
- svelte-type-checker——https://github.com/halfnelson/svelte-type-checker
- Svelte3 ESLint plugin——https://github.com/sveltejs/eslint-plugin-svelte3

A.8 Svelte 库

你不必自己编写每一行代码。使用下面这些库可以简化应用程序的开发。

- navaid routing library——https://github.com/lukeed/navaid
- Routify routing library——https://routify.dev/
- svelte-dialog——https://github.com/mvolkmann/svelte-dialog
- svelte-fa component that renders FontAwesome icons——https://cweili.github.io/svelte-fa/
- Svelte Material U——https://sveltematerialui.com/
- Svelte Testing Library——https://testing-library.com/docs/svelte-testing-library/intro
- svelte-moveable——https://github.com/daybrush/moveable/tree/master/packages/svelte-moveable
- svelte-routing routing library——https://github.com/EmilTholin/svelte-routing
- svelte-spa-router routing library——https://github.com/ItalyPaleAle/svelte-spa-router
- sveltestrap Bootstrap implementation in Svelte——https://bestguy.github.io/sveltestrap/
- sveltik form library inspired by Formik——https://github.com/nathancahill/sveltik

A.9 VS Code 资源

多数 JavaScript 开发人员使用 VS Code 来编辑代码，它为 Svelte 提供了很好的支持。

- VS Code editor——https://code.visualstudio.com/
- “Svelte” extension for VS Code——http://mng.bz/jgxa
- Svelte for VS Code——https://marketplace.visualstudio.com/items?itemName=svelte.svelte-vscode
- “Svelte 3 Snippets” extension for VS Code——http://mng.bz/8pYK
- “Svelte Intellisense” extension for VS Code——http://mng.bz/EdBq
- “Svelte Type Checker” extension for VS Code——https://github.com/halfnelson/svelte-type-checker-vscode

A.10 与 Svelte 无关的学习资源

要编写复杂的应用程序，需要学习一些与 Svelte 无关的知识。以下是本书中提到的与 Svelte 无关的资源集合。

- Ajax——https://developer.mozilla.org/en-US/docs/Web/Guide/AJAX
- B-tree——https://en.wikipedia.org/wiki/B-tree
- CSS media queries——http://mng.bz/VgeX
- CSS Modules——https://github.com/css-modules/css-modules
- CSS Specificity——https://css-tricks.com/specifics-on-css-specificity/
- CSS variables——http://mng.bz/rrwg
- Event bubbling and capture——http://mng.bz/dyDD
- Fetch API——https://developer.mozilla.org/en-US/docs/Web/API/Fetch_API
- Flexbox Froggy——https://flexboxfroggy.com/
- Flexbox video course from Wes Bos——https://flexbox.io/
- GitHub Actions——https://github.com/features/actions
- How to code an SVG pie chart——https://seesparkbox.com/foundry/how_to_code_an_SVG_pie_chart
- HTML Drag and Drop API——http://mng.bz/B2Nv
- IndexedDB——http://mng.bz/lGwj
- JSX——https://reactjs.org/docs/introducing-jsx.html
- Markdown syntax——https://www.markdownguide.org/basic-syntax/
- Passive listeners——http://mng.bz/NKvE

- Service workers——http://mng.bz/D2ly
- Web components——https://www.webcomponents.org/introduction
- Web Components in Action by Ben Farrell (Manning, 2019)——https://www.manning.com/books/web-components-in-action
- Web workers——http://mng.bz/xWw8

A.11 与 Svelte 无关的工具集

前面已提到一些与 Svelte 相关的工具。你还需要使用与 Svelte 无关的一些工具。

- axe accessibility testing——https://www.deque.com/axe/
- BrowserStack——https://www.browserstack.com/
- Chrome DevTools——http://mng.bz/AAEp
- CodeSandbox——https://codesandbox.io/
- Color Contrast Checker——https://webaim.org/resources/contrastchecker/
- Cypress testing framework——https://www.cypress.io/
- ESLint——https://eslint.org/
- Firefox DevTools——http://mng.bz/Z2Gm
- Gatsby——https://www.gatsbyjs.org/
- Homebrew package manager for macOS and Linux——https://brew.sh/
- Jest testing framework——https://jestjs.io
- Lighthouse audit tool——https://developers.google.com/web/tools/lighthouse
- MongoDB——https://www.mongodb.com/
- Mustache——https://mustache.github.io/
- Netlify——https://www.netlify.com
- ngrok tunneling tool——https://ngrok.com/
- openssl——https://www.openssl.org/
- Parcel——https://parceljs.org/
- parcel-plugin-svelte——https://github.com/DeMoorJasper/parcel-plugin-svelte
- Pope Tech accessibility testing——https://pope.tech/
- Prettier——https://prettier.io/
- Rollup——https://rollupjs.org/
- Sass——https://sass-lang.com/
- sirv HTTP server——https://www.npmjs.com/package/sirv
- Snowpack——https://www.snowpack.dev/
- Storybook——https://storybook.js.org

- TypeScript——https://www.typescriptlang.org/
- Vercel——https://vercel.com/
- WAVE accessibility testing——https://wave.webaim.org/
- Webpack——https://webpack.js.org/

A.12 与 Svelte 无关的库

前面已提到一些与 Svelte 相关的库。你还需要使用一些与 Svelte 无关的库。

- dialog-polyfill——https://www.npmjs.com/package/dialog-polyfill
- DOM Testing Library——https://testing-library.com/docs/dom-testing-library/intro
- Express web server——https://expressjs.com/
- jsdom——https://github.com/jsdom/jsdom
- Marked markdown library——https://marked.js.org
- Page.js library——https://visionmedia.github.io/page.js
- Polka web server——https://github.com/lukeed/polka
- sanitize-html——https://github.com/apostrophecms/sanitize-html

A.13 与 Svelte 无关的资产

下面是本书提到的一些资产的链接，它们不是学习资源、工具或者库。

- Chrome web store——https://chrome.google.com/webstore/category/extensions
- Firefox Add-ons——https://addons.mozilla.org/en-US/firefox/
- Fontawesome icons——https://fontawesome.com/icons?d=gallery

附录 B

调用REST服务

在 Svelte 组件中调用 REST 服务和使用现代 Web 浏览器内置的 Fetch API 一样容易。

大多数 REST 服务都属于 CRUD 分类中某项：创建、检索、更新和删除。这与 HTTP 的四个动作相对应：POST、 GET、 PUT 和 DELETE。

假设以下 REST 服务已经使用某种服务端技术栈实现。

- POST /dog：创建犬种，其请求体包含一个 JSON 描述对象
- GET /dog：获取所有犬种信息
- GET /dog/{id}：获取特定犬种
- PUT /dog/{id}：更新一个已存在的犬种，其请求体包含一个 JSON 描述对象
- DELETE /dog/{id}：删除一个已存在的犬种

下面看看使用 Fetch API 调用以上 REST 服务的客户端函数。假设常量 SERVER_URL 设置为每个 REST 服务共用的基础 URL，如 http://localhost:1234/dog。这些函数需要在 try 块中调用，以便相应的 catch 块可以处理发生的错误。

注意 promise 的 then 和 catch 方法可链式调用，但在 try 块和 catch 块捕获错误时使用 await 关键字，会使代码看起来更清晰。

以下函数调用 REST 服务创建一个犬种，该服务返回的 JSON 与传入的 JSON 相匹配，但通常新创建的犬种会包含 id 属性。

代码清单 B.1　dogs.js 中的 createDog 函数

```
export async function createDog(dog) {
  const body = JSON.stringify(dog);
  const headers = {
    'Content-Length': body.length,
    'Content-Type': 'application/json'
  };
  const res = await fetch(SERVER_URL, {
```

```
    method: 'POST',
    headers,
    body
  });
  if (!res.ok) throw new Error(await res.text());
  return res.json();   ← 此处返回包含id属性的新犬种对象
}
```

这个函数调用 REST 服务来检索所有犬种。

代码清单 B.2　dogs.js 中的 getDogs 函数

```
export async function getDogs() {
  const res = await fetch(SERVER_URL);
  if (!res.ok) throw new Error(await res.text());
  return res.json();   ← 此处返回所有犬种
}
```

下一个函数调用 REST 服务来检索具有给定 id 的犬种。

代码清单 B.3　dogs.js 中的 getDog 函数

```
export async function getDog(id) {
  const res = await fetch(SERVER_URL + '/' + id);
  if (!res.ok) throw new Error(await res.text());
  return res.json();   ← 此处返回检索的犬种
}
```

下一个函数调用 REST 服务来更新已存在的犬种。

代码清单 B.4　dogs.js 中的 updateDog 函数

```
export async function updateDog(dog) {
  const body = JSON.stringify(dog);
  const headers = {
    'Content-Length': body.length,
    'Content-Type': 'application/json'
  };
  const res = await fetch(SERVER_URL + '/' + dog.id, {
    method: 'PUT',
    headers,
    body
  });
  if (!res.ok) throw new Error(await res.text());
  return res.json();   ← 此处返回更新后的犬种
}
```

下一个函数调用 REST 服务来删除一个具有给定 id 的犬种。

代码清单 B.5 dogs.js 中的 deleteDog

```
export async function deleteDog(id) {
  const res = await fetch(SERVER_URL + '/' + id, {
    method: 'DELETE'
  });
  if (!res.ok) throw new Error(await res.text());
}
```

注意，从这些函数抛出错误会导致它们返回的 promise 被拒绝。

B.1 请求头

HTTP 请求提供的数据大多数以路径参数、查询参数或请求体的形式提供。另一种提供数据的方式是引入请求头。有很多请求头具有预定义的含义，你也可以指定自定义请求头名称。

之前的示例已经介绍了 POST 和 PUT 请求，这些请求包含 Content-Length 头和 Content-Type 头来指定引入的 JSON 体。对于需要进行身份验证的 REST 调用，通常会在 Authentication 请求头中提供登录过程获取的令牌。

附录 C

MongoDB

MongoDB 是目前最流行的 NoSQL 数据库。与将数据组织为行列形式，使用 SQL 语句的关系数据库不同，MongoDB 存储的是集合(collection)中的文档(document)。每个集合可以有多个索引，以提高查询速度。这些索引是通过 B-tree 数据结构(https://en.wikipedia.org/wiki/B-tree)实现的。这些文档是 JSON 对象，以名为 BSON 的二进制 JSON 格式存储。

不同于使用 schema 定义数据库结构的关系数据库，MongoDB 不使用 schema 约束存储数据。在数据结构经常变化时，比起关系数据库，开发速度更快，因为你不需要频繁地修改 schema。它还允许集合对象中的属性改变。

不过在实际使用中，加入指定集合的所有文档通常具有相同的结构。例如，描述一个人的文档可能都有以下结构：

```
{
  _id: ObjectId("5e4984b33c9533dfdf102ac8")
  firstName: "Mark",
  lastName: "Volkmann",
  address: {
    street: "123 Some Street",
    city: "Somewhere",
    state: "Missouri",
    zip: 12345
  },
  favoriteColors: ["yellow", "orange"]
}
```

每个文档有一个_id 属性，该属性用来保存其集合中的唯一标识符。其他集合中的文档可以引用这个属性，来模拟关系数据库中的连接(join)。

本附录提供了很多信息，以便可以使用 MongoDB 在数据集合上实现 CRUD 操作，但不会包含查询优化、复制、分片、备份和安全等更高级的主题。要了解这些主题以及其他一些 MongoDB 主题，可阅读由 Kyle Banker、Peter Bakkum、Shaun Verch、Douglas Garrett 和 Tim Hawkins 撰写的书籍 *MongoDB in Action* (Manning, 2016)。

接下来我们将看看如何通过 JavaScript 代码执行各种操作。第 17 章展示了如何使用 Sapper

服务器路由来做同样的事情。

C.1　安装 MongoDB

MongoDB 有多种安装方式；根据操作系统不同，安装方式也有所不同。详细信息可以参考 MongoDB 的文档(https://docs .mongodb.com/guides/server/install/)。我们将针对每种操作系统介绍一种安装方式。

C.1.1　在 Windows 上安装 MongoDB

可以按照以下步骤在 Windows 上安装 MongoDB。

(1) 使用浏览器打开 https://www.mongodb.com/try/download/community。

(2) 单击顶部的 Server，跳过申请免费试用 MongoDB Atlas 的环节。

(3) 在 Version 下拉菜单中，选择标签为 current release 的版本。

(4) 在 OS 下拉菜单中，选择 Windows x64。

(5) 在 Package 下拉菜单中，选择 msi。

(6) 单击 Download 按钮。

(7) 双击下载的.msi 文件，按照安装程序的说明进行操作。

(8) 打开一个命令提示窗。

(9) 输入 md\data\db 来创建 MongoDB 数据目录。

注意　这将让 MongoDB 作为一个 Windows 服务来安装。这使得即使你没有使用它，它也会消耗系统资源。当不需要使用时，可以停止或卸载服务。

C.1.2　在 Linux 上安装 MongoDB

可以按照以下步骤在 Linux 上安装 MongoDB。

(1) 使用浏览器打开 https://www.mongodb.com/try/download/community。

(2) 单击顶部的 Server，跳过申请免费试用 MongoDB Atlas 的环节。

(3) 在 Version 下拉菜单中，选择标签为 current release 的版本。

(4) 在 OS 下拉菜单中，选择你的 Linux 版本。

(5) 在 Package 下拉菜单中，选择 TGZ。

(6) 单击 Download 按钮。

(7) 打开一个终端窗口。

(8) 进入.tgz 文件下载的目录。

(9) 执行命令 sudo tar -C /opt -xf {file-name}.tgz。

(10) 将该目录的子目录 bin 添加到 PATH 环境变量中。例如，/opt/mongodb-linux-x86_64

-ubuntu1604-4.2.3/bin。

(11) 执行命令 sudo mkdir -p /data/db，创建 MongoDB 数据目录。

(12) 执行命令 sudo chmod +rw /data/db，设置该目录的权限。

C.1.3 在 macOS 上安装 MongoDB

在 macOS 上安装 MongoDB 的一个方式是遵循与 Linux 相同的步骤。

另一种方式如下：

(1) 通过执行 https://brew.sh/上指示的命令来安装 Homebrew。

(2) 执行命令 brew tap mongodb/brew。

(3) 执行命令 brew install mongodb-community。

C.2 启动数据库服务器

不同的操作系统，启动 MongoDB 的步骤不同。

- 在 Windows，打开命令提示符，输入 mongod。
- 在 Linux，打开终端窗口，输入 mongod。
- 在 macOS，打开终端窗口，输入 mongod --config /usr/local/etc/mongod.conf --fork。

C.3 使用 MongoDB shell

MongoDB shell 是一种 REPL，支持使用 JavaScript 与 MongoDB 数据库进行交互。

注意 还有许多免费工具提供 GUI 来执行相同的操作。其中一些可以在 www.guru99.com/top-20-mongodb-tools.html 找到。

要启动 MongoDB shell，输入 mongo，这会显示一个提示符，用来输入基于 JavaScript 的 MongoDB 命令。

表 C.1 是一些常用操作命令的备忘列表。命令中包含以下占位符：

- {db}表示数据库的名称
- {coll}表示集合的名称
- {obj}表示描述一个文档的 JavaScript 对象

最好为集合使用合法的 JavaScript 名称。例如，应避免在它们的名称中包含破折号。

表 C.1　一些常用的操作命令

操作	命令
列出现有数据库	show dbs
创建一个新的数据库	没有此命令；当添加集合时，会自动创建其数据库
设置给定的数据库为当前数据库	use {db}
显示当前数据库	db.getName()
删除当前数据库	db.dropDatabase()
列出当前数据库的集合	show collections 或 db.getCollectionNames()
在当前数据库创建一个集合	db.createCollection('{coll}')
为集合添加一条文档	db.{coll}.insert({obj})
获得一个集合中文档的数量	db.{coll}.find().count()或 db.{coll}.find().length()
输出一个集合中开头的 20 个文档	db.{coll}.find()
输出一个集合中接下来的 20 个文档	db.{coll}.find().skip(20)
输出集合中符合条件的前 20 个文档	db.{coll}.find({criteria})
删除集合中符合条件的一个文档	db.{coll}.deleteOne({criteria})
删除集合中符合条件的所有文档	db.{coll}.deleteMany({criteria})
更新集合中符合条件的一个文档	db.{coll}.updateOne({criteria}, {$set: {updates}})
更新集合中符合条件的所有文档	db.{coll}.updateMany({criteria}, {$set: {updates}})
为集合添加一个索引	db.{coll}.createIndex({ {prop-name}: 1 }); +1 为升序，-1 为降序
删除一个集合	db.{coll}.drop()
退出 shell	exit

当前的数据库初始值是 test，即便这个数据库目前尚不存在，我们也可以使用它。以下是一个示例会话：

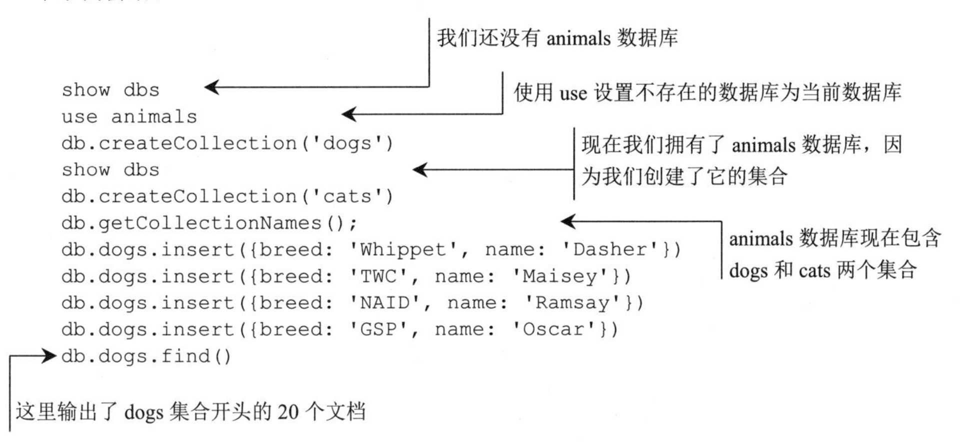

我们还没有 animals 数据库
show dbs
使用 use 设置不存在的数据库为当前数据库
use animals
db.createCollection('dogs')
现在我们拥有了 animals 数据库，因为我们创建了它的集合
show dbs
db.createCollection('cats')
db.getCollectionNames();
animals 数据库现在包含 dogs 和 cats 两个集合
db.dogs.insert({breed: 'Whippet', name: 'Dasher'})
db.dogs.insert({breed: 'TWC', name: 'Maisey'})
db.dogs.insert({breed: 'NAID', name: 'Ramsay'})
db.dogs.insert({breed: 'GSP', name: 'Oscar'})
db.dogs.find()
这里输出了 dogs 集合开头的 20 个文档

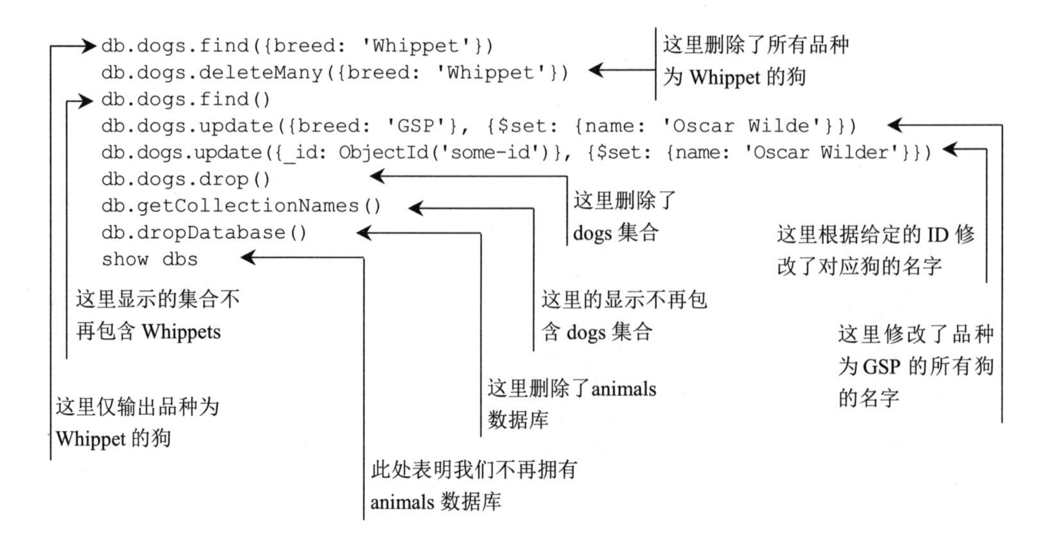

C.4 通过 JavaScript 使用 MongoDB

现在你已经了解了如何使用 MongoDB shell，下面介绍如何在 JavaScript 程序中执行相同的操作。学习本节还可以让你在 Sapper 应用程序的服务器路由中使用 MongoDB。

有一些开源库支持通过各种编程语言来使用 MongoDB。Nodejs 的官方库为 mongodb。可以通过命令 npm install mongodb 来安装它。

以下代码执行了和前面 MongoDB shell 示例会话中相同的数据库操作。

```
const MongoClient = require('mongodb').MongoClient;

// MongoDB thinks localhost is a different database instance than 127.0.0.1.
// The mongo shell uses 127.0.0.1, so we use that to hit the same instance.
// I thought maybe this was an issue with my /etc/host file,
// but I commented out all the lines that associated 127.0.0.1
// with something other than localhost and it didn't change anything.
//const url = 'mongodb://localhost:27017';
const url = 'mongodb://127.0.0.1:27017';

// These are recommended MongoDB options to avoid deprecation warnings.
const options = {useNewUrlParser: true, useUnifiedTopology: true};
async function logCollection(coll) {
  let result = await coll.find().toArray();
  console.log(coll.collectionName, 'contains', result);
}

async function logCollections(db) {
  const items = await db.listCollections().toArray();
  console.log(
    'collections are',
    items.map(item => item.name)
  );
}
```

```
async function logDatabases(client) {
  const dbs = await client
    .db()
    .admin()
    .listDatabases();
  console.log(
    'databases are',
    dbs.databases.map(db => db.name)
  );
}

// All uses of the "await" keyword must be in an "async" function.
async function doIt() {
  let client;
  try {
    client = await MongoClient.connect(url, options);
    // Show that we do not yet have an "animals" database.
    await logDatabases(client);

    // Use the "animals" database.
    const db = client.db('animals');

    // Create two collections in the "animals" database.
    const dogs = await db.createCollection('dogs');
    const cats = await db.createCollection('cats');

    // Show that we now have an "animals" database.
    await logDatabases(client);

    // Show that the collections were created.
    await logCollections(db);

    // Add four documents to the "dogs" collection.
    await dogs.insertOne({breed: 'Whippet', name: 'Dasher'});
    await dogs.insertOne({breed: 'TWC', name: 'Maisey'});
    await dogs.insertOne({breed: 'NAID', name: 'Ramsay'});
    await dogs.insertOne({breed: 'GSP', name: 'Oscar'});

    // Show that there are four documents in the "dogs" collection.
    const count = await dogs.countDocuments();
    console.log('dog count =', count);

    // Show the documents in the "dogs" collection.
    await logCollection(dogs);

    // Find all the Whippets in the "dogs" collection.
    result = await dogs.find({breed: 'Whippet'}).toArray();
    console.log('whippets are', result);

    // Delete all the Whippets from the "dogs" collection.
    console.log('deleting Whippets');
    await dogs.deleteMany({breed: 'Whippet'});

    // Show that the "dogs" collection no longer contains Whippets.
    await logCollection(dogs);
```

```
    // Update the name of all GSPs in the "dogs" collection.
    console.log('updating GSP name');
    await dogs.updateMany({breed: 'GSP'}, {$set: {name: 'Oscar Wilde'}});
    await logCollection(dogs);

    // Find a specific dog in the "dogs" collection.
    const dog = await dogs.findOne({name: 'Oscar Wilde'});

    // Update the name of a specific dog in the "dogs" collection.
    await dogs.updateOne({_id: dog._id}, {$set: {name: 'Oscar Wilder'}});
    await logCollection(dogs);

    // Delete the "dogs" collection.
    await dogs.drop();

    // Show that the "animals" database
    // no longer contains a "dogs" collection.
    logCollections(db);

    // Delete the "animals" database.
    await db.dropDatabase();

    // Show that the "animals" database no longer exists.
    await logDatabases(client);
  } catch (e) {
    console.error(e);
  } finally {
    if (client) client.close();
  }
}

doIt();
```

恭喜你！现在你已经掌握了使用 MongoDB 的基础知识。

附录 D

Svelte的ESLint配置

ESLint (https://eslint.org/)被称为“JavaScript 和 JSX 的插件化 linting 工具”。它可报告很多语法错误和运行时错误，还可报告与指定编码准则的差异，以使应用程序中的代码风格更加一致。

输入以下代码，安装 Svelte 和 Sapper 项目中使用 ESLint 所有需要的内容：

```
npm install -D eslint eslint-plugin-import eslint-plugin-svelte3
```

Svelte3 ESLint 插件的一个好处是，它对未使用的 CSS 选择器会发出警告。可查看 GitHub 页面(https://github.com/ sveltejs/eslint-plugin-svelte3)中的 eslint-plugin-svelte3 获取更多相关信息。

可在 Svelte 应用程序顶级目录创建以下文件，配置 ESLint 的使用方法。

代码清单 D.1　.eslintrc.json 文件

```
{
  "env": {
    "browser": true,
    "es6": true,
    "jest": true,
    "node": true
  },
  "extends": ["eslint:recommended", "plugin:import/recommended"],
  "overrides": [
    {
      "files": ["**/*.svelte"],
      "processor": "svelte3/svelte3"
    }
  ],
  "parserOptions": {
    "ecmaVersion": 2019,
    "sourceType": "module"
  },
  "plugins": ["import", "svelte3"]
}
```

在 package.json 中添加以下 npm 脚本：

```
"lint": "eslint --fix --quiet src --ext .js,.svelte",
```

输入 npm run lint 运行 ESLint。以下是一个 ESLint 输出信息的示例：

```
/Users/mark/.../svelte-and-sapper-in-action/travel-packing-ch14/src/Baskets.svelte
  18:6  error 'hoveringOverBasket' is assigned a value but never used no-unused-vars
  20:11 error 'dragStart' is defined but never used                   no-unused-vars
  25:2  error Mixed spaces and tabs                                   no-mixed-spaces-and-tabs
```

可查看 GitHub 页面(https://github.com/sveltejs/eslint-plugin-svelte3)中的 eslint-plugin-svelte3 获取关于 Svelte 特有的 ESLint 选项的更多信息。

很多编辑器和 IDE(包括 VS Code)都有在代码改动或文件保存时，自动运行 ESLint 的扩展程序。

附录 E

在Svelte中使用Prettier

Prettier (https://prettier.io/)是一款代码格式化工具。它可以在命令行和许多代码编辑器中使用。Prettier 自称是“预设立场的代码格式化工具(opinionated JavaScript formatter)”，因此尽管它格式化代码的方式在某种程度上可以自定义，但它有意地只提供少量配置选项。

多数开发人员喜欢使用一致的、广泛应用的编码风格来开发软件应用程序。Prettier 为许多语言和语法实现了这些风格，包括 JavaScript、TypeScript、JSON、HTML、CSS、SCSS、JSX、Vue 和 Markdown。

若要在 Svelte 或 Sapper 项目中安装软件，从而使用 Prettier 格式化代码，只需要执行以下命令：

```
npm install -D prettier prettier-plugin-svelte
```

将以下 npm 脚本添加至 package.json 文件，使 public 和 src 目录下扩展名为.css、.html、.js 和.svelte 的所有文件都能通过 Prettier 运行。

```
"format": "prettier --write '{public,src}/**/*.{css,html,js,svelte}'",
```

若要运行 Prettier，执行命令 npm run format。

若要配置 Prettier 选项，在项目顶层目录创建文件.prettierrc。例如默认情况下，Svelte Prettier 插件会强制.svelte 文件里的区块顺序是 script 元素、style 元素和 HTML，可以通过在文件.Prettierrc 中添加 svelteSortOrder 来修改它。

若要指定 Prettier 的选项来自定义你的偏好，可在 Svelte 应用程序的顶层目录中创建如下文件。

代码清单 E.1　一个.prettierrc 文件

移除箭头函数中围绕单个参数的圆括号

```
{
  "arrowParens": "avoid",
```

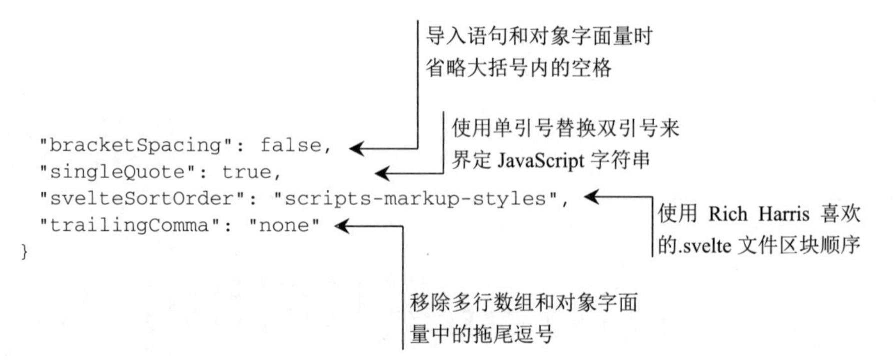
导入语句和对象字面量时
省略大括号内的空格
使用单引号替换双引号来
界定 JavaScript 字符串
"bracketSpacing": false,
"singleQuote": true,
"svelteSortOrder": "scripts-markup-styles",
"trailingComma": "none"
}
使用 Rich Harris 喜欢
的.svelte 文件区块顺序
移除多行数组和对象字面
量中的拖尾逗号

另外，许多编辑器和 IDE(包括 VS Code)都有运行 Prettier 的扩展，可让你在输入代码或保存文件时运行 Prettier。

附录 F

VS Code

VS Code(https://code.visualstudio.com/)是一款由微软开发的开源编辑器，支持极高的可定制性，在开发领域非常流行。VS Code 支持多种开发语言，提供语法高亮、错误检测以及代码格式化等功能。其内部还集成了 Git，能够令开发人员很方便地执行 git 操作：切换分支，查看当前分支信息，检查文件修改列表，对比修改差异，提交并推送代码。如果你还没有使用过 VS Code，推荐在 Svelte 和 Sapper 项目中尝试使用 VS Code。

下面列出了 VS Code 中三个流行的 Svelte 扩展：

- Svelte for VS Code
- Svelte Intellisense
- Svelte 3 Snippet

在本附录中将学习如何配置和使用上面这三个扩展以及 ESLint 和 Prettier 扩展。

注意 VS Code 在线文档(https://code.visualstudio.com/docs/editor/extension-gallery)中的“Extension Marketplace”部分详细介绍了如何安装、配置和使用 VS Code 扩展。

F.1 VS Code 设置

在使用 VS Code 开发 Svelte 和 Sapper 之前，首先需要对 VS Code 进行一些设置。

首先，安装 ESLint 和 Prettier 扩展。这样每次代码修改或者保存文件后，VS Code 都会自动运行这两个插件。

接下来，需要修改 VS Code 中的配置。如图 F.1 所示，打开命令面板，输入 settings。

注意 如果想要了解关于 VS Code 面板的更多信息，可以访问 VS Code 在线文档(https://code.visualstudio.com/docs/getstarted/userinterface#_command-palette)。

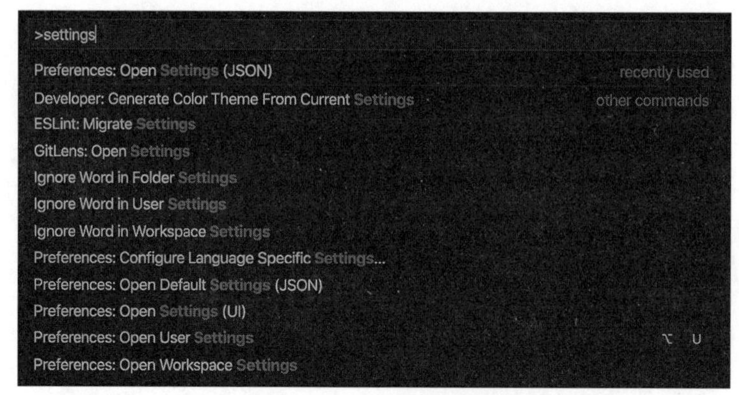

图 F.1 VS Code 命令面板

之后，选择 Preferences: Open Settings (JSON)，并添加如下配置：

```
"editor.defaultFormatter": "esbenp.prettier-vscode",
"editor.formatOnSave": true,
```

VS Code 中应该已经安装了 Prettier 扩展(用于代码格式化)

下面，我们将安装一些与 Svelte 有关的 VS Code 扩展。

F.2 Svelte for VS Code 扩展

访问 http://mng.bz/zrJA 即可直接安装 Svelte for VS Code 扩展。在开发.svelte 文件时，Svlete for VS Code 扩展能够提供语法高亮、代码格式化、自动补全等功能。并且支持使用 Emmet(https://emmet.io/)快捷生成 HTML 和 CSS。

Svelte for VS Code 扩展的一个主要特性就是支持 Svelte Language Server(http://mng.bz/0ZYv)。通过与 VS Code 这类开发工具协作，Svelte for VS Code 扩展能够提供诊断信息、自动完成(支持 HTML、CSS、JavaScript 和 TypeScript 语言)、悬停提示以及代码格式化(基于 Pritter)等功能。

Svelte for VS Code 同样支持多种语法，例如 TypeScript。我们需要为每一种语法设置不同的预处理器。第 20 章详细介绍了如何安装和使用这些预处理器。

F.3 Svelte 3 Snippets 扩展

访问 http://mng.bz/mBQ4 即可直接安装 Svelte 3 Snippets VS Code 扩展。安装后，当开发人员在编辑.svelte、.js 或者.css 后缀的文件时，可以使用一系列以 s-开头的代码片段。代码片段的作用是开发人员仅输入一小段快捷命令，便可得到完整的代码，为开发人员节省了大量时间。

输入 s-后，会弹出一个列表来展示所有可选的代码片段。在 s-后继续输入能够对列表中的代码片段进行筛选。单击列表中某一个代码片段，或者通过上下箭头选中某一个代码片段并按回车键后，都将选中这个代码片段。

例如，输入 s-if-else-block 代码片段，将在代码文件中添加如下代码：

```
{#if condition}
  <!-- content here -->
{:else}
  <!-- else content here -->
{/if}
```

VS Code 的光标会被锚定到 condition 字符上，开发人员可以很方便地直接输入判断条件对 condition 进行修改。按 Tab 键，光标将移到 if 条件分支对应的注释上，直接输入 if 条件执行的代码即可。接下来继续按 Tab 键，光标将移到 else 条件分支对应的注释上，同样可直接输入 else 条件执行的代码。其他代码片段的工作模式与 s-if-else-block 类似。

表 F.1 总结了最常用的几种代码片段。对于开发人员来说，最友好的功能是只需要输入 s-，插件就会弹出一个代码片段的列表，列出所有可用的代码片段，开发人员只需要选择其中一个即可。

表 F.1　常用的代码片段

代码片段	描述
s-await-short-block	生成一个{#await}代码块，但不会生成 then 函数和 catch 函数
s-await-then-block	生成一个{#await}代码块，以及 then 函数
s-await-catch-block	生成一个{#await}代码块，以及 then 函数和 catch 函数
s-each-block	生成一个{#each}代码块
s-each-key-block	生成一个{#each}代码块，并生成默认的 key
s-each-index-block	生成一个{#each}代码块，并生成默认的 index
s-each-index-key-block	生成一个{#each}代码块，并生成默认的 index 和默认的 key
s-if-block	生成一个{#if}代码块
s-if-else-block	生成一个{#if}代码块，以及 else 处理分支
s-on-event	为一个 HTML 元素添加事件，事件将与一个函数关联
s-on-event-inline	为一个 HTML 元素添加事件，事件将与一个内联的箭头函数关联
s-script	生成一个 script 元素
s-script-context	生成一个 script 元素，并默认设置属性 context="module"
s-style	生成一个 style 元素

访问 vscode-svelte-snippets 的 GitHub 页面(https://github.com/fivethree-team/vscode-svelte-snippets)，可以查看完整的代码片段列表。

F.4 Svelte Intellisense 扩展

访问 http://mng.bz/5a0a 即可直接安装 Svelte Intellisense 扩展。安装后，当开发人员编辑.svelte 文件时，开发体验能够获得如下提升：

- 鼠标悬浮在一个组件实例、组件中的 props 或者某一个函数时，VS Code 能够弹出窗口，提示其具体的定义是什么。
- 按住 Ctrl 键(macOS 系统中是 Cmd 键)，单击 import 语句中的组件、组件实例、组件中的 props、slot、函数或变量，能够直接跳转到定义它们的代码。
- 能够自动提示 Svelte 相关的语法。

Svelte Intellisense 扩展还为 Svelte 中的一系列 props 提供了语法提示功能，包括 bind、class、in、out、transition 和 use。例如，如果开发人员输入“<div bind:”，能够自动提示 clientHeight、clientWidth、offsetHeight、offsetWidth 和 this。

Svelte Intellisense 扩展同时支持代码块级别的自动完成。开发人员输入{#后，VS Code 能自动提示 if、each 和 await。选择其中一个后，会自动生成对应的代码片段。不过，代码块最后一行的结束符}并不会自动生成(相关问题可查看 https://github.com/ArdenIvanov/svelte-intellisense/issues/24)。

附录 G

Snowpack

Snowpack(www.snowpack.dev)是一款用于构建 Web 应用程序的工具，适用于包括 React、Svelte、Vue 在内的所有框架。Snowpack 致力于通过大幅缩短编译时间以提高开发效率。为开发人员在 Webpack、Rollup 和 Parcel 之外提供了另一种选择。

Snowpack 并不会将所有依赖和业务代码编译到一个大的 bundle 中，而是使用 Rollup 将每个依赖单独编译成一个 ECMAScript 模块。这么做的好处是，一旦业务代码发生变化需要重新编译，就会仅编译业务代码，而并不会编译依赖，因此编译速度会更快。对于依赖来说，只有添加新依赖，或者现有依赖的版本发生变化时，才会重新编译。

当访问应用程序时，浏览器会并行下载这些依赖包文件，这样会比下载包含了所有代码的单个包文件快得多。支持 HTTP2 的浏览器或经过优化的缓存技术都会令这种下载方式的效率更高。

G.1 使用 Snowpack 构建 Svelte 应用程序

下面的步骤演示了如何使用 Snowpack 创建 Svelte 应用程序。

(1) 使用 Create Snowpack App(CSA)创建应用程序：

```
npx create-snowpack-app snowpack-demo \
  --template @snowpack/apptemplate-svelte
```

(2) 执行 cd 命令进入应用程序的根目录：

```
cd snowpack-demo
```

(3) 启动开发模式下的服务器：

```
npm start
```

应用程序的业务代码和依赖经过编译后，会被直接存储在内存中。开发环境的服务器将直接读取内存中的文件，并返回给浏览器。

(4) 打开浏览器，访问 localhost:8080。

可以在 src 目录下创建新的组件。Snowpack 会实时检测代码变更，执行自动构建过程，构建结束后，浏览器会自动刷新并重新加载页面。

下面的示例应用程序展示了如何使用 Snowpack 来管理依赖关系(见图 G.1)，并不包含任何特别为 Snowpack 开发的代码。在这个应用程序中，我们引用了两个 npm 包，首先执行 npm install date-fns lodash，安装这两个依赖。

Hello, Snowpack!

Name Snowpack
Today is May 26, 2020.

图 G.1 Snowpack 示例

在 src/App.svelte 中引用 DateDisplay 组件。

代码清单 G.1 在 src/App.svelte 中使用 DateDisplay 组件

```
<script>
  import _ from 'lodash';
  import DateDisplay from './DateDisplay';

  let name = 'Snowpack';
</script>

<h1>Hello, {_.startCase(name)}!</h1>

<label>
  Name
  <input bind:value={name}>
</label>

<DateDisplay />
<style>
  h1 {
    color: red;
  }
</style>
```

代码清单 G.2 src/DateDisplay.svelte 中的 DateDisplay 组件

```
<script>
  import {format} from 'date-fns';
</script>

<div>
  Today is {format(new Date(), 'MMM dd, yyyy')}.
</div>
```

如果希望将现有的 Svelte 应用程序迁移到 Snowpack，可访问 Snowpack 在线文档(www.snowpack.dev/#migrating-an-existing-app)，了解相关的详细信息。

在开发模式下(npm start)，采用 Snowpack 构建的应用程序只能运行在现代浏览器中。但是，构建后的生产环境代码能够运行在包括 IE 11 在内的较老浏览器中。

执行 npm run build 命令即可为应用程序构建生产环境的代码。npm run build 命令执行下面一系列操作：

(1) 检查是否存在 build 目录；如果没有，则创建 build 目录。

(2) 检查是否存在 build/web_modules 目录；如果没有，则创建 build/web_modules 目录。

(3) 将每个依赖单独编译到 build/web_modules 目录下的.js 文件中。

(4) 检查是否存在 build/_dist_目录；如果没有，则创建 build/_dist_目录。

(5) 将所有.svelte 文件编译到 build/_dist_目录下，编译结果为.js 和.css 文件。

如果希望了解与构建生产环境代码相关的更多细节，可以访问 Snowpack 在线文档(www.snowpack.dev/#snowpack-build)。在线文档中还提供了一种构建方式，可将所有业务代码和依赖统一编译到一个文件中。